建筑与市政工程施工现场专业人员职业培训教材

质量员岗位知识与专业技能
（土建方向）

本书编委会 编

中国建材工业出版社

图书在版编目(CIP)数据

质量员岗位知识与专业技能. 土建方向 /《质量员岗位知识与专业技能》编委会编. —— 北京 : 中国建材工业出版社，2016.10 (2019.12 重印)

建筑与市政工程施工现场专业人员职业培训教材

ISBN 978-7-5160-1686-2

Ⅰ. ①质… Ⅱ. ①质… Ⅲ. ①建筑工程—质量管理—职业培训—教材②土木工程—质量管理—职业培训—教材 Ⅳ. ①TU712

中国版本图书馆 CIP 数据核字(2016)第 243232 号

质量员岗位知识与专业技能(土建方向)

本书编委会 编

出版发行：中国建材工业出版社

地　　址：北京市海淀区三里河路1号

邮　　编：100044

经　　销：全国各地新华书店

印　　刷：北京雁林吉兆印刷有限公司

开　　本：787mm×1092mm　1/16

印　　张：19.75

字　　数：430 千字

版　　次：2016 年 10 月第 1 版

印　　次：2019 年 12 月第 5 次

定　　价：55.00 元

本社网址：www.jccbs.com　**微信公众号**：zgjcgycbs

本书如出现印装质量问题，由我社市场营销部负责调换。电话：(010)88386906

《建筑与市政工程施工现场专业人员职业培训教材》

编审委员会

前　言

随着工程建设的不断发展和建筑科技的进步，国家及行业对于工程质量安全的严格要求，对于工程技术人员岗位职业技能要求也不断提高，为了更好地贯彻落实《建筑与市政工程施工现场专业人员职业标准》(JGJ/T 250—2011)和2015年最新颁布的《建筑业企业资质管理规定》对于工程建设专业技术人员素质与专业技能要求，全面提升工程技术人员队伍管理和技术水平，促进建设科技的工程应用，完善和提高工程建设现代化管理水平，我们组织编写了这套《建筑与市政工程施工现场专业人员职业培训教材》。本丛书旨在从岗前考核培训到实际工程现场施工应用中，为工程专业技术人员提供全面、系统、最新的专业技术与管理知识，满足现场施工实际工作需要。

本丛书主要依据现场施工中各专业岗位的实际工作内容和具体需要，按照职业标准要求，针对各岗位工作职责、专业知识、专业技能等知识内容，遵循易学、易懂、能现场应用的原则，划分知识单元、知识讲座，这样既便于上岗前培训学习时使用，也方便日常工作中查询、了解和掌握相关知识，做到理论结合实践。本丛书以不断加强和提升工程技术人员职业素养为前提，深入贯彻国家、行业和地方现行工程技术标准、规范、规程及法规文件要求；以突出工程技术人员施工现场岗位管理工作为重点，满足技术管理需要和实际施工应用，力求做到岗位管理知识及专业技术知识的系统性、完整性、先进性和实用性相统一。

本丛书内容丰富、全面、实用，技术先进，适合作为建筑与市政工程施工现场专业人员岗前培训教材，也是建筑与市政工程施工现场专业人员必备的技术参考书。

由于时间仓促和能力有限，本书难免有谬误之处和不完善的地方，敬请读者批评指正，以期通过不断修订与完善，使本丛书能真正成为工程技术人员岗位工作的必备助手。

编委会

2016年10月

CONTENTS 目录

第1部分

施工质量控制及质量创优

第1单元　施工过程质量控制

第1讲　施工准备阶段质量控制

一、技术准备阶段的质量控制

施工技术准备是指在正式开展施工作业活动前进行的技术准备工作。这类工作内容繁多，主要在室内进行，包括：

（1）熟悉施工图纸，进行详细的设计交底和图纸审查。

（2）进行工程项目划分和编号；细化施工技术方案和施工人员、机具的配置方案。

（3）编制施工作业技术指导书，绘制各种施工详图（如测量放线图、大样图及配筋、配板、配线图表等），进行必要的技术交底和技术培训。

技术准备的质量控制，包括对上述技术准备工作成果的复核审查，检查这些成果是否符合相关技术规范、规程的要求和对施工质量的保证程度；制定施工质量控制计划，设置质量控制点，明确关键部位的质量管理点等。

二、建筑工程材料的质量控制

建筑结构工程原材料、构配件主要有钢材、水泥、砂、石、砖、预拌混凝土和混凝土构件等，它直接决定着建筑结构的安全，因此，建筑结构材料的品种、规格、型号和质量等，必须满足设计和有关规范、标准的要求。

建筑结构工程材料质量控制的主要内容包括材料的质量标准，材料的性能，材料的取样、检验试验方法，材料的适用范围和施工要求等。

三、施工机械设备的质量控制

施工准备阶段的机械设备的质量控制，就是要使施工机械设备的类型、性能、参数等与施工现场的实际条件、施工工艺、技术要求等因素相匹配，符合施工生产的实际要求。其质量控制主要从机械设备的选型、主要性能参数指标的确定和使用操作要求等方面进行。

（1）机械设备的选型应按照技术上先进、生产上适用、经济上合理、使用上安全、操作上方便的原则进行。选配的施工机械应具有工程的适用性，具有保证工程质量的可靠性，具有使用操作的方便性和安全性。

（2）主要性能参数指标是选择机械设备的依据，其参数指标的确定必须满足施工的需要和保证质量的要求。只有正确地确定主要性能参数，才能保证正常地施工，不致引起安全质量事故。

（3）合理使用机械设备，正确地进行操作，是保证项目施工质量的重要环节。应贯彻“人机固定”原则，制定和实行定机、定人、定岗位职责的使用管理制度，在使用中严格遵守操作规程和机械设备的技术规定，做好机械设备的例行保养工作，使机械保持良好的技术状态，防止出现安全质量事故，确保工程施工质量。

第 2 讲　工程施工阶段质量控制

一、施工过程质量控制

1.施工作业技术交底

（1）施工作业交底是最基层的技术和管理交底活动，做好技术交底是保证施工质量的重要措施之一。技术交底是施工组织设计和施工方案的具体化，施工作业技术交底的内容必须具有针对性、可行性和可操作性。

（2）技术交底记录应包括施工组织设计交底、专项施工方案技术交底、分项工程施工技术交底、“四新”（新材料、新产品、新技术、新工艺）技术交底和设计变更技术交底。

（3）技术交底的内容主要包括：作业范围、施工依据、作业程序、技术标准和要领、质量目标以及其他与安全、进度、成本、环境等目标管理有关的要求和注意事项。

（4）技术交底应围绕施工材料、机具、工艺、工法、施工环境和具体的管理措施等方面进行，应明确具体的步骤、方法、要求和完成的时间等。

（5）技术交底的形式有：书面、口头、会议、挂牌、样板、示范操作等。

2.施工测量控制

项目开工前应编制测量控制方案，经项目技术负责人批准后实施。对相关部门提供的测量控制点线应做好复核工作，经审批后进行施工测量放线，并保存施工测量记录。

（1）测量外业工作。

1）测量作业原则：先整体后局部，高精度控制低精度。

2）测量外业操作应按照现行有关测量规范（程）的技术要求进行；建筑施工测量主要技术精度指标应符合现行有关测量规范（程）的规定。

3）测量外业工作依据必须正确可靠，并坚持测量作业步步有校核的工作方法。

4）平面测量放线、高程传递抄测工作必须闭合交圈。

5）钢尺量距应使用拉力器并进行尺长、拉力、温差改正。

（2）测量计算

1）测量计算基本要求：依据正确、方法科学、计算有序、步步校核、结果可靠。

2）测量计算应在规定的表格上进行：在表格中抄录原始起算数据后，应换人校对，以免发生抄录错误。

3）计算过程中必须做到步步有校核：计算完成后，应换人进行检算，检核计算结果的正确性。

（3）测量记录。

1）测量记录基本要求：原始真实、数字正确、内容完整、字体工整。

2）测量记录应当场及时填写清楚，不允许转抄，保持记录的原始真实性；采用电子仪器自动记录时，应打印出观测数据。

（4）施工测量放线和验线。

1）建筑工程测量放线工作必须严格遵守“三检制”和验线制度。

①自检：测量外业工作结束后，必须进行自检，并填写自检记录。

②复检：由项目测量负责人或质量检查员组织进行测量放线质量检查，发现不合格项立即改正至合格。

③交接检：测量作业完成后，在移交给下道工序时，必须进行交接检查，并填写交接记录。

2）测量外业完成并经自检合格后，应及时填写施工测量放线报验表，并报监理验线。

3.计量控制

（1）施工过程计量工作包括施工生产时的投料计量、检测计量等，其正确性与可靠性直接关系到工程质量的形成和客观的效果评价。

（2）计量控制的工作重点是。建立计量管理部门和配置计量人员，建立健全和完善计量管理的规章制度，严格按规定有效控制计量器具的使用、保管、维修和检验，监督计量过程的实施，保证计量的准确。

4.工序施工质量控制

（1）施工过程是由一系列相互联系与制约的工序构成。工序是人、材料、机械设备、施工方法和环境因素对工程质量综合起作用的过程，所以对施工过程的质量控制，必须以工序质量控制为基础和核心。因此，工序的质量控制是施工阶段质量控制的重点。只有严格控制工序质量，才能确保施工项目的实体质量。

（2）工序施工质量控制主要包括工序施工条件质量控制和工序施工效果质量控制。

1）工序施工条件控制：工序施工条件是指从事工序活动的各生产要素质量及生产环境条件。工序施工条件控制就是控制工序活动的各种投入要素质量和环境条件质量。

①控制的手段主要有：检查、测试、试验、跟踪监督等。

②控制的依据主要是：设计质量标准、材料质量标准、机械设备技术性能标准、施工工艺标准以及操作规程等。

2）工序施工效果控制：工序施工效果主要反映工序产品的质量特征和特性指标。对工序施工效果的控制就是控制工序产品的质量特征和特性指标能否达到设计质量标准以及施工质量验收标准的要求。

工序施工质量控制属于事后质量控制，其控制的主要途径是：实测获取数据、统计分析所获取的数据、判断认定质量等级和纠正质量偏差。

5.特殊过程的质量控制

特殊过程是指该施工过程或工序的施工质量不易或不能通过其后的检验和试验而得到充分的验证，或者万一发生质量事故则难以挽救的施工过程。特殊过程的质量控制是施工阶段质量控制的重点。对在项目质量计划中界定的特殊过程，应根据工序质量控制点，抓住影响工序施工质量的主要因素进行强化控制。

（1）特殊过程中重点控制对象。特殊过程质量控制点的选择要准确、有效，要根据对重要质量特性进行重点控制的要求，选择质量控制的重点部位、重点工序和重点的质量因素作为质量控制的对象，进行重点预控和控制，从而有效地控制和保证施工质量，主要包括以下几个方面。

1）人的行为：某些操作或工序，应以人为重点的控制对象，比如：高空、高温、水下、易燃易爆、重型构件吊装作业以及操作要求高的工序和技术难度大的工序等，都应从人的生理、心理、技术能力等方面进行控制。

2）材料的质量与性能：这是直接影响工程质量的重要因素，在某些工程中应作为控制的重点。例如：水泥的质量是直接影响混凝土工程质量的关键因素，施工中就应对进场的水泥质量进行重点控制，必须检查核对其出厂合格证、出厂检验报告，并按要求进行强度和安定性的复试等。

3）施工方法与关键操作：某些直接影响工程质量的关键操作应作为控制的重点，如预应力钢筋的张拉工艺操作过程及张拉力的控制，是可靠地建立预应力值和保证预应力构件的关键过程。同时，那些易对工程质量产生重大影响的施工方法，也应列为控制的重点，如大模板施工中模板的稳定和组装问题、液压滑模施工时支承杆稳定问题、升板法施工中提升差的控制等。

4）施工技术参数：如混凝土的外加剂掺量、水灰比，回填土的含水量，砌体的砂浆饱满度，防水混凝土的抗渗等级、钢筋混凝土结构的实体检测结果及混凝土冬期施工受冻临界强度等技术参数都是应重点控制的质量参数与指标。

5）技术间歇：有些工序之间必须留有必要的技术间歇时间，例如砌筑与抹灰之间，应在墙体砌筑后留 6～10d 时间，让墙体充分沉陷、稳定、干燥，再抹灰，抹灰层干燥后，才能喷白、刷浆；混凝土浇筑与模板拆除之间，应保证混凝土有一定的硬化时间，达到规定拆模强度后方可拆除等。

6）施工顺序：对于某些工序之间必须严格控制先后的施工顺序，比如对冷拉的钢筋应当先焊接后冷拉，否则会失去冷强；屋架的安装固定，应采取对角同时施焊方法，否则会由于焊接应力导致校正好的屋架发生倾斜。

7）易发生或常见的质量通病。例如：混凝土工程的蜂窝、麻面、空洞，墙、地面、屋面防水工程渗水、漏水、空鼓、起砂、裂缝等，都与工序操作有关，均应事先研究对策，提出预防措施。

8）新技术、新材料及新工艺的应用：由于缺乏经验，施工时应将其作为重点进行控制。

9）产品质量不稳定和不合格率较高的工序应列为重点，认真分析、严格控制。

10）特殊地基或特种结构：对于湿陷性黄土、膨胀土、红黏土等特殊土地基的处理，以及大跨度结构、高耸结构等技术难度较大的施工环节和重要部位，均应予以特别的重视。

（2）特殊过程质量控制的管理。除按一般过程质量控制的规定执行外，还应由专业技术人员编制作业指导书，经项目技术负责人审批后执行。作业前施工员做好交底和记录，使操作人员在明确工艺标准、质量要求的基础上进行施工作业。为保证质量控制点的目标实现，应严格按照工序作业质量自检、互检、专检和交接检的检查制度进行检查控制。在施工中发现质量控制点有异常时，应立即停止施工，召开分析会，查找原因采取对策予以解决。

二、施工现场质量检查控制

1.现场质量检查的内容

（1）开工前的检查，主要检查是否具备开工条件，开工后是否能够保持连续正常施工，能否保证工程质量。

（2）工序交接检查，对于重要的工序或对工程质量有重大影响的工序，应严格执行“三检”制度，即自检、互检、专检。未经监理工程师（或建设单位技术负责人）检查认可，不得进行下道工序施工。

（3）隐蔽工程的检查，施工中凡是隐蔽工程必须检查签认后方可进行隐蔽掩盖。

（4）停工后复工的检查，因客观因素停工或处理质量事故等停工复工时，经检查认可后方能复工。

（5）分项、分部工程完工后的检查，应经检查认可，并签署质量验收记录后，才能进行下一工程项目的施工。

（6）成品保护的检查，检查成品有无保护措施以及保护措施是否有效可靠。

2.现场质量检查的方法

（1）目测法。即凭借感官进行检查，也称观感质量检验。其手段可概括为“看、摸、敲、照”四个字。

1）看：就是根据质量标准要求进行外观检查。例如：清水墙面是否洁净，喷涂的密实度和颜色是否良好、均匀，工人的操作是否正常，内墙抹灰的大面及口角是否平直，混凝土外观是否符合要求等。

2）摸：就是通过触摸手感进行检查、鉴别。例如：油漆的光滑度，浆活是否牢固、不掉粉等。

3）敲：就是运用敲击工具进行音感检查。例如：对地面工程、装饰工程中的水磨石、面砖、石材饰面等，均应进行敲击检查。

4）照：就是通过人工光源或反射光照射，检查难以看到或光线较暗的部位。例如：管道井、电梯井等内的管线、设备安装质量，装饰吊顶内连接及设备安装质量等。

（2）实测法。就是通过实测数据与施工规范、质量标准的要求及允许偏差值进行对照，以此判断质量是否符合要求。其手段可概括为“靠、量、吊、套”四个字。

1）靠：就是用直尺、塞尺检查诸如墙面、地面、路面等的平整度。

2）量：就是指用测量工具和计量仪表等检查断面尺寸、轴线、标高、湿度、温度等的偏差。例如：大理石板拼缝尺寸与超差数量，摊铺沥青拌合料的温度，混凝土坍落度的检测等。

3）吊：就是利用托线板以及线锤吊线检查垂直度。例如：砌体垂直度检查、门窗的安装等。

4）套：是以方尺套方，辅以塞尺检查。例如：对阴阳角的方正、踢脚线的垂直度、预制构件的方正、门窗口及构件的对角线检查等。

（3）试验法。是指通过必要的试验手段对质量进行判断的检查方法。主要包括以下内容。

1）理化试验：工程中常用的理化试验包括物理力学性能方面的检验和化学成分及其含量的测定等两个方面。

①力学性能的检验。如各种力学指标的测定，包括抗拉强度、抗压强度、抗弯强度、抗折强度、冲击韧性、硬度、承载力等；各种物理性能方面的测定如密度、含水量、凝结时间、安定性及抗渗、耐磨、耐热性能等。

②化学成分及其含量的测定。如钢筋中的磷、硫含量，混凝土中粗骨料中的活性氧化硅成分，以及耐酸、耐碱、抗腐蚀性等。此外，根据规定有时还需进行现场试验，例如，对桩或地基的静载试验、下水管道的通水试验、压力管道的耐压试验、防水层的蓄水或淋水试验等。

2）无损检测：利用专门的仪器仪表从表面探测结构物、材料、设备的内部组织结构或损伤情况。常用的无损检测方法有超声波探伤、X射线探伤、γ射线探伤等。

第 3 讲 工程施工关键要素控制

影响建筑工程质量的因素主要有“人、材料、机械、方法和环境”等五大方面，简称人、料、机、法、环。因此，对这五方面的因素严格予以控制是保证工程质量的关键。

一、人的控制

人，是指直接参与工程建设的决策者、组织者、指挥者和操作者。人，作为控制的对象，是避免产生失误，作为控制的动力，是充分调动人的积极性，发挥“人的因素第一”的主导作用。

为了避免人的失误，调动人的主观能动性，增强人的责任感和质量观，达到以工作质量保证工序质量、督促工程质量的目的，除了加强政治思想教育、纪律教育、职业道德教育、专业技术知识培训，健全岗位责任制，改善劳动条件，公平合理的激励外，还需根据工程项目的特点，从确保质量出发，本着适才适用，扬长避短的原则来控制人的使用。

1.施工现场对人员的控制

以项目经理的管理目标和职责为中心，合理组建项目管理机构，贯彻岗位责任制，配备合适的管理人员。

严格实行分包单位的资质审查，控制分包单位的整体素质，包括技术素质、管理素质、服务态度和社会信誉等。

坚持作业人员持证上岗，特别是重要技术工种、特殊工种、高空作业等，做到有资质者上岗。加强对现场管理和作业人员的质量意识教育及技术培训，开展作业质量保证的研讨交流活动等。严格现场管理制度和生产纪律，规范人的作业技术和管理活动的行为。加强激励和沟通活动，调动人的积极性。

为确保施工质量，监理工程师要对施工过程进行全过程的质量监督、检查和控制，就整个施工过程而言，按事前、事中、事后进行控制；就一个具体作业而言，仍涉及事前、事中、事后控制。

2.竣工验收时期对人员的控制

单位工程达到竣工验收条件后，施工单位应在自查、自评工作完成后，填写工程报验报告，并将全部竣工资料报送项目监理机构，申请竣工验收。

总监理工程师组织各专业监理工程师对竣工资料及各专业工程的质量进行全面检查，对检查出的问题，应督促施工单位及时整改。

经项目监理机构对竣工资料及实物全面检查、验收合格后，总监理工程师签署工程竣工报验报告，并向建设单位提出质量评估报告。

建设单位收到质量评估报告后，由建设单位（项目）负责人组织施工（含分包单位）、设计、监理等单位（项目）负责人进行单位（子单位）工程验收。单位工程由分包单位施工时，分包单位对所承包的工程项目应按规定程序检查评定，总包单位派人参加。分包工程完成后，应将工程有关资料交总包单位。

参加验收各方对工程质量验收意见不一致时，可请当地建设行政主管部门或工程质量监督机构协调处理。

单位工程质量验收合格后，建设单位应在规定时间内将工程验收报告和有关文件，报建设行政主管部门备案。

二、材料的控制

原材料、半成品、设备是构成工程实体的基础，其质量是工程项目实体质量的组成部分。故加强原材料、半成品及设备的质量控制，不仅是提高工程质量的必要条件，也是实现工程项目投资目标和进度目标的前提。

1.材料质量控制要点

（1）掌握材料信息，优选供货厂家。掌握材料质量、价格、供货能力的信息，选择好供货厂家，就可获得质量好、价格低的材料资源，从而确保工程质量，降低工程造价。材料订货、采购时，要求厂方提供质量保证文件，其质量要满足有关标准和设计的要求；交货期应满足施工及安装进度计划的要求。

质量保证文件的内容主要包括：供货总说明；产品合格证及技术说明书；质量检验证明；检测与试验单位的资质证明；不合格品或质量问题处理的说明及证明；有关图纸及技术资料等。

（2）合理组织材料供应，确保施工正常进行。合理地、科学地组织材料的采购、加工、储备、运输，建立严密的计划、调度体系，加快材料的周转，减少材料的占用量，按质、按量、如期地满足建设需要，乃是提高供应效益，确保正常施工的关键环节。

（3）合理组织材料使用，减少材料损失。正确按定额计量使用材料，加强运输、仓库、保管工作，加强材料限额管理和发放工作，健全现场材料管理制度，避免材料损失、变质，乃是确保材料质量、节约材料的重要措施。

（4）加强材料检查验收，严把材料质量关：

1）对用于工程的主要材料，进场时必须具备正式的出厂合格证的材质化验单，如不具备或对检验证明有怀疑时，应补做检验。

2）工程中所有各种构件，必须具有厂家批号和出厂合格证。钢筋混凝土和预应力混凝土构件，均应按规定的方法进行抽样检验。由于运输、安装等原因出现的构件质量问题，应分析研究，经处理鉴定后方能使用。

3）凡标志不清或认为质量有问题的材料；对质量保证资料有怀疑或与合同规定不符的一般材料；由于工程重要程度决定，应进行一定比例试验的材料；需要进行追踪检验，以控制和保证其质量的材料等，均应进行抽检。对于进口的材料设备和重要工程或关键施工部位所用的材料，则应进行全部检验。

4）材料质量抽样和检验的方法，应符合《建筑材料质量标准与管理规定》，要能反映该批材料的质量性能。对于重要构件或非匀质的材料，还应酌情增加采样的数量。

5）在现场配制的材料，如混凝土、砂浆、防水材料、防腐材料、绝缘材料、保温材料等的配合比，应先提出试配要求，经试配检验合格后才能使用。

6）对进口材料、设备应会同商检局检验，如核对凭证中发现问题，应取得供方和商检人员签署的商务记录，按期提出索赔。

7）高压电缆、电压绝缘材料，要进行耐压试验。

（5）重视材料使用认证，防止错用或使用不合格材料：

1）材料性能、质量标准、适用范围和对施工要求必须充分了解，以便慎重选择和使用材料。

2）主要装饰材料及建筑配件，应在定货前要求厂家提供样品或看样订货；主要设备订货时，要审核设备清单，是否符合设计要求。

3）凡是用于重要结构、部位的材料，使用时必须仔细地核对、认证，其材料的品种、规格、型号、性能有无错误，是否适合工程特点和满足设计要求。

4）新材料应用，必须通过试验和鉴定；代用材料必须通过计算和充分的论证，并要符合结构构造的要求。

5）材料认证不合格时，不许用于工程中；某些不合格的材料，如过期、受潮的水泥是否降级使用，亦需结合工程的特点予以论证，但决不允许用于重要的工程或部位。

（6）现场材料的管理要求：

1）入库材料要分型号、品种、分区堆放，予以标识，分别编号。

2）有保质期的材料要定期检查，防止过期，并做好标识。

3）有防湿、防潮要求的材料，要有防湿、防潮措施，并要有标识。

4）易燃易爆的物资，要专门存放，有专人负责，并有严格的消防保护措施。

5）易损坏的材料、设备，要保护好外包装，防止损坏。

2.材料质量控制的内容

（1）材料的质量标准材料的质量标准是衡量材料质量的尺度，也是材料验收、检验的依据。掌握材料的质量标准，才能够可靠地控制材料和工程质量。材料的质量标准参见相关国家标准。

（2）材料质量的检（试）验

1）材料质量的检验方法：

①书面检验：通过对提供的材料质量保证资料、试验报告等进行审核，取得认可方能使用。

②外观检验：对材料从品种、规格、标志、外形尺寸等进行直观检查，看其有无质量问题。

③理化检验：借助试验设备和仪器，对材料样品的化学成分、机械性能等进行科学的鉴定。

④无损检验：在不破坏材料样品的前提下，利用超声波、X 射线、表面探伤仪

等进行检测。

2）材料质量检验程度。根据材料信息和保证资料的具体情况，其质量检验程度分免检、抽检和全部检查三种：

①免检：就是免去质量检验过程。对有足够质量保证的一般材料，以及实践证明质量长期稳定且质量保证资料齐全的材料，可予免检。

②抽检：就是按随机抽样的方法对材料进行抽样检验。当对材料的性能不清楚，或对质量保证资料有怀疑，或对成批生产的构配件，均应按一定比例进行抽样检验。

③全检验：凡对进口的材料、设备和重要工程部位的材料，以及贵重的材料，应进行全部检验，以确保材料和工程质量。

3）材料质量检验项目。材料质量的检验项目分：

一般试验项目：通常进行的试验项目；

其他试验项目：根据需要进行的试验项目。

如水泥，一般要进行标准稠度、凝结时间、抗压和抗折强度检验；若是小窑水泥，往往由于安定性不良好，则应进行安定性检验。

4）材料质量检验的取样。材料质量检验的取样必须有代表性，即所采取样品的质量应能代表该批材料的质量。在采取试样时，必须按规定的部位、数量及采选的操作要求进行。

（3）材料的选择和使用要求。材料的选择和使用不当，均会严重影响工程质量或造成质量事故。必须针对工程特点，根据材料的性能、质量标准、适用范围和对施工要求等方面进行综合考虑，慎重地来选择和使用材料。

三、施工方法的控制

这里所指的施工方法控制，包括所采取的技术方案、工艺流程、组织措施、检测手段、施工组织设计等的控制。尤其是施工方案正确与否，是直接影响工程项目的进度控制、质量控制，成本控制等目标是否顺利实现的关键。所以，必须结合工程实际，从技术、组织管理、工艺、操作、经济等方面进行全面分析，综合考虑，力求方案技术可行、经济合理、工艺先进、措施得力、操作方便，有利于提高质量、加快进度、降低成本。

施工阶段方法控制：施工方法是实现工程施工的重要手段，无论施工方案的制订、工艺的设计、施工组织设计的编制、施工顺序的开展和操作要求等，都必须以确保质量为目的。由于建筑工程目标产品的多样性和单件性的生产特点，使施工方案或生产方案具有很强的个性；另外，由于这类建筑工程的施工又是按照一定的施工规律循序展开，因此，通常需将工程分解成不同的部位和施工过程，分别拟订相应的施工方案来组织施工，这又使得施工方案具有技术和组织方法的共性。通过这种个性和共性的合理统一，形成特定的施工方案，是经济、安全、有效地进行工程施工的重要保证。

施工方案的正确与否，是直接影响工程项目的进度控制、质量控制、投资控制三大目标能否顺利实现的关键。往往由于施工方案考虑不周而拖延进度，影响质量，增加投资。为此，在制订和审核施工方案时，必须结合工程实际，从技术、组织、管理、工艺、操作、经济等方面进行全面分析、综合考虑，力求方案技术可行、经济合理、工艺先进、措施得力、操作方便，有利于提高质量、加快进度、降低成本。

对施工方案的控制，重点抓好以下几个方面：

（1）施工方案应随工程施工进展而不断细化和深化。选择施工方案时，应拟定几个可行的方案，突出主要矛盾，对比主要优缺点，以便从中选出最佳方案。

（2）对主要项目、关键部位和难度较大的项目，如新结构、新材料、新工艺、大跨度、大悬挂、高大的结构部位等，制订方案时要充分估计到可能发生的施工质量问题和处理方法。

四、机械设备的控制

建筑机具、设备种类繁多，要依据不同的工艺特点和技术要求，选用合适的机具设备；要正确使用、管理和保养好机具设备。为此，要健全操作证制度、岗位责任制度、交接制度、技术保养制度、安全使用制度、机具设备检查制度等，确保机具设备处于最佳状态。

1.施工机具设备的选择

施工机具设备的选择应根据工程项目的建筑结构形式、施工工艺和方法、现场施工条件、施工进度计划的要求等进行综合分析做出决定。从施工需要和保证质量的要求出发，正确确定相应类型的性能参数，选定经济合理、使用和维护保养方便的机种。

2.施工机具设备配置的优化

施工机具设备的选择，除应考虑技术先进、经济合理、生产适用、性能可靠、使用安全方便的原则外，维修难易、能源消耗、工作效率、使用灵活也是重要的约束条件。如何从综合的使用效率来全面考虑各种类型的机械设备才能形成最有效的配套生产能力，通常应结合具体工程的情况，根据施工经验和有关的定性、定量分析方法做出优化配置的选择方案。

3.施工机具设备的动态管理

要根据工程实施的进度计划，确定各类机械设备的进场时间和退场时间。因此，首先要通过计划的安排，抓好进出场时间的控制，避免盲目调度，造成机械设备在现场的空置，降低利用率，增加施工成本。其次是要加强施工过程各类机械设备利用率和使用效率的分析，及时通过合理安排和调度，使利用率和使用效率偏低的机械设备的使用状态得到调整和改善。

4.施工机具设备的使用操作

在施工过程中，应定期对施工机械设备进行校正，以免误导操作。选择机械设备必须有与之相配套的技术操作工人。合理使用机械设备，正确地进行操作是保证施工质量的重要环节。应贯彻“人机固定”的原则，实行定机、定人、定岗位责任的制度。

5.施工机具设备的管理

承包单位制定出合理的机械化施工操作方案，综合考虑施工现场条件、建筑结构形式、机械设备性能、施工工艺和方法、施工组织与管理、建筑技术经济等各种因素，使之合理装备、配套使用、有机联系，以充分发挥建筑机械的效能，力求获得较好的综合经济效益。

机械设备进场前，承包单位应向项目监理机构报送设备进场清单，列出进场机械设备的型号、规格、数量、技术参数、设备状况、进场时间等。

机械设备进场后，根据承包单位报送的设备进场清单，项目监理机构进行现场核对，检查与施工组织设计是否相符。承包单位和项目监理机构应定期与不定期检查机械设备使用、保养记录，检查其工作状况，以保证机械设备的性能处于良好的作业状态。同时对承包单位机械设备操作人员的技术水平资质进行控制，尤其是从事施工测量、试验与检验的操作人员。

五、环境的控制

影响工程质量的环境因素包括三方面：

（1）劳动作业环境：如劳动组合、劳动工具、工作面等，往往是前一工序就是后一工序的环境；

（2）工程管理环境：如质量保证体系、质量管理制度等；

（3）工程自然环境：如水文、气象、温度、湿度等。

应当根据建筑工程特点和具体情况，对影响质量的环境因素，采取有效措施严加控制。尤其建筑施工现场，应建立文明施工环境，保持工件、材料堆放有序，道路畅通，工作场所清洁整齐，施工程序井井有条；建立健全质量管理措施，避免和减少管理缺陷，为确保质量和安全创造良好的条件。

1.施工现场劳动作业环境的控制

施工现场劳动作业环境，大至整个建设场地施工期间的使用规范安排，要科学合理地做好施工总平面布置图的设计，使整个建设工地的施工临时道路、给水排水及供热供气管道、供电通信线路、施工机械设备和装置、建筑材料制品的堆场和仓库、现场办公及生活或休息设施等的布置有条不紊，安全、通畅、整洁、文明，消除有害影响和相互干扰，物得其所，作用简便，经济合理；小至每一施工作业场所的材料器具堆放状况，通风照明及有害气体、粉尘的防备措施条例的落实等。这些条件是否良好，直接影响施工能否顺利进行以及施工质量。

2.施工管理环境的控制

由于工程施工是采用合同环境下的承发包生产方式，其基本的承发包模式有：施工总分包模式、平行承发包模式及这两种模式的组合应用，因此一个建设项目或一个单位工程施工项目，通常是由多个承建商共同承担施工任务，不同的承发包模式和合同结构，确定了他们之间的管理关系或工作关系，这种关系能否做到明确而顺畅，就是管理环境的创造问题。虽然承包商无法左右业主对承发包模式和工程合同结构的选择，然而却有可能从主承包合同条件的拟定和评审中，从分包的选择和分包合同条件的协商中，注意管理责任和管理关系，包括协作配合管理关系的建立，合理地为施工过程创造良好的组织条件和管理环境。

管理环境控制，主要是根据承发包的合同结构，理顺各参建施工单位之间的管理关系，建立现场施工组织系统和质量管理的综合运行机制。确保施工程序的安排以及施工质量形成过程能够起到相互促进、相互制约、协调运转的作用。使质量管理体系和质量控制自检体系处于良好的状态，系统的组织机构、管理制度、检测制度、检测标准、人员配备各方面完善明确，质量责任制得到落实。此外，在管理环境的创设方面，还应注意与现场近邻的单位、居民及有关方面的协调、沟通，做好公共关系，以使他们对施工造成的干扰和不便给予必要的谅解和支持配合。

3.施工现场自然环境的控制

自然环境的控制，主要是掌握施工现场水文、地质和气象资料等信息，以便在制订施工方案、施工计划和措施时，能够从自然环境的特点和规律出发，事先做好充分的准备和采取有效措施与对策，防止可能出现的对施工作业质量不利的影响。如建立地基和基础施工对策，防止地下水、地面水对施工的影响，保证周围建筑物及地下管线的安全；从实际条件出发，做好冬、雨期施工项目的安排和防范措施；加强环境保护和建设公害的治理等。

第 4 讲　施工工序质量控制

一、施工工序质量控制内容和要求

1.工序质量控制内容

工序质量是指施工中人、材料、机械、工艺方法和环境等对产品综合起作用的过程的质量，又称过程质量，它体现为产品质量。

工序质量控制就是对工序活动条件即工序活动投入的质量和工序活动效果的质量即分项工程质量的控制。在进行工序质量控制时要着重于以下几方面的工作：

（1）确定工序质量控制工作计划。一方面要求对不同的工序活动制定专门的保证质量的技术措施，做出物料投入及活动顺序的专门规定；另一方面须规定质量控制工作流程、质量检验制度等。

（2）主动控制工序活动条件的质量。工序活动条件主要指影响质量的五大因素，即人、材料、机械设备、方法和环境等

（3）及时检验工序活动效果的质量。主要是实行班组自检、互检、上下道工序交接检，特别是对隐蔽工程和分项（部）工程的质量检验。

（4）设置工序质量控制点（工序管理点），实行重点控制。工序质量控制点是针对影响质量的关键部位或薄弱环节而确定的重点控制对象。正确设置控制点并严

格实施是进行工序质量控制的重点。

2.工序质量控制要求

（1）各施工工序应按施工技术标准进行质量控制，每道施工工序完成后，经施工单位自检符合规定后，才能进行下道工序施工。各专业工种之间的相关工序应进行交接检验，并应记录。

为保障工程整体质量，应控制每道工序的质量。目前各专业的施工技术规范正在编制，并陆续实施，施工单位可按照执行。考虑到企业标准的控制指标应严格于行业和国家标准指标，鼓励有能力的施工单位编制企业标准，并按照企业标准的要求控制每道工序的施工质量。施工单位完成每道工序后，除了自检、专职质量检查员检查外，还应进行工序交接检查，上道工序应满足下道工序的施工条件和要求；同样相关专业工序之间也应进行交接检验，使各工序之间和各相关专业工程之间形成有机的整体。

（2）对于监理单位提出检查要求的重要工序，应经监理工程师检查认可，才能进行下道工序施工。

工序是建筑工程施工的基本组成部分，一个检验批可能由一道或多道工序组成。根据目前的验收要求，监理单位对工程质量控制到检验批，对工序的质量一般由施工单位通过自检予以控制，但为保证工程质量，对监理单位有要求的重要工序，应经监理工程师检查认可，才能进行下道工序施工。

二、施工工序质量控制点的设置和管理

1.工序质量控制点的设置原则

（1）重要的和关键性的施工环节和部位。

（2）质量不稳定、施工质量没有把握的施工工序和环节。

（3）施工技术难度大的、施工条件困难的部位或环节。

（4）质量标准或质量精度要求高的施工内容和项目。

（5）对后续施工或后续工序质量或安全有重要影响的施工工序或部位。

（6）采用新技术、新工艺、新材料施工的部位或环节。

2.工序质量控制点的管理

（1）质量控制措施的设计

选择了控制点，就要针对每个控制点进行控制措施设计。主要步骤和内容如下：

1）列出质量控制点明细表；

2）设计控制点施工流程图；

3）进行工序分析，找出主导因素；

4）制定工序质量控制表，对各影响质量特性的主导因素规定出明确的控制范围和控制要求；

5）编制保证质量的作业指导书；

6）编制计量网络图，明确标出各控制因素采用什么计量仪器、编号、精度等，

以便进行精确计量；

7）质量控制点审核。可由设计者的上一级领导进行审核。

（2）质量控制点的实施

1）交底。将控制点的“控制措施设计”向操作班组进行认真交底，必须使工人真正了解操作要点。

2）质量控制人员在现场进行重点指导、检查、验收。

3）工人按作业指导书认真进行操作，保证每个环节的操作质量。

4）按规定做好检查并认真做好记录，取得第一手数据。

5）运用数据统计方法，不断进行分析与改进，直至质量控制点验收合格。

质量控制点实施中应明确工人、质量控制人员的职责。

三、工程质量预控

1.工程质量预控的概念

工程质量预控就是针对所设置的质量控制点或分项、分部工程，事先分析在施工中可能发生的质量问题和隐患，分析可能的原因，提出相应的预防措施和对策，实现对工程质量的主动控制。

2.质量预控的表达形式及示例

质量预控的表达形式有：①文字表达。②用表格形式表达。③用解析图形式表达。

（1）钢筋电焊焊接质量的预控—文字表达

1）可能产生的质量问题：①焊接接头偏心弯折；②焊条型号或规格不符合要求；③焊缝的长、宽、厚度不符合要求；④凹陷、焊瘤、裂纹、烧伤、咬边、气孔、夹渣等缺陷；

2）质量预控措施：①检查焊接人员有无上岗合格证明，禁止无证上岗；②焊工正式施焊前，必须按规定进行焊接工艺试验；③每批钢筋焊完后，施工单位自检并按规定取样进行力学性能试验，然后专业监理人员抽查焊接质量，必要时需抽样复查其力学性能；④在检查焊接质量时，应同时抽检焊条的型号。

（2）混凝土灌注桩质量预控—用表格形式表达

用简表形式分析其在施工中可能发生的主要质量问题和隐患，并针对各种可能发生的质量问题，提出相应的预控措施，如表 1—1 所示。

表 1—1　混凝土灌注桩质量预控表

可能发生的质量问题	质量预控措施
孔斜	督促施工单位在钻孔前对钻机认真整平
混凝土强度达不到要求	随时抽查原料质量；试配混凝土配合比经监理工程师审批确认；评定混凝土强度；按月向监理报送评定结果

续表

可能发生的质量问题	质量预控措施
缩颈、堵管	.督促施工单位每桩测定混凝土坍落度 2 次，每 30～50cm 测定一次混凝土浇筑高度，随时处理
断桩	.准备足够数量的混凝土供应机械（拌合机等），保证连续不断地浇筑桩体
钢筋笼上浮	.掌握泥浆密度和灌注速度，灌注前做好钢筋笼固定

（3）混凝土工程质量预控及对策，见图 1—1～图 1—3。这是用解析图的形式表达的。

四、成品保护

成品保护一般是指在施工过程中，某些分项工程已经完成，而其他一些分项工程尚在施工；或者是在其分项工程施工过程中，某些部位已完成，而其他部位正在施工。在这种情况下，施工单位必须负责对已完成部分采取妥善措施予以保护，以免因成品缺乏保护或保护不善而造成损伤或污染，影响工程整体质量。

根据建筑产品的特点的不同，可以分别对成品采取“防护”、“包裹”、“覆盖”、“封闭”等保护措施，以及合理安排施工顺序等来达到保护成品的目的。具体如下所述。

1.防护

就是针对被保护对象的特点采取各种防护的措施。例如，对清水楼梯踏步，可以采取护棱角铁上下连接固定；对于进出口台阶可垫砖或方木搭脚手板供人通过的方法来保护台阶；对于门口易碰部位，可以钉上防护条或槽型盖铁保护；门扇安装后可加楔固定等。

2.包裹

就是将被保护物包裹起来，以防损伤或污染。例如，对镶面大理石柱可用立板包裹捆扎保护；铝合金门窗可用塑料布包扎保护等。

3.覆盖

就是用表面覆盖的办法防止堵塞或损伤。例如，对地漏、落水口排水管等安装后可加以覆盖，以防止异物落入而被堵塞；预制水磨石或大理石楼梯可用木板覆盖加以保护；地面可用锯末、苫布等覆盖以防止喷浆等污染；其他需要防晒、防冻、保温养护等项目也应采取适当的防护措施。

4.封闭

就是采取局部封闭的办法进行保护。例如，垃圾道完成后，可将其进口封闭起来，以防止建筑垃圾堵塞通道；房间水泥地面或地面砖完成后，可将该房间局部封闭，防止人们随意进入而损害地面；房内装修完成后，应加锁封闭，防止人们随意进入而受到损伤等。

5.合理安排施工顺序

主要是通过合理安排不同工作间的施工顺序先后以防止后道工序损坏或污染前道工序。例如，采取房间内先喷浆或喷涂而后安装灯具的施工顺序可防止喷浆污染、损害灯具；先做顶棚、装修而后做地坪，也可避免顶棚及装修施工污染、损害地坪。

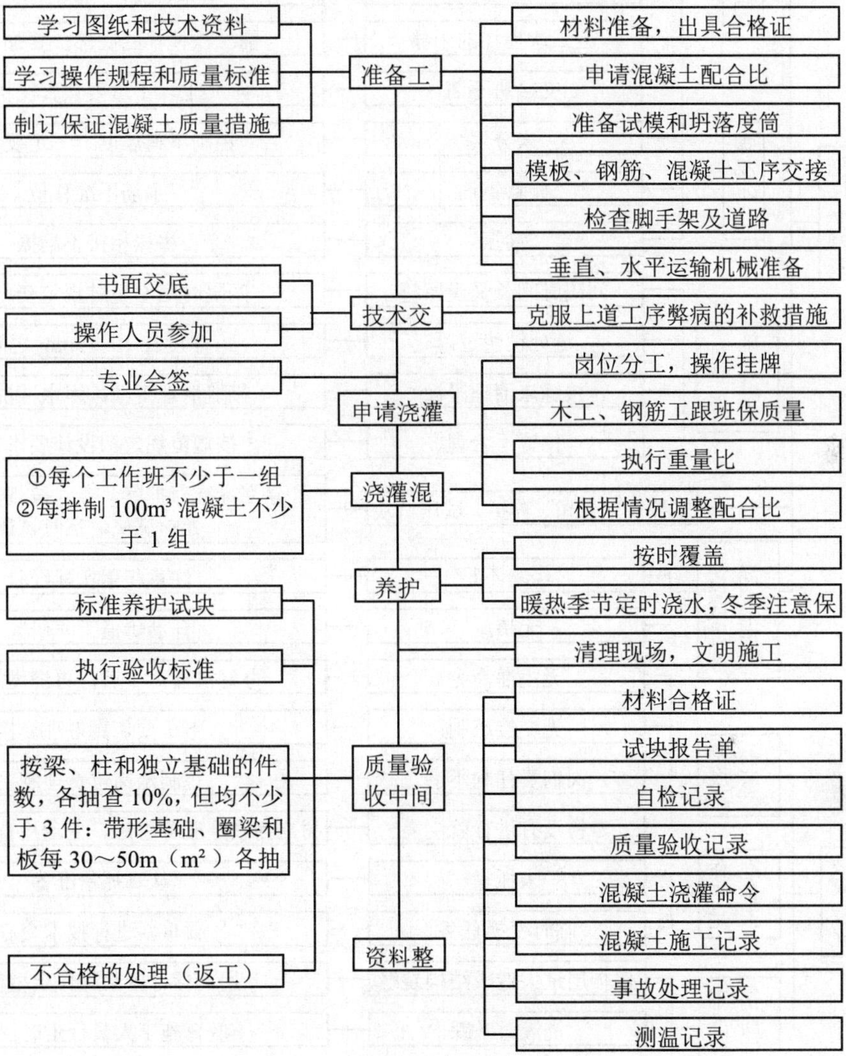

图 1-1　混凝土工程质量预控图

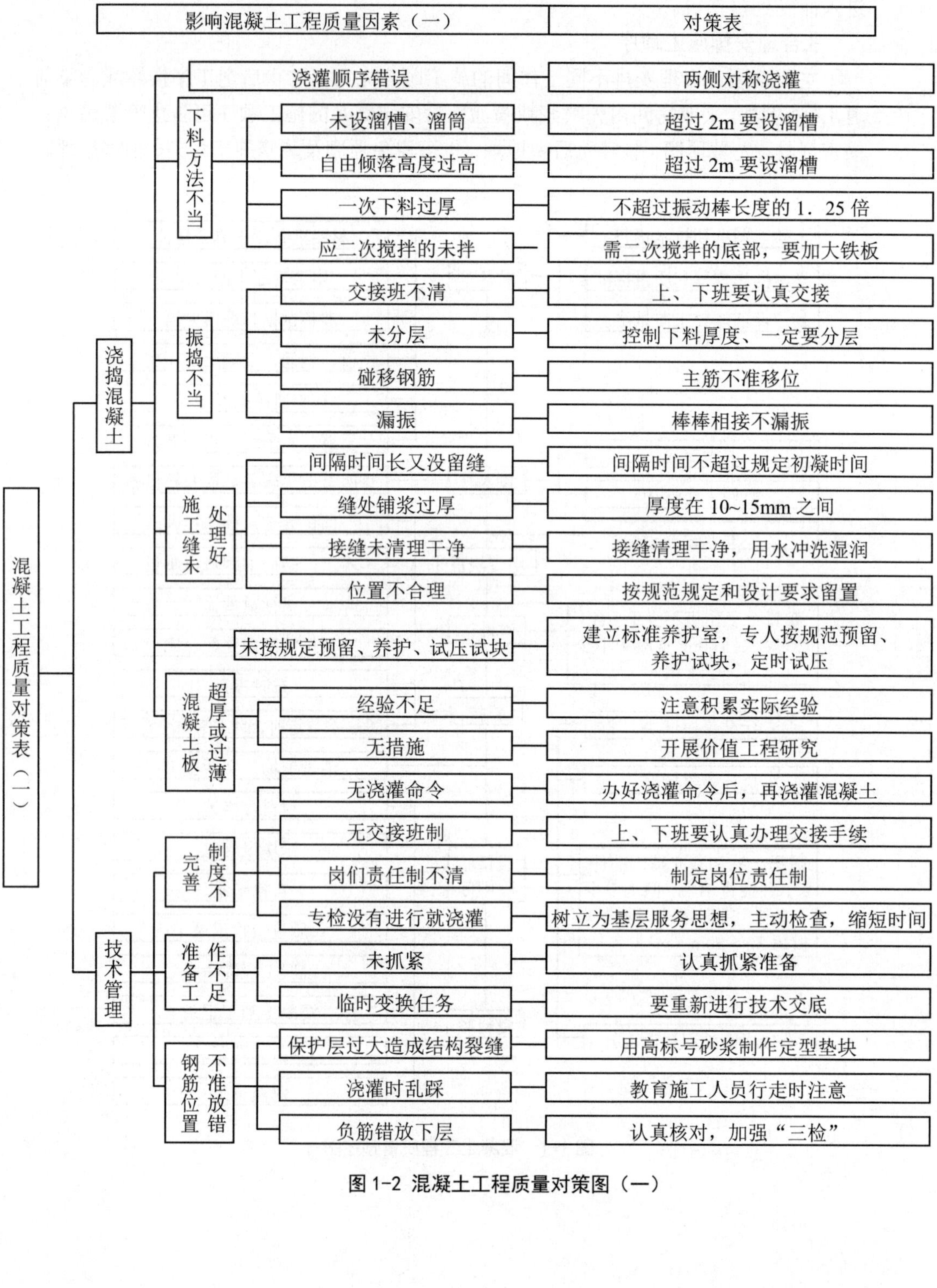

图1-2 混凝土工程质量对策图（一）

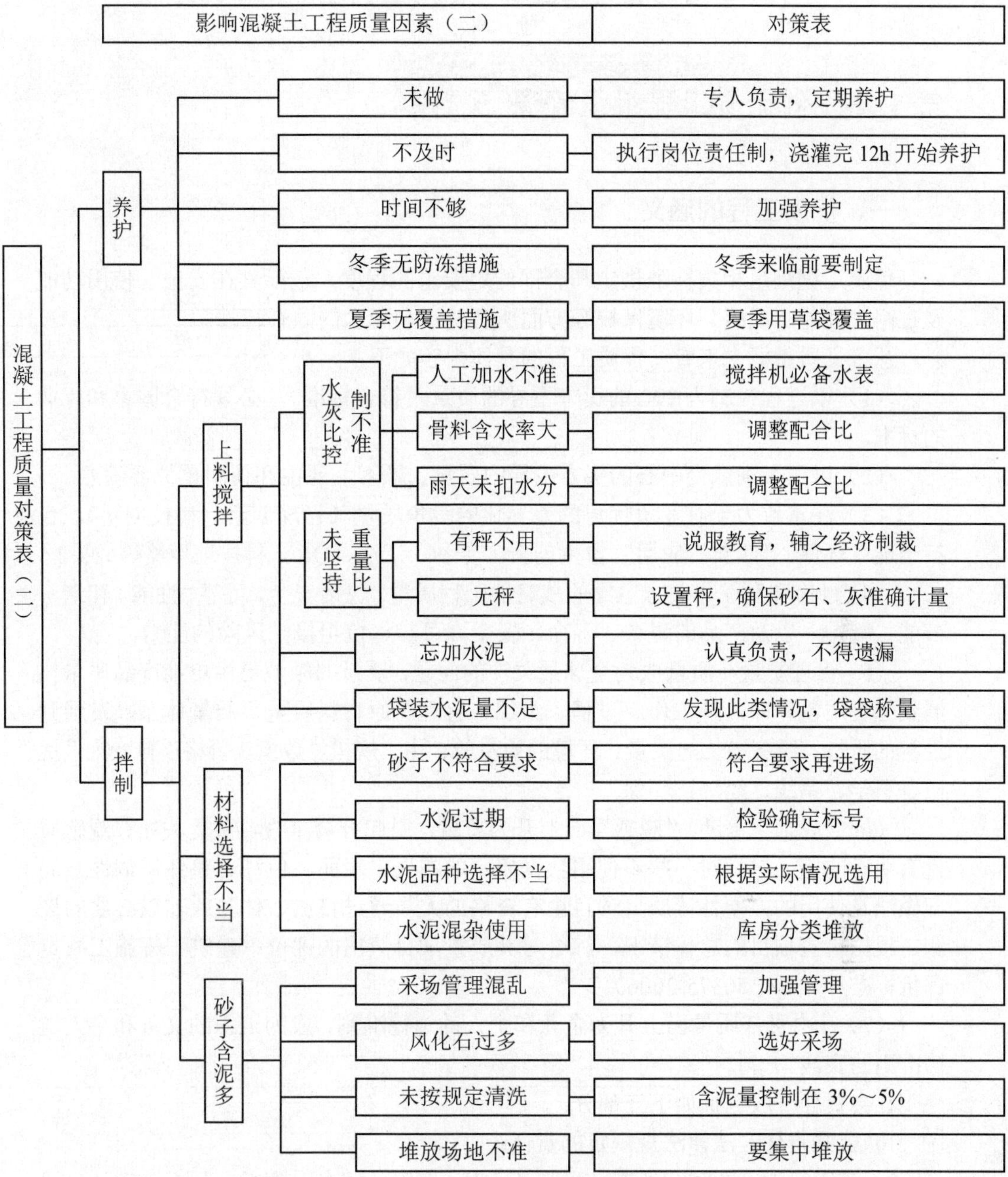

图 1-3 混凝土工程质量对策图（二）

第2单元 施工项目创优质工程

第1讲 创优质工程组织管理

一、优质工程的涵义

优质工程满足相关标准规定和合同约定要求的程度，包括其在安全、使用功能及在耐久性能、观感、环境保护等方面所有明示和隐含的固有特性。

从广义质量概念来看，优质工程的具体内容如下：

（1）以过程控制为中心的卖方主导的质量（符合标准）。必须符合国家和行业的标准。

（2）以顾客满意为中心的买方主导的质量。顾客、业主和使用单位要满意。

（3）注重致力于有竞争优势的差异化的竞争质量（管理创新、科技创新），包括节能、环保、“四新”应用、自主创新、专利、工法、QC、科技进步奖等成果

（4）顾客和利益相关方主导的战略性工程质量。包括安全、可靠、性能、和谐、节能、减排。以及产品的耐久、寿命、安全、可靠、抗拒极端风险的能力。

（5）管理质量一质量成为全球最关注的问题，质量的领域已由单纯产品质量拓展到管理质量，即：从工作、过程、组织、管理、原材料质量、质量体系，发展到经营的质量、经济增长的质量、环境的质量等，由“规模、数量、价格”转变为“优质、科学、系统、经济、环保”。

（6）“观感”质量，“观感”已上升为质量，引起社会重视，备受关注。观感质量有明确的定义：指对一些不使用数据表示的布局、表面、色泽、整体协调性、局部做法及使用的方便性等质量项目由有资格的人员通过目测、体验或辅以必要的量测，根据检查项目的总体情况，综合对其质量项目给出的评价《建筑工程施工质量评价标准》（GB/T 50375-2006）。

（7）社会责任质量已上升为企业和个人的道德准则，成为组织的义务和个人道德准则的底线。

社会责任一般包括如下三部分：

1）公共责任：法律法规规定的责任；

2）道德行为：顾客、供方、质监、环保、工商、税务、海关、银行、审计、司法等反映组织诚信程度的证据；

3）公益支持：文化、教育、卫生、社区、行业发展等。

二、项目“创优质工程”目标确立

1．创优质工程“三高”与“三严”的要求

创优质工程要求“三高”与“三严”,“三高”是指高的质量目标、高的质量意识、高的质量标准。“三严”是指严格的质量管理、严格的质量控制、严格的质量检验。

（1）高的质量目标

企业品牌主要依靠质量支撑，打造质量品牌才能在市场的竞争中获胜，企业能建设优质工程不仅标志企业的质量水平，也体现企业的技术与综合管理能力。通过创建优质工程,提高企业的整体质量水平,同时企业的整体管理水平也将大幅提高。

（2）高的质量意识

下决心争创优质工程，必然要对质量认识达到高层次境界，领导层的质量意识高，必然高度重视工程质量管理，也才会制定出高的质量目标和实现目标的措施，企业领导层的质量意识是关键，全体员工也要具有高的质量意识，不然质量目标和措施就不能落实。只有全员有高的质量意识，才会有高的质量目标，也才能制订为实现高质量目标的高标准，才能使之得到落实。

（3）高的质量标准

创优质工程不仅能满足国家标准规范的基本质量要求，还要高于国家标准规范的要求。因此创优质工程必须制订高于国家标准的企业控制标准。近几年，很多创优质工程在制定目标的同时就制定了企业标准并进行控制。现在申报优质工程对质量的描述不再是以往“内实外光，表面平整，横平竖直”等定性的描述，而是以量化指标来表明施工质量的水平，这样可以清楚地看到企业控制标准的水平程度。

（4）严格的质量管理

严格的质量管理是保证高质量目标实现的重要手段，是一项很实在的管理工作，近年来的优质工程检查也逐步把这项工作列入了检查范畴。

（5）严格的质量控制

质量控制的关键是过程控制，要创一个精品工程就必须进行全过程的控制，质量控制是质量管理的一个主要内容，严格质量控制可以预防质量问题发生，可以保证质量不断提高。

（6）严格的质量检验

质量检查验收就是把关，建设过程中的严格检查验收就是要使质量处于控制之中。

2．创优质工程整体质量目标

创优质工程的整体质量目标包括以下几个方面：

（1）工程安全、适用、美观

1）各项技术指标符合国家工程建设标准、规范、规程。

2）设计先进合理，功能齐全，满足使用要求。

3）地基基础与主体结构安全稳定可靠，符合设计要求。

4）设备安装规范，管线布置合理美观，系统运行平稳、安全、可靠。

5）装饰细腻，工艺考究，观感质量上乘。

6）工程资料内容齐全、真实有效、编目规范，具有可追溯性。

（2）积极推进技术进步与科技创新

1）开创思路，积极研发新的工法或发明专利、实用新型专利。

2）积极应用建筑业十项新技术；积极采用新技术、新工艺、新材料、新设备并在关键技术和工艺上有所创新。

3）通过省（部）级及以上新技术应用（科技）示范工程验收，争创国内先进水平。

（3）施工过程符合“四节一环保”

1）在节能、节地、节水、节材等方面符合国家有关规定。

2）在环境保护方面符合国家有关规定，环保等专项验收合格。

3）争创文明工地或全国绿色施工示范工程荣誉称号。

（4）工程管理科学规范

1）质量保证体系和各项规章制度健全，岗位职责明确，过程控制措施有效。

2）运用现代项目管理方法和信息技术，实行目标管理。

3）符合建设程序，资源配置合理，管理手段先进。

（5）综合效益显著

1）项目建成后产能、功能均达到设计要求。

2）主要经济技术指标处于国内同行业同类型工程领先水平。

3）建设和使用单位满意，经济和社会效益显著。

三、质量管理体系保证

依据《建筑工程施工质量验收统一标准》（GB 50300-2013）第 3.0.1 条，施工现场应具有健全的质量管理体系、相应的施工技术标准、施工质量检验制度和综合施工质量水平评定考核制度。

四、项目创优质工程组织管理

1．参建单位的职责与组织保证

组织保证是整个项目创优的基础。创优质工程必须有强烈的精品意识，必须成立由项目经理挂帅的创奖工作小组，这样才能在一系列的创奖工作中，形成强有力的组织保证。针对工程的特点与难点，尤其是工程中挖掘的科技亮点，成立技术攻关小组，在创奖工作小组的领导下，群策群力，集思广益，解决工程中的疑难问题；定期召开质量分析会，掌握质量波动情况，利用现代科技手段，及时采取措施对策。

创优质工程不仅仅只是承包商的事情，而是牵扯到项目建设的各方，需要各方协作起来，加强项目的综合管理，这是整个项目创优成功的关键。

（1）业主方

业主方是整个项目建设的中心，也是最能全面协调项目参与各方的主体。业主对创优的热情和支持程度非常关键，要使业主认识到创优对业主同样具有重要的经济和社会效益，获得优质工程是对业主开发建设工作成果的重要肯定，从而动员业主积极参与创优质工程。业主对项目创优的支持主要包括：

1）按合同要求，及时支付工程款，避免拖欠。原则上存在工程款拖欠的项目不能参加优质工程各奖项的评审。

2）业主的管理目标在创优方面应和承包商的目标协调起来，最大限度地支持承包商的工作。

3）业主保证所供原材料和设备满足承包方提出的创优指标，并纳入承包商的质量管理体系中。

（4）业主保证指定分包商和总承包商的协调工作，争取把指定分包商的质量控制工作纳入总承包商的统一质量控制体系中，由总承包商负责整个项目施工全过程的质量控制工作。

5）业主在其他方面也要给予的必要协助，比如在交付使用后的设备运行及使用功能反馈等。

（2）承包方

总承包方是工程施工质量控制的主体，创优工作的总负责。承包方的全面互动对于项目的创优具有巨大的作用。承包方对于项目创优的主要组织工作包括：

1）企业集团的重视

创优工作需要企业和项目联动，企业主要领导要对项目创优给予大力支持，在人才、资金和资源方面提供保障，这是创优工作的根本前提。

2）项目部的努力

项目部一定要统一思想，尽心尽力高标准完成项目建设。项目部在技术、组织和管理上要加强措施，要意识到创优的深度和广度，克服一般项目仅仅合格就行的思想，按策划大纲严格要求完成项目各项工序。

3）作业层的重视

班组作业层是施工的主要操作者，他们的责任心是项目质量的基石。他们必须统一思想，明确目标，克服传统思维定势和一些常规做法，精益求精完成项目工序。

4）资料内业方面的工作

要加强资料内业的工作，保证项目原始资料的完整性、准确性及可追溯性。

（3）设计方

各创优奖的评审一般与项目的建筑设计和使用功能密切相关。项目除了在建筑美学方面有一定的特色外，对于项目的使用功能也提出了很高的要求。这些都需要设计方的参与。在项目施工阶段，设计方的主要工作包括：

1）及时良好的设计交底，保证设计意图能准确地传递给承包方，避免出现大的变更和返工。

2）参加各分项工程的验收和竣工活动，尤其是隐蔽工程等，保证项目的施工与设计一致性。

3）为项目施工提供完善和详细的设计保障和支持。

（4）监理方

监理是项目施工质量监控的主体。在创优上，监理方和承包方的目标应是一致的。要进一步发挥监理的监督作用，使监理的工作计划和质量目标也向创优靠齐，同心协力搞好项目的质量工作。监理的工作包括：

1）保证监理资料的完整性；

2）客观地评价施工承包商的工作；

3）协调整个项目的质量控制工作，为施工承包方的创优工作给予支持。

（5）质监方

总体上说，质监方在创优上与承包方的目标应是一致的，其主要工作是在创优上帮助和协助承包方完成相关工作。

（6）分包方

不管是业主指定分包商还是承包商的分包商，在创优上都应和总承包商保持一致，充分理解和执行创优工作中的各项要求，逐步改变一些常规做法和思维定势，向高标准看齐。实际上，通过创优对项目参与各方都是一个学习和提高的机会。

2．施工单位组织保证体系

工程质量是各项管理的综合反映，也是管理水平的具体体现。必须建立健全各级组织，分工负责，做到以预防为主，预防与检查相结合，形成一个有明确任务、职责、权限、互相协调和互相促进的有机整体。建立质量管理小组。质量管理小组又称小组，由管理部门的专业人员或施工班组的生产人员分别组成。以施工质量为目标，运用科学的管理方法开展攻关活动。健全各种规章制度，主要是技术管理制度、施工质量管理细则、测量工作管理办法、全优工程管理制度、小组活动条例，以及技术责任制、质量责任制、岗位经济责任制等。

明确规定各职能部门主管人员和参与施工人员，在保证和提高工程质量中所承担的任务、职责和权限，做到各尽其职、各负其责。

（1）主管生产计划人员，做好施工准备，合理进行施工部署和安排，正确编制施工组织设计或施工方案；在计划、部署、检查生产工作的时候，坚持把保证工程质量放在首位，组织工程回访，及时处理返修的施工质量问题。

（2）主管技术工作人员，参加设计方案的研究，提出保证工程质量的意见；组织有关人员熟悉和会审设计图纸，正确进行技术交底；组织科研成果的实践，审定一般技术革新项目；参加分析质量事故，负责处理质量事故中的技术问题。

（3）主管材料人员，负责供应质量合格的材料、半成品和成品，并及时提供质量合格证明。

（4）工人，主要负责操作质量，按国家施工及验收规范、质量标准和技术交底，认真操作，保证操作质量符合要求。

建立质量信息系统。由于施工项目涉及面广、工作环节多、形成过程比较复杂，加之手工操作多，要把影响工程质量的各种因素都控制起来，做到工程质量的预防、预控，就必须建立一个高效、灵敏的信息传递及反馈系统，确定各种质量信息传递的程序，及时掌握外部和内部的质量动态，以便于项目经理和有关人员及时作出相应的决策。

3. 项目管理层工作重点

在创优质工程活动中，谁都想一次成功，减少质量成本。如何做到这一点，得力的组织措施、有效的质量管理将是创优成败的关键。因此，必须建立一个有效的项目质量管理体系。除按常规确立的从企业到项目的质量管理体系外，我们更强调核心的质量管理层。

（1）就整体工程而言，核心质量管理层应由项目总工程师和安装技术总负责人以及各专业技术负责人组成。具体说来，地基与基础、主体结构、建筑屋面和建筑节能四个分部一个技术负责人，装饰装修一个技术负责人，再加上安装五个分部（建筑电气，智能建筑，给排水及采暖，通风与空调，电梯）各一个技术负责人，共 9 人组成质量管理核心，加上各专业技术施工人员，组成土建装饰安装专业质量体系，负责各自专业布局，包括工程质量安全、工程功能保障、工艺亮点制造资料收集整理。各专业之间技术协调应保证整体布局、各种结构、装饰和管线，器具，设备，标高方位的合理性，美观性，各类支吊架整合，地面空间的合理利用。

（2）安装专业质量管理体系，必须与土建质量体系紧密结合起来，安装是否影响建筑结构及围护结构的安全性，是否影响建筑的使用功能，是否影响建筑整体的美观效果，要综合协调。

（3）安装专业质量管理体系，必须密切配合装饰工程质量管理体系，这是工程能否达到“各部位均能反映出其精致，细腻特点，整体达到精品工程的关键环节”，这方面能配合得好，工程就会给人美的享受，配合得不好，尽管各自都自我感觉良好，但整体效果就不好，就显示不出其精致、细腻，不会给人以美的享受，受检时就大打折扣。

（4）项目总工程师的调协、调度和总体策划在项目创优工作中十分重要，他要负责组织好各专业质量管理体系，对整体工程进行创优质工程的策划，怎样保证工程质量的安全性，保证工程的功能实现设计与业主目标，保证工艺的精湛，保证整体观感效果，有鲜明的时代感、艺术性和超前性，达到优质工程的要求。

（5）项目质保体系的有效工作，离不了业主和设计、监理人员的理解和支持，没有他们的支持，想顺利创优质工程也不是一件很容易的事，项目创优质工程有总体的策划和局部的策划，也有细部的策划，策划涉及材料、工艺、结构形式的变更，加工订货等，都要取得他们的支持。因此，必须调动他们的积极性，使他们共同参与，把他们纳入质量体系，使各方面都目标一致，为创优质工程共同努力。分包方也是十分重要的环节，不管是业主指定，还是自行分包，也应纳入质量体系。

只有建立完善的质量保证体系，创优质工程才有了组织上的保障，只有建立质量管理责任制，才能各负其责，共同协调，施工才能畅通无阻。

第 2 讲　创优质工程项目策划的编制

创优质工程策划工作必须由项目经理亲自主持，项目总工全面组织，质保体系全程参与。施工策划确定项目施工的目标、措施和主要技术管理程序，同时制定施工分部分项工程的质量控制标准，为施工质量提供控制依据。

施工策划包括工艺、标准、做法、施工技术、施工方法、管线布置、装饰色彩、管线走向、材料选择、装饰细部以及现场施工的各种要素等。通过统一的施工策划，保证各个分项工程内在质量和外部表现上的一致性和统一性。

施工策划和施工组织设计将奠定整个工程创优的基础和大纲。它是集体智慧的结晶，融汇贯通各层次技术管理人员的聪明才智和创优积极性。策划工作有总体策划、局部策划、阶段性策划、细部策划、分部策划、综合性策划等。总之，策划工作除了第一次总体策划，确立总目标、总方向、总要求，形成书面指导性文件外，其他策划工作应贯穿于工程始终，无非在规模、参加人员、覆盖范围上有所不同。

在第一次策划会议之前，项目总工应有策划大纲，以便各层级技术管理人员在策划会议上做到有的放矢，例如讨论些什么问题，确立些什么目标（大小目标，如各分部分项达到什么水平），以便分别去编写策划书中的哪些部分，最后汇总、审核、批准并形成文件。

一、工程概况，工程重、难点

工程概况一般是将有关建筑、结构及安装的主要内容表述清楚，要求简单明了。但对工程的特、重、难点要求突出表述，这也是申报优质工程奖项时应总结的，包括：基础、结构、安装、装饰等部分，把这三方面内容充分寻找出来，充分描述。其特点、重点能引起大家注意，难点不同于一般，为采用什么样的新技术做好铺垫。

二、质量目标、控制标准

工程质量目标、控制标准的确定，不仅限于国家验收规范的要求，除了有定性的要求，还应有定量的要求，这些数据中有较多指标高于国家标准。质量预控要点及控制措施参见表 1—2～表 1—5。

表 1—2　结构施工阶段质量预控要点及控制措施

项　目	质量控制点	质量控制措施
施工组织设计、方案、措施交底	施工组织设计的战略性	编制施工组织设计和方案前应熟悉图纸和施工场地状况完善施工组织设计和方案会审制度
	施工方案的针对性	
	措施交底的可操作性	

续表

项　目	质量控制点	质量控制措施
钢筋工程	钢筋原材强度控制	严把进货关，各种证件齐全
	焊接和机械连接弯折角度、外观质量	严格按规范要求，认真检查
	钢筋搭接长度，锚固长度，接头错开 50%，错开距离 35d 且≥500mm	
	箍筋 135°弯钩，平直长度 10d	
	箍筋保护层厚度	制作定位筋、梯子筋和在模板上口增加保护层厚度的木方或钢板控制钢筋保护层和钢筋间距
	梁、柱箍筋加密区范围、起步筋位置	
	墙、柱、梁、板、楼梯钢筋定位	
模板工程	模板加工拼缝控制	严格按规范要求，认真检查
	模板轴线位移、垂直度、平整度	
	模板堆放、隔离剂涂刹、模板拼缝	
	门框模板定位、边角密封条	
	拆模强度控制	
混凝土工程	混凝土分层厚度及自由下落高度控制	严格按规范要求，认真检查
	后浇带、施工缝处理	
	预拌混凝土外加剂选用及碱含量计算	
	冬期施工混凝土保温及测温	
	混凝土泵管的固定	
	混凝土振捣与冷缝控制	
	有见证实验组数及均匀分布	
砌筑工程	砂浆品种、强度控制	按设计和施工规范检查
	外墙转角处留马牙槎	先进后退
	拉结筋数量、长度及放置	按设计和施工规范检查
	构造柱位置、施工顺序	先砌后浇
	地下室防护墙标高	按设计和施工规范检查
	顶砖斜砌	
	外墙注意美观	
技术资料	隐预检记录分类及填写	按竣工验收的要求进行
	质量评定中主控项目填写	
	复试报告填写齐全、不得缺项	
	按创优要求完成资料的收集整理	

表 1—3　电气安装工程质量预控要点及控制措施

分项工程	质量控制点	质量控制点
施工准备	材料计划、材料送审，施工方案	认真编制
结构预埋	位置标高正确 线管保护层 漏埋、错埋 管路弯扁度	确保按基准标高线施工，避免预埋的管路三层交叉，认真查阅图纸
孔洞留设	漏留、错留	编制孔洞留洞图和留洞检查表
桥架安装	位置、标高正确，与水管、风管间距正确，支架排列正确	绘制综合图解决
线槽安装	位置、标高正确，与水管、风管间距正确，支架排列正确	绘制综合图解决
母线安装	支架间距正确，母线垂直，接头处封闭	根据电气竖井图进行协调
管路暗敷	支架间距，与水管、风管间距正确，接线盒、过线盒正确，管路弯扁度	消除质量通病
管路明敷	支架间距，与水管、风管间距正确，接线盒、过线盒正确，管路横平竖直，管路弯扁度	消除质量通病
穿线配线	母线涮锡 导线损伤	严格涮锡工艺 穿线时注意保护导线
电缆敷设	电缆平直、固定牢固 电缆弯扁度 电缆排列整齐、美观	根据电缆排布图进行协调 电缆按次序敷设
器具安装	器具固定方法正确 位置标高正确	研究照明器具的安装方法准确定位
设备安装	安装方法、位置标高正确	制定专项施工方案
调　　试	绝缘遥测全面，开关动作可靠	制定专项调试方案

表 1—4　管道安装工程质量预控要点及控制措施

分项工程	质量控制点	质量控制措施
孔洞预留	位置、标高正确	绘制管道留洞图，洞口检查表
套管安装	套管类型正确 套管水平度、垂直度准确	套管类型根据使用部位进行明确 立管套管管道完成后再固定套管
管道安装	位置、标高、坡度正确 消除管道交叉和矛盾	分系统编制专项施工方案 绘制综合图解决施工交叉问题
防腐处理	除锈、防腐处理彻底	认真检查
填堵孔洞	根据工艺确定填堵方法 套管与管道的间隙均匀 套管出地面高度符合设计要求	套管调整后固定牢固 与土建协调地面做法

续表

分项工程	质量控制点	质量控制措施
水压实验	分层分区打压	编制单项方案
闭水实验	分层分区	编制单项方案
设备安装	稳固	编制单项方案
系统安装	冲洗彻底	
系统冲洗	认真检查	
调　试		编制单项方案

表 1—5 通风安装工程质量预控要点及控制措施

分项工程	质量控制要点	质量控制措施
风管制作	消除制作质量通病	严格按工艺标准操作
风管阀部件安装	支吊架间距，安装方向性	确定阀部件安装方向
设备安装	基础水平，设备安装稳固，气密性	编制专项施工方案
保温	材料粘结点，连接缝处理，外保护	严格按工艺操作
调试		编制专项方案，严格操作

三、新技术应用与绿色施工

随着社会不断进步，工程规模愈来愈大，新技术推广应用的比例越来越高。因此在优质工程奖项评价中特别强调积极推进科技进步和创新，其中，创鲁班奖工程要求推广应用《建筑业 10 项新技术》必须在 6 项以上。因此在工程策划时必须有新技术推广应用和技术创新的内容。事前应做哪些准备，哪些新技术应进行科技鉴定，都应有具体策划，其中不排除过程中，当条件具备时新技术应用的增补。施工新技术的推广和应用以及科技创新是创优的重要一环，必须对科技应用体系进行统一的规划和实施。

对作为大量消耗资源、影响环境的建筑业工程项目，应全面实施绿色施工，承担起可持续发展的社会责任，这也是近年来创奖所大力倡导的。绿色施工是指工程建设中，在保证质量、安全等基本要求的前提下，通过科学管理和技术进步，最大限度地节约资源与减少对环境负面影响的施工活动，实现四节一环保（节能、节地、节水、节材和环境保护）。绿色施工不再只是传统施工过程所要求的质量优良、安全保障、施工文明、企业形象等，也不再是被动的去适应传统施工技术的要求，而是要从生产的全过程出发，依据“四节一环保”的理念，去统筹规划施工全过程，改革传统施工工艺，改进传统管理思路，在保证质量和安全的前提下，努力实现施工过程中降耗、增效和环保效果的最大化。

在工程总体策划时，必须对新技术和绿色施工相关技术具体内容和工作要点统筹策划。

四、质量特色、工程亮点确立

近年来，各施工单位在争创优质工程中，工程亮点的出现层出不穷，各有特色，根据自身工程特点，重点，难点，有意识因势利导，制造一些令人耳目一新、为之一亮、为之一震的亮点，使人们看了后为之感动、震动、心动。这些亮点争取做到：人无我有、人有我优、人优我精、人精我特。在科学性，趣味性，人性化，舒适性上下功夫，有些虽然是很小的改动和努力，但也能得到人们的赞赏。这种策划，事前可以进行，不排除过程中也可随机发挥。

工程的风格，质量特色是要根据投资和设计而定。投资大设计豪华，它应是什么特色，应突出什么；设计简单，投资小，质量特色是什么也应有确定的目标。

五、综合布局，二次设计优化

这是一道非常重要的工作，应确立哪些部位应进行综合布局的二次设计。土建、装饰、安装各工种之间的布局，各工种内部的布局，土建与安装之间，安装与装饰之间的布局应怎样配合，这个布局应用统一的二次设计要求，确立什么时候，哪些工种之间应进行此项工作，怎样进行，哪些工种参加，绘出什么样的布局图。达到什么要求，产生什么视觉效果等等。

要争创优质工程，必须超常规构思，超常规的落实，二次设计，综合布局是必不可少的环节，它不仅包含安装各工种之间，还包含安装与土建结构之间，安装与装饰工程之间所相互交叉的环节。

1. 精心设计工程的布局

（1）对于空间狭小的部位或穿梁过板等土建结构复杂之处，经过策划，可事先在结构施工时进行预控，从而避免在结构施工完后，各种管线为避梁板，而多处更改变向，形成管线施工极大困难从而增加成本，甚至破坏结构，造成工程永久缺陷，形成隐患。

（2）工程观感的形成，装饰工程与安装之间的紧密配合，精心布局，将至关重要。策划得好，工程将给人以艺术享受。如果不经过布局策划，安装、装饰各自按自己的想法施工，尽管各自感觉良好，但组合在一起便不协调，以至无法整改，留下很多遗憾，给人观感效果不好

（3）就安装工程自身来讲，综合布局，可使用联合支吊架，特别在地下室、走道上方、机房等各工种之间统一布置综合使用。这样不仅可使安装风格浑然一体、走向有序、层次清楚分明，还可节约空间，使各类管线整齐有序、美观。更重要的，还可避免支架的重复设置，节约材料，减少质量成本，避免重复投入，安装工程经过综合布局、二次设计与否，差别是极大的，它会使人一看便知。

（4）安装工程工种之间的综合布局，至少在地下室、机房、管线廊、走道上方、电井、管井等处，形成综合布置图，并用不同颜色线条，绘出各种管线，标明标高方位，确认其实施的可行性。管井、电缆竖井要有管线器具布置图，各楼布局要一

致，形成统一风格，统一的完善工艺。装饰工程与安装工程之间，至少应有各卫生间的器具与墙面砖、地砖布置的策划，各器具与顶棚装饰面的策划，一些大厅堂、会议室、走道的布置等策划。

2．安装工程策划重点部位

（1）地下室的布置

地下室布局是比较重要的部分，往往有车库、通道等大面积的场合，且一般不吊顶，安装的管线、末端直接暴露在表面。而管线末端设备往往是比较多的，有通风空调系统、电气照明系统、消防喷淋系统、给排水系统、通信广播系统、电视监控系统、火灾报警系统等。另外地下室结构形式多变：如条形、圆弧形、多边形等。工程检查时，地下室是一个必查的部位，它的布局成为地下室策划重点，必须依工种顺序，依次做有效排列。一般考虑顺序为：风（空调风管、排烟风管）、水（给排水、消防、空调水）、电（强电、弱电）。在很多可以考虑共同设置支架的地方，考虑到规范上规定的一些间距要求后，可采用联合支吊架。联合支吊架设计应考虑负荷计算，以免影响安全。

另外油漆、保温层、防火涂料及其他涂料的颜色，要合理搭配，各种管线标识的配置，都将给整个观感的好坏起到很大作用。因此要系统考虑，不能各行其是。

（2）各功能用房

各种机房，如空调机、水泵房、锅炉房、配电房、智能化控制用房等，是最能体现工艺水平的部位。各种管线、设备布置是否合理有序，直接影响设备运行，设备功能正常发挥，安装工艺水平、观感效果。另外与土建结构、装饰必须共同配合，共同策划，多种支吊架设置的安全性、合理性，工艺管线走向的美观、合理性，千万不要出现为就美观而影响功能。要考虑设备的标高方位与管线布置相互配合，既满足功能要求，又满足美观要求，两者兼顾，不要顾此失彼。各种油漆、保温层、涂料的颜色，各种管线设备的颜色、标识、无疑也将给观感效果带来极大的影响，也必须注意策划。

（3）屋面

屋面也是必检之处，有很多屋面都设有排烟、凉水塔等设备，另有管线、避雷、景观照明灯具等。为考虑屋面美观，功能完善，必须二次设计，综合布局。与土建、屋面装饰密切配合，统一策划，考虑好了将更进一步完善安装工程的功能，而且还对成品保护起到良好作用。可以考虑有意制造一些亮点，作一些人性化小品，以起到画龙点睛的作用。

（4）卫生间

卫生间器具、马桶、小便斗、开关、插座、洗脸台、地漏、拖把池等，必须与装饰密切配合，共同策划，绝对不能各行其是，没有规律。地砖、墙砖的排列，与器具的安装标高方位共同考虑，形成共同策划图，然后各自按确定的标高方位进行施工，才能达到美观的效果，这也是极能制造亮点，总结质量特点的地方，一定要用心策划。

（5）电缆竖井、管井

各层电缆竖井、管井是抽查时重点检查对象，除了土建施工应按其规定做到位外，安装工程的布局施工也显得尤为重要。桥架、电缆、配电箱、母线、灯具、管道、阀门要布置整齐有序，应于施工前进行策划。根据各井道空间大小，合理布置，形成施工图。各层统一安装工艺，做到安全可靠，工艺完善，美观耐看。

（6）顶棚

顶棚以上管线末端，除了按地下室布局要求，整齐有序，支架设置合理外，末端器具与吊顶装饰的配合是十分关键的工序。在安装管线时，就应该考虑到灯具、喷淋头、烟温感器、喇叭、摄像头等等电器具出头的地方，以便在做顶棚时，做到居中对齐，不损伤吊顶龙骨。有些灯具还须加吊点，做到安全可靠。

3．策划施工过程注意事项

（1）重土建轻安装

在工程施工中，对于土建工作比较重视，认为土建关系建筑物的安全，而安装设备责任问题小，这样使得建筑物的设备安装工作粗糙。虽然安装工作也达到了合格标准，没有出现诸如渗漏等问题，但由于不够精致，从而大大影响了评委的印象。为此，应该重视安装工作的质量监控，除了避免常见的管道和设备安装等通病外，要从安装工作的细微处着手，统筹规划，做好管线的排列，横平竖直，不管是隐蔽管道或是外露管道要同等对待，在保证基本质量要求的基础上，力求美观、耐用和方便。

（2）重屋面的防渗工作，而轻视了屋面的美化

屋面防渗漏是施工最基本的要求，除了做好屋面的防渗外，要重视屋面的美观，细节之处见真功。克服屋面只是抓防水的片面做法。屋面的美化包括屋面的色彩要明亮、主要排气管道的出口要整齐均匀、避雷带规范、泛水、女儿墙的处理细节等都要给予重视。同时要避免屋面杂乱无章和乱堆乱放，要营造一种干净舒畅的环境。

（3）重主体轻装饰

实际上，装饰工程最能直接体现建筑的形象。除了要做好建筑物主体土建和安装工程外，对于装饰应该放在更加重要的地位。装饰工作一方面要注意直接的美观，同时要注意装饰效果的耐久性，保证装饰的效果尤其是外部效果有足够的耐久性。

这些工作包括涂料的选择和施工控制、饰面砖的选择和施工方法、油漆的颜色和楼地面及墙面的控制等都是装饰工作考虑的要素。

（4）重地上轻地下

施工方往往注意上部结构和空间的质量要求和标准，对于地下室等地下人流较少的部位在细节上往往容易忽视，而恰恰这些部位是创优过程中检查的重点。

六、施工现场协调管理

争创优质工程，必须做好外联工作，寻求社会方方面面的支持。必须做好与计划、土地、环保、人防、消防、供电、供水、电信、燃气、园林、劳动、技监、档案等与工程有关单位的合作，创造良好的外部环境。还应注意工程创优的宣传和日

常奖项的争取。宣传形式包括现场质量观摩会、文明施工观摩会、媒体报道、领导视察等多种形式，通过宣传增强项目的知名度，为创优提供外部条件。

七、创优工程资料管理

为确实保证创优质工程的整体性、有效性和一致性，必须做好统一资料收集管理工作。统一工程资料收集管理是确保工程得奖的一项重要工作。在施工过程中，对工程资料的收集和整理应注意工程资料的全面性、可追溯性、真实性、准确性。

1．工程资料的全面性

工程资料必须要有总目录、分册目录、页码清楚便于查找，装订整洁美观。

创优质工程，从立项、审批、勘测、设计、施工、监理、竣工、交付使用，到报评优质工程过程中，涉及到众多的环节和众多的部门，这就要求工程资料齐全完整。应会同建设单位收集、整理一并归入工程档案。如有关计划、规划、土地、环保、人防、消防、供电、电信、燃气、供水、绿化、劳动、技监、档案等部门检测、验收或出具的证明。常见的有：公安消防部门对设计的审查意见书、工程验收意见书、消防技术检测部门的检测报告和公安消防部门认可文件。

燃气工程的安装资料、变电工程的施工资料、环保部门的检测记录、人防部门的验收意见、劳动（技监）部门对电梯的管理等资料。

各种设备的安装资料，如制冷机组及附属设备、空调机组的安装。

按规定应检测和抽检的实验记录，如阀门、闭式喷头、气体灭火、系统组件以及水质检验报告等。

上述资料有的是前期管理资料，有的是施工中专业分包施工或者建设单位单项发包的工程技术资料，作为主承建单位申报项目的创优质工程，收集这些资料确有很大的难度，但无论怎样，创优质工程的资料必须是全面的、齐全的、完整的。

2．工程资料的可追溯性

根据记载的标识、追踪实体的历史，应用的情况等。对于创优质工程来讲主要是原材料、设备的来源和施工（安装）过程形成的资料，涉及到产品的合格证、质量证明书、检验实验报告等。

进货时供应商提供的原件应归入工程档案正本，并在副本中注明原件在正本；提供抄件的应要求供应商在抄件上加盖印章，注明所供数量、供货日期、原件在何处，抄件人应签字。重要部位的使用材料应在原件或抄件上注明用途，使其具有追溯性，如设备运转记录应一机一表。设备安装的记录表格也不能只有一个试运转表格，安装各程序的情况均应进行记录，如设备基础验收、设备开箱检查、画线定位、找正找平、拆卸清洗，联轴器同心度、隐蔽工程等均不可缺少，这些资料在创优质工程的复查中都是必备的。对于用计算机采集、存储的数据及编制的报告和工程资料，必须有相关责任人亲笔签字，否则就失去了追溯性。

3．工程资料的真实性、准确性

各种工程资料的数据应符合且满足规范要求，在施工过程中，检测人员应从严把关，真实地反映检验和试验的数据。同时邀请监理单位确认检验或试验的结果，并真实记录。

施工组织设计，要有质量目标和目标分解。专业施工方案，要结合该工程的实际进行布局，满足施工顺序、工艺要求，同时满足材料设备使用要求。

水、电、设备的隐蔽记录要与施工资料时间相吻合，要能表明隐蔽工程的数量与质量状况；均压环的设置也要纳入隐蔽记录，隐蔽记录要能覆盖工程所有部位。

绝缘记录要齐全，要能覆盖所有电气回路，回路编写要清晰，与图纸要能一一对应，零线与地线间绝缘值不能漏项。

4. 工程资料的签认和审批

各种工程资料只有经过相应人员的签认或审批才是有效的。施工组织设计、质量计划要经过相关部门会签和总工审批，要有监理单位和建设单位审核同意。重要的施工方案，作业指导书也要送监理单位确认。

各种检验和试验报告签字要全，即要有操作者、质检员、工长或技术责任人的签字，又要有监理单位或建设单位代表签字。

工程资料内容必须真实、准确，与工程实际相符；工程文件应采用耐久性的书写材料，

如碳素墨水、蓝黑墨水，不得使用易褪色的书写材料等；工程文件材料幅面尺寸规格宜为 A4 幅面，图纸应采用国家标准图幅。所有竣工图均应加盖竣工图章，包括："竣工图"字样、施工单位、编制人、审核人、技术责任人、编制日期、监理单位、现场监理、总监。如果利用施工图改绘竣工图，必须标明更改修改依据。凡施工图结构、工艺，平面位置等有重大改变或者变更部分超过图面 1/3 的，应当重新绘制竣工图。

八、创优工程过程影像资料管理

1. 工程照片资料

（1）基础、结构工程照片

土方开挖照片（体现开挖方案的精心与现场的合理组织）；地基验槽照片（基坑全景）；垫层上已弹好的主轴线定位照片；基础底板钢筋照片（全景）；底板大体积混凝土施工照片（包括后期养护措施）；墙体模板照片；墙体钢筋照片；观感良好的地下室混凝土照片；人防设施安装预埋照片；地下室设备基础照片；方正的预埋件、预留孔洞照片；钢筋连接照片；钢筋机械连接加工照片；标准层钢筋绑扎、模板安装、混凝土成型的施工和成品照片；预留方正的和有防护措施的楼板预留洞口照片；工程定位、放线和其他测量照片；钢筋绑扎的细部照片；模板拼缝等细部节点做法特写；先进的模板体系和传力清晰的模板支撑照片；混凝土成型的细部照片；混凝土保护层控制照片；顶层特殊部位施工照片；造型复杂构件的施工方法照片；全封闭后浇带、防水层做法、止水带安装等施工过程及效果照片；安全、稳固的外脚手架全景照片；主体施工中的工程全景；工程迎接各级领导视察、接受职能部门检查、

接受兄弟单位参观学习的照片。

（2）安装、装修工程照片

工程全貌；外墙阳角；外墙立面；首层雨棚；首层外窗；首层台阶、踏步；室外散水；外墙细部（滴水线、水舌与外墙交接处等）；首层大门；地下车库、自行车库；水泵房、配电室；设备基础；管道保温；首层大堂；电梯前室；电梯内饰；电梯开关面板；楼梯栏杆及下口踢脚细部；楼梯踏步；楼梯走廊全景、墙面、天棚、踢脚、地面；主要房间内全景、墙面、天棚、踢脚、地面；门窗安装细部；卫生间全景和各部位细部做法、特写；管道根部节点；地下室等有大量管道部位的特写（标清管道流向）；安装位置准确的电器开关盒；灯具、喷淋、消防感应、送回风口等天棚设备的安装；各种设备箱体的安装和箱内设备照片；吊顶照片；屋面全貌；屋面避雷；屋面栏杆及屋面女儿墙；上人屋面地面、不上人屋面女儿墙；大面积屋面的组织排水；屋面排水细部构造；屋面伸缩缝和排气孔；屋面设备基础和设备；屋面烟道通风口；屋面排砖、铺砖等。

（3）项目CI照片

施工现场主题景观；现代化的办公空间；井然有序的施工生产区；干净舒适的职工生活区；各种宣传标语、七牌两图、主体文化墙；丰富多彩的职工文化生活设施；文明工地建设的新颖独到之处；现场寻向路标；大门形象；现场临建标准色等。

2．工程录像资料

（1）结构工程短片素材

土方开挖录像；基坑支护施工录像；地基验槽录像；测量放线录像；地下室底板防水和地下室外墙防水施工过程和施工成品记录；大体积混凝土施工录像；主体结构关键工序施工影像资料；拆模后混凝土观感影像记录；主体施工其他部位工艺录像；各种验收活动影像资料记录；屋面工程施工过程的影像记录；先进施工工艺、工法的操作演示记录；工程迎接各级领导视察、接受职能部门检查、接受兄弟单位参观学习的录像；工程封顶录像；其他与新技术应用有关的影像资料等。

（2）装修安装工程短片素材

地下室（人防、设备观感）的影像记录；首层大厅前厅和垂直通透的部位；电梯前室、楼梯间前室录像；主要使用功能房间整体及细部节点录像；主要公共交通部分录像；屋面总瞰、屋面防水、保温、找平、隔离、排气屋面等各层施工过程录像；屋面栏杆、避雷、女儿墙、天沟、伸缩缝、出屋面部分、设备基础、设备、排汽排烟烟道、屋面铺砖录像并附配音解说或专人讲解录像；屋面其他各种造型亮点录像；设备间、设备管道、末端设备、箱体的亮点特写；室外雨棚、花坛、散水、外墙；具有先进性的施工工艺演示录像；特殊部位施工先进性工艺措施记录说明；工程鸟瞰全景等。以上所列为所需收集素材的关键部位和常规部位，但实际工作中并非仅此而已，优质工程的精髓主要在于创新，要坚持创新是魂，在平时施工中找出更多的亮点和光环，让我们将其收集与光影之间，为工程多留下一些精彩的瞬间。

九、施工过程质量控制创优管理

优质工程创建项目确定之后，首先是对人员的管理。策划水平再高，都要通过人的努力去实现，所以说优质工程的策划和最终实现，都要以人为核心，以人的工作质量来保证施工质量，加强过程中的质量检查和控制。对工程质量要求做到“三高”、“三严”外，更要“三创”，“三创”就是认识上创新、管理上创新、技术上创新。创优质工程总体目标确定后，应逐一对各分部分项工程项目进行策划，确定其质量控制要求，保证施工质量。在施工过程中，创优质工程一般从以下几个方面进行质量控制。

1. 地基与基础工程

建筑工程的地基基础是结构质量的核心，它不仅要保证工程在正常条件下的使用安全，还要保证在特殊条件下的相应安全，确保建筑物的耐久性，保证合理的使用寿命。因此，必须严格依照设计要求和规范标准施工，杜绝出现由于地基基础的质量问题引起主体结构不均匀沉降、工程裂缝、倾斜及变形等影响工程质量的现象。

2. 主体结构工程

（1）钢筋工程

钢筋工程质量控制重点为钢筋的原材料、抗震设防的要求、钢筋的定位措施和钢筋的保护层厚度、钢筋接头位置及接头质量、钢筋安装的外观质量等方面的控制。

（2）模板工程

模板工程是创优质工程的一个十分关键的环节，其质量不仅直接关系到混凝土工程的质量和观感效果，而且也直接影响到工程建设的工期和造价。模板工程在施工组织过程中有很大的自由度和可选择性，根据工程特点和材料供应状况选择科学、合理、经济的模板体系，是确保工程质量和工期的关键。

（3）混凝土工程

混凝土观感质量要内坚外美，达到清水效果，包括整体混凝土密实整洁，面层平整，棱角整齐平直，梁柱节点、墙板交角、线面顺直清晰。无蜂窝、麻面、掉皮、孔洞，无漏浆、跑模、错台、烂根、裂缝、结构表面无气泡或有轻微气泡且不集中，门窗洞口方正，标高一致，结构断面尺寸准确。

（4）砌体工程

砌体工程施工时，往往伴随着很多预留孔和预埋工作，随着设计功能的丰富和墙体材料的推陈出新，砌体施工也变得复杂多变。

主要砌体应做出样板，以此作实物讲解交底和验收要求，砌筑时应严格控制操作质量，墙体采用双面挂线，皮数杆、临时支撑点等必要的措施不能少。

3. 装饰装修工程

优质工程要求，装饰装修工程既要满足使用功能，又能显出精致、细腻、美观效果。细部处理是重点，大面控制出效果，因此在装饰装修工程施工中，除宏观外，施工要精确到细节，细节决定成败。

4. 屋面工程

屋面工程排水组织要明晰，汇水面划分要合理、规范，坡度符合设计要求，无倒坡现象，无渗漏、无积水（在复查屋面工程中，必须查看顶层）。作为优质工程，屋面是亮点之所在，要注重对防水层的细部质量、防水效果、屋面整体策划版排、屋面砖的铺设、天沟、避雷带、四根（管根、女儿墙根、变形缝根、上人口根）、五口（排气口、出气口、排水口、檐口、上人口）等细部的处理。

5. 安装工程

电气与设备安装工程首先应保证各专业的使用功能和安全性能，创优质工程还应根据项目特点总体规划，做出的质量特色、亮点，保证结构美观、关注安全和使用功能、人性化设计、保证满足标准强制性条文要求、质量通病的治理等，如设备基础和排水沟表面处理形式和设备间色彩的协调；同规格管道支吊架统一形式，同走向管道共用支吊架；方便用户操作和成品保护的走道（小桥）、楼梯平台；标识等。

第 3 讲　创优质工程技术、质量管理保证措施

一、技术、质量管理保证措施

1.建立健全质量保证体系

建立健全质量保证体系，为实现质量目标，建立了创优组织机构， 创优小组组长由项目经理担任，项目总工程师担任副组长，主要成员由工程经理及主要部门领导负责，并有明确的职责和工作内容划分。

形成了以质量为核心，全方位参与的质量管理模式。

（1）建立了“技术管理工作流程图”（详见附表一），从图纸会审到施工组织设计、质量计划到技术交底、材料试验、技术资料整理，实施技术管理的全过程控制。

（2）建立了各类岗位责任制，完善项目效绩考评制度，使项目经理和每一位与该工程有关的管理人员都明确自己保证质量的责任、工作内容和标准。

（3）建立高效的质量信息反馈系统，以使公司领导及各有关职能部门及时掌握工程的质量动态，使工程质量得到了有效控制。

2.实行“目标管理”

根据公司对本工程的总体质量目标，由项目经理负责组织项目各部门主管人员对总体质量目标进行分解、细化，层层分解到各分部和分项质量目标。

（1）根据各分部、分项的质量目标，项目总工组织各科室员工制定达到质量目标的各种具体施工方案、交底和措施。

（2）项目经理和总工每月月底组织项目质量领导小组人员对当月各分项工程的质量目标、施工方案、技术交底、质量保证措施的落实情况进行总结、评价。对未达到目标的情况，进行原因分析，制定整改办法，责成专人负责整改办法的落实、检查。

（3）根据本工程质量目标，项目经理组织各业务部门主管人员对质量目标进行分解，层层分解到各分部和分项工程的质量目标。

附表一：

技术管理工作流程图

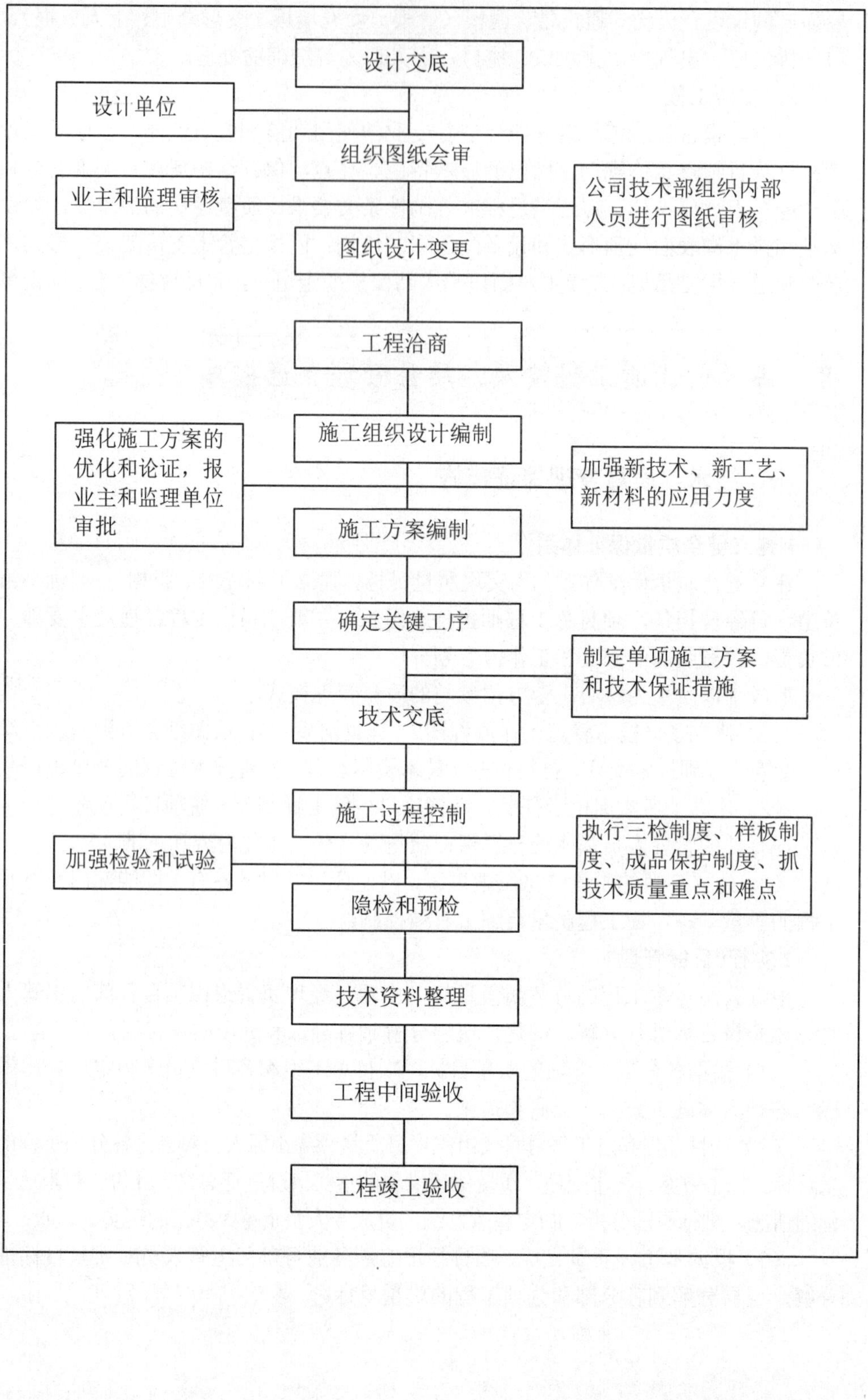

附表二:

材料、构件质量保证体系

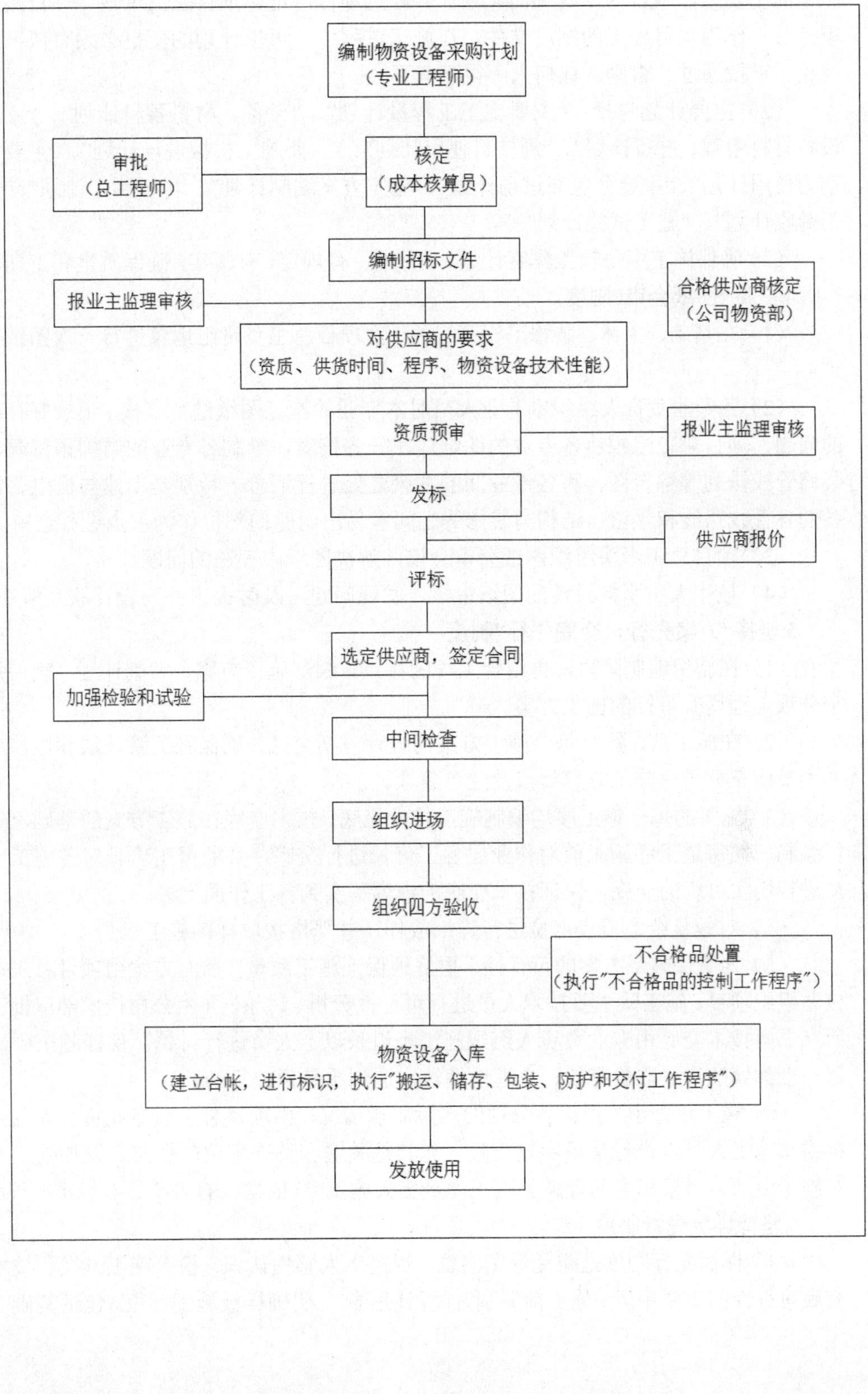

3.实行“计划管理”

（1）施工前，项目各部室根据施工图纸、质量目标、施工规范等的要求，对施工中的主要工作项目均做好书面计划，并经过项目讨论、项目总工审核、项目经理审批后，作为项目施工的制度文件，在施工过程中，每项计划的变更必须有依据、讨论、审批通过。否则，任何人不得随意更改。

（2）主要计划包括：“主要施工工程量计划”、“设备、材料备料计划”、“主要设备材料考察、进货计划”、“周转料使用计划”、“主要施工机械进场计划”、“主要劳动力使用计划”、“主要分包商进场计划”、“施工方案编制计划”、“样板制作计划”、“施工验收计划”、“施工试验计划”等。

（3）确保施工中每项工作有计划、有依据、有规定、有落实，确保质量和工期。

4.坚持“图纸会审”制度

（1）在基础、主体、装修工程开工前，由项目总工负责组织各进行一次图纸会审；

（2）各专业负责人组织本专业人员对本专业的施工图纸进行审核，记录好存在的问题，项目总工组织将各专业的图纸放在一齐核对，绘制各专业的结构预留洞、装修管线排列等综合图，将各专业间的冲突之处进行汇总。特别是土建与机电、设备的各管线路线和预留、结构与装修等之间容易出问题的部位作为重点进行会审。

（3）项目总工牵头组织图纸会审会议，解决图纸中存在的问题。

（4）技术人员坚持日常的图纸审核，发现问题，及时提出并与设计联系解决。

5.坚持“方案先行、交底先行”制度

（1）在施组编制阶段，再结合工程的特点，编制施工方案、编制计划，确保每个分项工程均有可行的施工方案。

（2）在施工前，针对每个施工方案均进行方案交底，确保施工管理层和监控层各人员均充分了解施工方案要点及注意事项。

（3）施工的每一道工序均编制施工技术交底，技术交底在施工方案的基础上进行编制。在每道工序施工前对作业层各工班长进行交底，并监督工班长对各施工人员进行切实可行的交底，保证技术交底的内容落实到各工作面上去。

（4）对较复杂的节点部位进行详细放样，并严格按放样图施工。

（5）为确保施工方案的可行性，更好地保证施工质量，所有方案由项目总工审核并组织项目、施工队主要技术人员进行可行性分析、讨论，并由公司技术部审批。所有书面技术交底由专业负责人组织施工班组长以上人员进行讨论。保证施工中地每一细部做法均采取最有效、合理地做法，达到质量预控目的。

（6）施工过程中，根据各分项的实际质量情况，由项目总工或专业负责人分工种组织施工人员，进行现场实物交底，尤其是关键和特殊部位的做法。以加强工人对施工做法、质量标准的理解。真正作到工人施工“有依据、有方法、有标准”。

6.坚持样板先行制度

（1）样板先行制度是避免返工浪费，提高工人感性认识，检查施工方案和技术交底可行性的重要手段。施工前编制“样板计划表”，明确样板施工部位，包括基础、墙体、柱子、顶板的钢筋、模板、混凝土样板，设备、电气预留、预埋及装修样板间。保证每一道工序施工前均由样板作为质量验收标准。

（2）在每分项工程开始施工前，由责任工程师先组织对操作人员进行认真的书面交底，明确工序操作标准和要求，然后进行样板施工。

（3）在样板施工中，跟踪检查方案的执行情况，遇有偏差，及时纠正。样板完成后，项目总工组织工程经理、专业工程师、质检员参加对样板工程的评定，及时组织施工人员开现场会，参观样板工程，明确该工序的操作方法和应达到的质量标准，统一做法，统一标准。

（4）所有样板，必须经技术负责人和质量负责人验收合格，填写〈分项工程样板确认单〉，并报监理或甲方现场代表验收后，方可大面积施工，以确保样板和大面积质量标准。

（5）在装修工程开工前，要先做出样板间。样板间应达到竣工交验的标准。制作样板间，不仅可以确定各种材料、设备的选择，还可以确定各专业交叉施工时应注意的事项。

7.坚持挂牌制度

（1）技术交底挂牌：

在工序开始前针对施工中的重点和难点现场挂牌，将施工操作的具体要求，如：钢筋规格、设计要求、规范要求等写在牌子上，既有利于管理人员对工作进行现场交底，又便于工人自觉阅读技术交底，达到了理论与实践的统一。

（2）施工部位挂牌：

在现场施工部位挂“施工部位牌”，牌中注明施工部位、工序名称、施工要求、检查标准、检查责任人、操作责任人、处罚条例等，保证出现问题可以追查到底，并且执行奖罚条例，从而提高相关责任人的责任心和业务水平，达到练队伍、造人才的目的。

（3）操作管理制度挂牌

注明操作流程、工序要求及标准、责任人，管理制度标明相关的要求和注意事项等，

对施工现场使用的钢筋原材、半成品、水泥、砂石料等进行挂牌标识，标识须注明使用部位、规格、产地、进场时间等，必要时必须注明存放要求。

8.坚持“三检、联检、统计报表”等质量控制制度

（1）各工种的每道工序完成后先由施工队质检员自检，合格后报项目质检员验收，合格后报监理验收。各工种验收合格并办理完验收手续后，由项目工长组织办理工种间的联检单，全部完成后，方可进行下道工序。

（2）在施工过程中，项目、施工队的质量、技术、工程人员随时进行现场质量检验，发现问题，及时提出和整改，以确保质量一次达道标准，防止出现成型后的返修、返工现象，实现质量过程控制。

（3）每月 25 日，项目质量负责人对本月各分项工程的的质量评定进行汇总，报分公司质量部。

（4）质量控制做到“质量目标明确，方案和交底到位，监督上工序，保证本工序，服务下工序，保证工程质量一次到位”。

9.坚持例会制度、每月质量讲评制度

（1）每周生产例会质量讲评：每周召开生产例会，工程经理要把质量讲评放在例会的重要议事议程上，除布置生产任务外，还要对上周工地质量动态作为全面总结，指出施工中存在的质量问题以及解决这些问题的措施。措施要切合实际，要具有可操作性，并要形成会议纪要，以便在召开下周例会时逐项检查执行情况。对执行好的分包单位可进行口头表彰，对执行不力者要提出警告，并限期整改。对工程质量表现差的分包单位，经警告多次无效者，将分包工程负责人清退出场。

（2）每周质量例会：项目总工主持，参与项目施工的所有分承包行政领导及技术负责人参加。首先由参与项目施工的分包方汇报上周施工项目的质量情况，质量体系运行情况，质量上存在问题及解决问题的办法，以及需要项目经理部协助配合事宜。项目总工要认真听取他们的汇报，分析上周质量活动中存在的不足或问题，并和与会者共同商讨解决质量问题所应采取的措施，会后予以贯彻执行。每次会议都要作好例会纪要，并分发与会者，作为下周例会检查执行情况的依据。

（3）每月质量检查讲评：每月底由项目质量主管组织分承包方行政及技术负责人对在施工工程中进行实体质量检查，形成总结报告。

10.坚持会诊追根制度

（1）施工过程中，为确保工程质量稳步增长，一个质量问题不出现第二次。在施工过程中定期进行工程质量会诊。

（2）每一道施工工序完成后（结构施工阶段为每次钢筋绑扎完、混凝土拆完模板后，装修施工为样板间每分项工程施工完成后和每个验收批单元完成后），由项目总工和专业技术负责人组织项目质量、技术人员以及施工队班组长以上管理人员进行现场质量会诊，找出施工中存在的质量问题，分析问题产生的原因，研究出整改方法和措施，制定整改方案，责成专人负责落实整改，并由项目总工和专业技术、质量负责人对整改效果进行评估。

项目质检员负责收集施工过程中存在的问题，并汇报给总工，对于施工中出现频率高的质量问题，由项目总工组织有关人员分析原因，追出责任人，然后根据责任人的陈述，找出根本原因，限期整改。如此不断循环逐步达到消除质量通病的目的。

11.坚持质量奖惩制度

（1）在项目内部实行奖罚与质量挂钩，对项目管理人员的质量职责进行划分和界定，奖罚分明，极大地调动了项目管理人员的积极性和责任感，使工程质量有了显著提高。

（2）对施工队在施工过程和质量验收中达不到规范要求，项目部依据管理规定对施工队进行处罚，对屡次出现同样问题者，给予重罚或清退出场，对严格按照质量要求和标准施工的班组给予奖励。通过奖罚制度使工人自觉提高了质量意识。

12.严格施工“标识”制度

（1）从施工物资管理到施工的每一道工序严格按要求进行标识，以确保工程质量及可追溯性。

（2）施工物资标识：现场所有材料采用同规格、大小的标识牌，注明材料的规格型号、产地、数量、使用部位、进场时间、复试情况、是否合格等，确保材料的质量和有效性。

（3）测量标识：

1）墙、柱钢筋、模板、混凝土控制线：采用双侧 6 条线控制。其中墙、柱边线控制墙体钢筋的位置、保护层大小准确；墙、柱边 50mm 控制线控制模板位置准确；根部混凝土剔凿线，确保剔凿位置准确、规矩。必要时放出墙体主轴线，以便校核。

2）顶板模板、钢筋及墙体、顶板混凝土标高控制线：在该层混凝土墙上弹建筑 1m 线，作为标高控制线，防止在钢筋上放线容易扰动的缺陷；为保证顶板模板支设的准确，在墙体上放出顶板以下 300mm 控制线，以确保顶板标高准确。

a.洞口线标识：放出洞口四边线，并用红油漆做醒目标识，便于检查和质量控制。

b.砌筑隔墙边线标识，采用双侧 4 线控制，包括：边线、墙边 50mm 控制线。确保砌筑隔墙位置的准确。

（4）每次每个流水段放完线后，首先测量负责人检查一遍，合格后由项目技术负责人进行抽查核验，合格后报监理验收，并办理测量验收手续，确保测量放线 100% 合格。

（5）施工标识：在施工过程中，采用挂牌和盖章标识的方法，使每个部位的施工人员、施工质量公布于众，激励工人提高施工质量。

（6）标识牌上注明分项工程名称、施工部位、施工队伍、施工班组、班组负责人、检验人、工程质量情况及存在问题。混凝土、抹灰等工程采用盖合格证的方法，注明平整度、垂直度等允许偏差项目数值。

13.广泛应用新技术、新工艺和新材料

采用新技术，减小工作强度、简化施工工序、改进施工方法，更好地保证施工质量。

14.全面质量管理

在本工程的施工过程中，项目经理部将大力推行及开展全面质量管理活动，以实行全过程、全员、全方位的“三全”管理为基本手段，开展群众性的质量管理和 QC 小组活动。

二、技术工作保证措施

技术管理是对技术活动和构成施工技术的各项要素进行计划、组织、指挥、协调和控制工作的总称。其主要目的为：

a.保证施工过程符合技术规范的要求，保证施工按正常次序进行。

b.通过加强技术管理，不断提高技术人员工作水平和技术素质，能预见性地发现问题，最终达到高质量完成施工任务的目的。

c.充分发挥施工中人员、材料、设备的潜力，针对工程特点和技术难题，开展合理化建议和技术攻关活动。

d.通过技术管理，积极开发与推广新技术、新工艺、新材料，促进施工技术现代化。

1.施工组织设计管理

施工组织设计是指导施工准备和组织施工的全面性的技术经济文件，可视为现场施工的法规，是对施工过程进行科学管理的重要手段。

（1）本工程施工组织设计由项目总工组织本项目技术人员编写，经分公司审核后，报甲方、监理审批。

（2）施工方案由项目专业工程师制定，项目总工审核，分公司技术质量部审批。

（3）施工组织设计技术规划包括：合理安排施工工序；划分施工区段；选择施工机械；主要项目施工方法的决策；安全施工措施；季节施工措施。

（4）编制施工方案应满足施工工艺要求，符合国家验收规范和质量检验评定标准的有关规定。

（5）施工组织设计经审批后，项目总工组织进行施工组织设计交底工作。各业务科室负责人和各专业主管工程师参加施工组织设计交底会议。针对主要问题，向项目员工做详细交底。施工组织设计下发至各科室主任。

（6）设计出现重大变更或项目施工中出现重大问题，影响施组的执行，应及时对施组进行修订，并报分公司审批。

2.图纸会审管理

（1）图纸会审工作由项目总工主持，在基础、结构工程开工前和装修工程开工前各进行一次图纸会审。

（2）图纸会审的程序：由各专业技术人员自行审查图纸，发现本专业施工图存在的问题，及时做以记录；各专业施工图放在一起核对，检查尺寸、细部做法是否有相互冲突之处，发现问题及时记录。

（3）项目总工主持项目内部的图纸会审会议，将各专业和专业配合中会出现的问题汇总，并组织大家进行分析，提出设计变更的建议。建设单位负责组织由设计、建设、监理、施工单位参加的图纸会审会议，与会人员达成一致的意见，在会后由项目专业工程师及时同设计单位和业主办理工程洽商。

（4）项目各专业技术人员坚持日常的图纸审核制度，发现问题及时向项目总工汇报，重大问题由项目总工向公司技术部和总工程师汇报，同设计单位和业主协商解决。

（5）坚持做到施工前把图纸中存在的问题处理完毕，保证工程顺利进行。如果施工中出现本应该发现的问题，并影响了经济、进度，追究当事人一定的责任。

3.技术交底管理

（1）单位工程或分部分项工程正式施工前，对参与施工的有关管理人员、技术人员和工人进行的一次技术性的交待与说明。包括设计交底、施工组织设计交底、分项工程施工交底、设计变更及工程洽商交底。

（2）设计交底：通过向施工人员说明工程主要部位、特殊部位及关键部位的作法，使施工人员了解设计意图、建筑物的主要功能、建筑及结构的主要特点，掌握施工图的主要内容。

（3）施工组织设计交底：项目总工组织项目各专业管理人员召开施组设计交底会，通过介绍施组的主要内容，使项目人员掌握工程特点、施工部署、任务划分、质量要求、进度要求、主要工种搭接关系、施工方法、主要机械设备及各种管理措施。

（4）设计变更及工程洽商交底：专业工程师及时将设计变更和工程洽商的主要原因、部位及具体变更做法向相关专业技术人员、施工管理人员、施工操作人员交待清楚，以免施工时漏掉或仍按原图施工。

（5）分项工程技术交底主要包括：施工准备、施工工艺、质量标准、成品保护、安全措施、注意事项、环境保护。对非常规工序和新技术、新材料、新工艺和重点部位的特殊要求等，要编制作业指导书进行着重交待，把住关键部位的质量技术关。

（6）技术交底内容要和国家标准规范、施工组织设计、施工方案吻合，不发生矛盾。

4.材料、设备进场检验管理

（1）做好进货接收时的联检工作。在材料、半成品及加工订货进场时，项目材料室负责组织质检员、材料员参加的联合检查验收。检查内容包括：产品的规格、型号、数量、外观质量、产品出厂合格证以及其他应随产品交付的技术资料是否符合要求。材料室负责填写《材料进场检验》表格，相关人员签字。

（2）做好材料进场复试工作。对于钢材、水泥、砂石料、混凝土、防水材料等须复试的产品，由项目试验员严格按规定进行，对原材料进行取样，送实验室试验。同时做好监理参加的见证取样工作，材料复试合格后方可使用。

（3）对于设备的进场验证，由项目各专业技术负责人主持。专业工程师进行设备的检查和调试，并填写相关记录。

（4）材料室做好材料的标识工作，进货检验后要全部入库，及时点验，库管员要做好发放记录。

5.技术内业资料管理

（1）技术内业资料包括以下内容：工程管理与验收资料、施工管理资料、施工技术资料、施工测量记录、施工物资资料、施工记录、施工试验记录、施工质量验收记录、竣工图。

（2）技术内业资料执行项目总工领导下的专业工程师负责制度。各专业工程师负责本专业内业资料的填写、收集工作。项目总工定期对各专业工程师的内业工作进行检查，符合要求的内业资料定期移交项目资料员处归档保存。

（3）对施工试验记录、材料试验记录及施工记录中反映出来的问题，要及时向项目总工汇报，针对发现的问题及时处理和解决。

（4）技术内业资料应随施工进度及时整理，必须真实地反映工程的实际情况。

资料的管理必须严肃认真，如有任意涂改、伪造、丢毁或随意抽撤，造成资料不符合要求的，对当事人进行处罚。

6.测量放线管理

（1）严格审核图纸尺寸，按图放线，明确树立高度负责感，确保工程施工放线的准确性。

（2）在测量放线过程中，遵守先整体后局部，先高级后低级，先控制后细部的工作程序。严格审核依据点的正确性，测量记录应原始、正确、完整、工整，计算依据正确，步步校核。

（3）严格执行自检、互检、交接检制度，检验合格后，由专业负责人组织复测验线，确保线位正确无误。工程定位放线由项目总工进行验线后，组织甲方、监理进行验线。

（4）测量主管负责控制轴线及标高控制线的放线工作，由测量主管对其它线进行分工，责任到人，做到可追溯性。

7.计量工作管理

（1）各计量器具，如磅秤、量尺、试验设备和仪器等，必须按照计量法所要求定期送到计量部门校验，并妥善保管与维护，正确使用，特别是经纬仪、水准仪等仪器要经常校核，凡超过误差规定，决不能使用，要隔离存放。

（2）施工中严格执行计量工作的有关规定。特别是钢筋混凝土工程是建筑物和主要结构，要加强对钢筋、混凝土施工过程的计量监督，拌制混凝土和砂浆必须按重量配合比，要常抽检砂、石、水泥、水的计量原始检测数据，测定砂、石含水率，准确控制拌合用水量，控制水灰比。

（3）检查了解在用的各种计量器具的周检情况，检查是否漏检现象，检查计量器具的三率：即配备率、检测率、合格率是否满足规范及工艺要求。

（4）计量数据是企业科学管理的依据，各种试验要按其试验程序及标准操作，各项计量数据必须准确一致，各种数据要作原始记录并及时将各种数据存档。做好计量数据的采集、处理、统计、上报四步工作。

（5）原材料检测要及时作好记录，发现量差超过正负公差范围时，要立即通知有关部门和人员进行处理。

（6）模板安装、预留预埋误差不得超过规范规定的范围，否则要整改。

（7）钢筋的规格型号，必须符合设计要求，钢筋加工严格按配料单进行；绑扎及焊接的参数用相应计量器具进行检测，偏差不得超过规范要求。

（8）混凝土施工前对供应本项目的搅拌站的计量器具进行一次检查，减少仪表造成的系统误差。混凝土施工中，试验人员根据气候条件及时调整配合比，并按规定做塌落度试验及强度试块。

（9）试验人员每季度要对实验仪器进行一次抽检，维修及保养。无证人员不得使用仪器设备，各种试验要按其试验程序及标准操作。

（10）现场测量组每季度要对所有测量仪器进行抽检、维修及保养。在测量前对仪器要认真校核，按测量步骤做好原始记录，及时消除测量中。

第 3 单元　分户工程质量控制与验收

第 1 讲　分户工程质量验收的特点与内容

一、分户验收的意义

（1）提高全市住宅工程质量管理水平，保护百姓利益，减少质量投诉，预防群诉群访事件。

（2）督促建设单位在竣工前组织并参与分户验收，明确参建各方的责任。

（3）督促施工企业抓技术、质量管理，抓操作层人员的素质，严格按施工工艺标准施工，严格三检制，研究制定提高质量措施并有效实施。

（4）督促监理企业按施工验收规范、规程严格验收，不走过场。

二、分户验收定义及与竣工验收和批验收的异同点

1.定义

北京市《住宅工程质量分户验收管理规定》第二条，将分户验收定义为：住宅工程在按照国家规范要求内容进行工程竣工验收时，对每一户及单位工程公共部分进行的专门验收，并在分户验收合格后出具工程质量竣工验收记录。

2.分户验收与竣工验收和批验收的异同点

分户验收检验批与分项工程检验批验收的区别：

（1）与检验批划分的不同。

（2）检查内容的不同。

（3）实测项目数量不同。

（4）参加验收的人员不同。

（5）使用检查记录表格不同。

3.分户验收与批验收的相同点

分户验收与批验收的依据相同：

（1）共同依据国家和本市相同的施工质量验收规范和北京市地方标准。

（2）共同依据相同的施工图、设计说明及其他设计文件。

（3）土建相关工程、通风与空调专业依照相同的一般项目合格判定规定，即抽查样本的 80%及以上应合格；暖卫、电气工程抽查样本全部合格。

三、分户验收内容及确定

1.分户验收类别的划分

依据市建委《住宅工程质量分户验收管理规定》第七条规定，单位工程分户验

收分为 8 类：

（1）建筑结构外观及尺寸偏差

（2）门窗安装质量

（3）墙面、地面和顶棚面层质量

（4）防水工程质量

（5）采暖系统安装质量

（6）给水、排水系统安装质量

（7）室内电气工程安装质量

（8）其他规定、标准中要求分户检查的内容

2.分户检验批项目的划分

按照分户验收仅对竣工时可以观察到的工程观感、使用功能、实测项目质量进行检查的原则，对分户验收 8 个类别进一步划分，预计涉及的分户检验批项目为 58 项。其中，初装修预计涉及 20 项。

3.分户检验批项目及内容的确定

分户验收时可根据工程实际，参照 58 项（初装修 20 项）分户检验批项目，确定本工程涉及的分户检验批项目。对于已确定的分户检验批项目，还应根据分户验收仅对竣工时可以观察到的工程观感、使用功能、实测项目质量进行检查的原则，确定分户检验批的检查内容。

每户住宅分户验收，检查 8 类涉及 58 项内容。其中，初装修涉及近 20 项内容，精装修涉及近 40 项内容。一般工程有 9 大分部工程，含 67 个子分部工程，372 种分项工程，约 4000 个检验批。

第 2 讲　分户验收划分与组织

一、分户验收一般规定

（1）分户验收检验批划分，应以每户住宅和公共部分走廊（含楼梯间、电梯间）、地下车库为单位划分检验批。当分户检验批具备验收条件时，可及时验收。

（2）分户检验批项目应符合施工图、设计说明及其他设计文件的要求，还应符合国家现行的施工质量验收规范和北京市地方标准。

（3）分户检验批主控项目、一般项目的观感和使用功能质量应全数检查，并以房间为单位记录。

（4）分户检验批一般项目的实测实量内容宜按照本手册规定的检查部位、检查数量，确定检查点。当量取长度和高度尺寸时，还应确定实测值的基准值，记录在相应表格中第一个空格内。实测值或与基准值相减的差值在允许偏差范围内判为合格，当超出允许偏差时应在此实测值记录上画圈做出不合格记号，实测值应全数记录。

（5）当砼结构、砌体结构、地面、装饰装修、通风等工程分户检验批的主控项目的质量经检查全部合格，一般项目的合格点率达到 80%及以上，且不得有严重缺陷时（不合格点实测偏差，应小于允许偏差的 1.5 倍），判为合格。当暖卫、电气工程分户检验批主控项目和一般项目的质量经检查全部合格时，判为合格。

（6）当砼结构、砌体结构、地面、装饰装修、通风等工程分户检验批一般项目的实测偏差值大于允许偏差 1.5 倍，或不合格点率超出 20%时，应整改合格后重新验收，并记录整改项目测量结果。

（7）分户验收合格后，出具由建设（项目）单位负责人、总监理工程师和施工单位负责人分别签字并加盖验收专用章的《住宅工程质量分户验收表》。住宅工程质量分户验收不合格的，建设单位不得组织单位工程竣工验收。

（8）当工程出现本手册未涉及到的分户验收检验批项目时,可按照分户验收项目划分原则，经建设、施工和监理单位协商，自行确定并制定相应表格。

二、公共部位划分及规定

（1）公共部位划分原则：因质量问题经常影响住户正常使用的公共部位。

（2）公共部位的划分：走廊（含楼梯间、电梯间），地下车库。

（3）公共部位检验批划分：公共部分的走廊（含楼梯间、电梯间）验收，宜按每一楼层划分一个检验批；地下车库验收，宜按防火分区划分检验批。

（4）检查数量的确定：土建工程，按走廊、电梯间、楼梯间、划分为三个检查区域。在上述区域和地下车库分区内，墙体抽查不少于 2 面，顶棚、地面（楼板）抽查不少于 1 块。

（5）公共部位验收项目确定及验收：根据公共部位验收时可以观察到的观感、功能、实测项目确定原则，确定公共部位检验批项目和内容。并在施工完毕时进行验收。检查记录表可使用分户验收相应表格。相应检验批项目的检查方法、部位、质量标准、验收的组织等工作，可参考分户检验批项目的相关规定。

三、分户验收组织

1.建设单位责任

建设单位是分户验收工作的第一责任人。分户验收工作是否认真开展，不走过场，主要取决于建设单位的组织和要求。具体工作包括：

（1）组织施工单位编制分户验收方案，宜在结构工程施工之前，组织施工单位，编制分户验收方案，并由监理单位、建设单位验收。

（2）与施工、监理单位共同研究确定分户检验批项目及内容。组织、协调施工单位、监理单位分户验收工作，协助解决分户验收中测量设备、人员、资金等问题。

（3）与施工、监理、物业单位有关人员共同检查验收，并及时确认，签字盖章。

（4）住宅工程交付使用时，《住宅工程质量分户验收表》应当作为《住宅质量保证书》的附件一并交给业主。《住宅质量保证书》所列事项：

1）保修范围和保修期限；

2）施工单位工程质量保修负责人姓名、电话以及办公地点；

3）物业公司名称、电话；

4）工程质量保修程序和处理时限；

5）建设单位工程质量保修监督电话。

上述事项，应当在住宅单元入口进行公示，公示期不少于 6 个月。

2.施工单位责任

（1）编制分户验收方案，主要内容有：

1）各方职责；参照相关规定，由建设单位组织施工、监理单位确定。

2）根据分户验收确定检验批和内容的原则，确定每户住宅和公共部位的分户检验批项目、以及检查内容和数量；

3）根据分户检验批项目分别绘制抽查点分布图；

4）根据设计文件，和户型特点编制含有各种户型、不同设计做法的户型做法表；

（2）配备足够的质量检查人员和检查测量工具。质检人员要具备相应资格，熟悉和掌握分户验收内容及方法，根据分户验收在工程装修、竣工阶段工作量大的特点，安排和及时调整质检人员及测量工具。

（3）按分户验收方案中确定的分户和公共部位检验批项目和内容，参照户型做法表和抽查点分布图，会同建设、监理单位有关人员对分户验收项目检查，并及时记录，签字盖章。

（4）分包单位专业技术负责人也应会同总包单位，参加分包项目质量分户验收，完善手续。

（5）住宅工程竣工验收前，施工单位要制作工程标牌，并镶嵌在建筑外墙显著部位。工程标牌应包括以下内容：

1）工程名称、竣工日期；

2）建设、设计、监理、施工单位全称；

3）建设、设计、监理、施工单位负责人姓名。

3.监理单位责任

（1）验收施工单位制定的分户验收方案。

（2）参与确定分户验收方案中的每户住宅和公共部分的分户检验批项目、以及检查内容和数量。

（3）配备一定数量的具有相应资格的监理人员，以及足够的检查验收工具。

（4）按分户验收方案中确定的每户住宅和公共部位检验批项目和内容，参照户型做法表和抽查点分布图，验收施工单位对分户验收项目检查评定结果，并及时记录，签字盖章 。

4.物业单位责任

（1）当已选定的物业公司应当参与分户验收。

（2）配备一定数量的具有相应资格的检查人员，以及足够的检查工具。

（3）按分户验收方案中确定的每户住宅和公共部位检验批项目和内容，参照户型做法表和抽查点分布图，验收施工单位对分户验收项目检查评定结果 。

四、分户验收表格填写和资料收集整理

1.分户验收填表签字和资料的收集整理

（1）分户质量验收记录表：对分户验收方案所确定分户和公共部位的检验批项目，检查验收时，填写该表格。

（2）住宅工程质量分户验收表：单位工程全部分户和公共部位的检验批验收合格后，并由建设、施工、监理单位有关负责人确认，分别填写该表格

2.签字人员资格规定

（1）分户质量验收记录表：分户检验批项目的检查验收，应由建设、施工、监理有关人员按规定参加，并及时签认。该表具体由建设单位专业技术负责人、监理单位监理人员、施工单位由专业质量检查员在相应位置签认。

（2）住宅工程质量分户验收表：住宅工程质量分户验收应由建设、施工、监理单位有关负责人参加并确认，该表具体由建设单位（项目）负责人、施工单位负责人、监理单位总监理工程师在相应位置签认。并加盖各单位分户验收专用章。

3.资料收集整理

将上述两种表格，以及两种表格的汇总表一同编制。

（1）检查时应填写分户质量验收记录表，全部验收后应填写住宅工程质量分户验收表。

（2）每户住宅应汇总分户检验批项目及检查结论，将有关信息填入“---套住宅分户验收汇总表”中。单位工程应汇总各套住宅工程质量分户验收表，将有关信息填入“单位工程分户验收汇总表”中 。

第 3 讲　强调做好分户验收工作的五个结合

一、分户验收要与严格按照质量、工艺标准施工相结合

为提高分户验收一次合格率，减少多次返工浪费人工、材料现象的发生，施工单位应认真向施工操作人员进行技术交底，使操作人员掌握质量标准中主控项目和一般项目、实测项目允许偏差值等具体内容，掌握实现这些质量标准的施工工艺标准，施工中操作人员要严格按质量标准和施工工艺标准操作，工人和班组要严格按照质量标准自行检查，合格后方可进入下一工序施工。

二、分户验收要与分项工程检验批验收相结合

分户验收应在检验批验收合格的基础上进行，检验批验收要按检验批主控项目和一般项目全面检查验收，特别是反映主控项目的材料和过程质量等内容要重点检

查，一般项目的实测实量项目应按取样数量在批范围取样验收，批验收合格后方可进行分户验收。而分户验收是对该批所包含的若干套住宅作为若干个检验批分别验收，主要验收主控和一般项目中涉及观感和使用功能以及实测实量项目，其他项目在批验收时已检查，在分户检验批验收时就不再重复检查。户验收不合格应整改重新验收，当户验收检 查点不在批验收检查范围内，其验收结果不影响批验收结论。

三、分户验收要与发现问题及时整改复查相结合

分户验收过程中会发现若干不符合质量标准问题，应在分户验收记录表中如实记录。监理单位应据此下发不合格项处置记录单，限期整改。整改后，应重新对存在问题的部位进行复验，并在分户验收记录表中相应项目位置记录。该情况是监督机构检查重点。

四、分户验收要与成品保护相结合

分户验收一般是在施工过程中进行验收。但距工程全部竣工还有一段时间，此时要采取措施保护成品不被迫害和污染，保护分户验收成果直至顺利竣工交付使用，可采用增加覆盖、设专人看管、持证进入工地等措施。

五、分户验收与质量通病专项治理相结合

分户验收内容主要是观感、功能、实测项目质量。为顺利通过分户验收，并的使用中避免发生质量通病，针对于工程中常见的墙、地裂缝，门窗不严等质量通病，要在在施工中重点从施工工艺做法、选择材料，严格复验等方面采取措施精心策划，精心施工，促进工程顺利竣工，避免使用中出现质量通病的发生。

第 4 讲　土建部分验收的主要内容

一、现浇结构外观及尺寸偏差

1.一般规定

（1）现浇结构外观及尺寸偏差检验批项目应符合施工图、设计说明及其他设计文件的要求。

（2）现浇结构外观及尺寸偏差分户验收应按每户住宅划分为一个检验批。当分户检验批具备验收条件时，可及时验收。每户抽查数量不应少于相关规定。

（3）每户住宅现浇结构外观及尺寸偏差的观感和使用功能质量应全数检查，并以房间为单位检查记录。

（4）实测实量内容宜按照本手册规定的检查部位、检查数量，确定检查点。当

量取长度和高度尺寸时，确定实测值的基准值，记录在相应项目表格中第一个空格内，实测值或与基准值相减的差值在允许偏差范围内判为合格，当超出允许偏差时应在此实测值记录上画圈做出不合格记号，以便判断不合格点是否超出允许偏差 1.5 倍和不合格点率。实测值应全数记录。

（5）当分户检验批的主控项目的质量经检查全部合格，一般项目的合格点率达到 80%及以上，且不得有严重缺陷时（不合格点实测偏差，应小于允许偏差的 1.5 倍），判为合格。

（6）当实测偏差大于允许偏差 1.5 倍，或不合格点率超出 20%时，应整改并重新验收，记录整改项目测量结果。

（7）现浇结构拆模后，应由建设单位组织监理（建设）单位、施工单位对外观质量和尺寸偏差进行检查，做出记录，并应及时按施工技术方案对缺陷进行处理。

（8）现浇结构的外观质量缺陷，应由建设单位、监理单位、施工单位等各方根据其对结构性能和使用功能影响的严重程度，按表 1—5 确定。

表 1—5　现浇结构外观质量缺陷

名称	现象	严重缺陷	一般缺陷
露筋	构件内钢筋末被混凝土包裹而外露	纵向受力钢筋有露筋	其他钢筋有少量露筋
蜂窝	混凝土表面缺少水泥砂浆而形成石子外露	构件主要受力部位有蜂窝	其他部位有少量蜂窝
孔洞	混凝土中孔穴深度和长度均超过保护层厚度	构件主要受力部位有孔洞	其他部位有少量孔洞
夹渣	混凝土中夹有杂物且深度超过保护层厚度	构件主要受力部位有夹渣	其他部位有少量夹渣
疏松	混凝土中局部不密实	构件主要是受力部位有疏松	其他部位有少量疏松
裂缝	缝隙从混凝土表面延伸至混凝土内部	构件主要受力部位有影响结构性能或使用功能的裂缝	其他部位有少量不影响结构性能或使用功能的裂缝
连接部位缺陷	构件连接处混凝土缺陷及连接钢筋、连接件松动	连接部位有影响结构传力性能的缺陷	连接部位有基本不影响结构传力性能的缺陷
外形缺陷	缺棱掉角、棱角不直、翘曲不平、飞边凸肋等	清水混凝土构件有影响使用功能或装饰效果的外形缺陷	其他混凝土构件有不影响使用功能的外形缺陷
外表缺陷	构件表面麻面、掉皮、起砂、沾污等	具有重要装饰效果的清水混凝土构件有外表缺陷	其他混凝土构件有不影响使用功能的外表缺陷

2.外观质量

（主控项目：现浇结构的外观质量不应有严重缺陷。对已经出现的严重缺陷，应由施工单位提出技术处理方案，并经监理（建设）单位认可后进行处理。对经处理的部位，应重新检查验收。

检查数量：全数检查。

检验方法：观察，检查技术处理方案。

（2）一般项目：现浇结构的外观质量不宜有一般缺陷。对已经出现的一般缺陷，应由施工单位按技术处理方案进行处理，并重新检查验收。

检查数量：全数检查。

检验方法：观察，检查技术处理方案。

3.尺寸偏差

（1）主控项目：现浇结构不应有影响结构性能和使用功能的尺寸偏差。对超过尺寸允许偏差且影响结构性能和安装、使用功能的部位，应由施工单位提出技术处理方案，并经监理（建设）单位认可后进行处理。对经处理的部位，应重新检查验收。

检查数量：全数检查。

检验方法：量测，检查技术处理方案。

（2）一般项目：现浇结构拆模后的尺寸偏差。

检查数量：按每户住宅划分检验批。在同一检验批内，对梁、柱应抽查构件数量不少于 3 件；对墙和板，应按有代表性的自然间抽查不少于 3 间；对大空间结构，墙可按相邻轴线间高度 5m左右划分检查面，板可按纵、横轴线划分检查面，抽查不少于 3 面。

检查方法：按表 1—6 规定执行。

表 1—6 现浇结构尺寸允许偏差和检验方法

项目			允许偏差（mm）	检验方法
轴线位置	基础		15	钢尺检查
	独立基础		10	
	墙、柱、梁		8	
	剪力墙		5	
垂直度	层高	≤5m	8	经纬仪或吊线、钢尺检查
		＞5m	10	经纬仪或吊线、钢尺检查
	全高（H）		H/1000 且≤30	经纬仪、钢尺检查

续表

<table>
<tr><th colspan="2">项目</th><th>允许偏差（mm）</th><th>检验方法</th></tr>
<tr><td rowspan="2">标高</td><td>层高</td><td>±10</td><td rowspan="2">水准仪或拉线、钢尺检查</td></tr>
<tr><td>全高</td><td>±30</td></tr>
<tr><td colspan="2">截面尺寸</td><td>+8，-5</td><td>钢尺检查</td></tr>
<tr><td rowspan="2">电梯井</td><td>井筒长、宽对定位中心线</td><td>+25，0</td><td>钢尺检查</td></tr>
<tr><td>井筒全高（H）垂直度</td><td>H/1000且≤30</td><td>经纬仪、钢尺检查</td></tr>
<tr><td colspan="2">表面平整度</td><td>8</td><td>2m靠尺和塞尺检查</td></tr>
<tr><td rowspan="3">预埋设施中心线位置</td><td>预埋件</td><td>10</td><td rowspan="3">钢尺检查</td></tr>
<tr><td>预埋螺栓</td><td>5</td></tr>
<tr><td>预埋管</td><td>5</td></tr>
<tr><td colspan="2">预留洞中心线位置</td><td>15</td><td>钢尺检查</td></tr>
</table>

注：检查轴线、中心线位置时，应沿纵、横两个方向量测，并取其中的较大值。

4.实测项目说明

（1）结构墙体尺寸实测内容分别是：墙体轴线位移、垂直度、标高、截面尺寸、表面平整度。检查时，宜在分户验收抽查点分布图中规定的房间，按照上述实测内容，使用相关测量工具，参照下列测量位置和数量进行检查，并全数记录。

1)检查被查房间墙体轴线位置时，使用钢尺等测量工具，对每面墙体进行测量，每面墙测量点不少于1点。建议通过测量和记录房间开间、进深净空尺寸来推算轴线位置。（计算基准值）

2）检查被查房间墙体垂直度时，使用经纬仪或吊线、钢尺等测量工具，对每面墙体测量，测量点宜设置在距墙角500，距地300位置且每面墙不少于1点。建议使用2米托线板，以墙体允许偏差8mm、剪力墙允许偏差5mm作为垂直标准。

3）检查被查房间墙体标高时，使用水准仪或拉线、钢尺等测量工具，利用室内1米线，对每面墙体门窗洞上口标高测量，测量点每门窗洞口测一点。（计算基准值）

4）检查被查房间墙体截面尺寸时，使用钢尺等测量工具对每面墙体厚度测量，测量点不少于1点。（计算基准值）

5）检查被查房间墙体表面平整度时，使用2m靠尺和塞尺等测量工具，在每个墙面中心区域，横竖方向各测量1点，取较大值作为一面墙测量值。

（2）结构楼板实测内容分别是：楼板标高、截面尺寸、表面平整度。检查时，宜在分户验收抽查点分布图中规定的房间，按照上述实测内容进行测量。

1）检查被查房间楼板标高时，使用水准仪或拉线、钢尺等测量工具，宜在楼板 4 个房角位置测量，每块楼板测量点不少于 4 点。建议通过使用塔尺，测量房间净高尺寸，进而推算楼板标高。（计算基准值）

2）检查被查房间楼板截面尺寸时，使用钢尺等测量工具，宜在楼板 1 个房角位置和楼板中心位置测量，测量点不少于 2 点。（计算基准值）

3）检查被查房间楼板表面平整度时，使用 2 m靠尺和塞尺等测量工具，宜在楼板中心区域横、纵两个方向测量，测量点每个方向不少于 1 点。

二、砖砌体

1.一般规定

（1）砖砌体工程应符合施工图、设计说明及其他设计文件要求。

（2）分户验收应按每户住宅划分为一个检验批。当分户检验批具备验收条件时，可及时验收。每户抽查数量应抽查不得少于 3 间，不足 3 间时应全数检查。

（3）每户住宅砖砌体工程观感和使用功能质量应全数检查，并以房间为单位记录。

（4）实测实量内容宜按照本手册规定的检查部位、检查数量，确定检查点。当量取长度和高度尺寸时，确定实测值的基准值，记录在相应项目表格中第一个空格内，实测值或与基准值相减的差值在允许偏差范围内判为合格，当超出允许偏差时应在此实测值记录上画圈做出不合格记号，以便判断不合格点是否超出允许偏差 1.5 倍和不合格点率。实测值应全数记录。

（5）当每户住宅的主控项目的质量经检查全部合格，一般项目的合格点率达到 80%及以上，且不得有严重缺陷时（不合格项偏差小于允许偏差的 1.5 倍），该套住宅的本检验批质量判为合格。

（6）当不合格项允许偏差大于允许偏差 1.5 倍，或不合格点率超出 20%时，应整改并重新验收，记录整改项目测量结果。

2.主控项目

砖砌体的位置及垂直度允许偏差应符合表 1—7 的规定。

表 1—7　砖砌体尺寸、位置的允许偏差及检验

<table>
<tr><th>项次</th><th colspan="3">项目</th><th>允许偏差（mm）</th><th>检验方法</th><th>抽检数量</th></tr>
<tr><td>1</td><td colspan="3">轴线位移</td><td>10</td><td>用经纬仪和尺或用其他测量仪器检查</td><td>承重墙、柱全数检查</td></tr>
<tr><td>2</td><td colspan="3">基础、墙、柱顶面标高</td><td>±15</td><td>用水准仪和尺检查</td><td>不应少于 5 处</td></tr>
<tr><td rowspan="3">3</td><td rowspan="3">墙面垂直度</td><td colspan="2">每层</td><td>5</td><td>用 2m 托线板检查</td><td>不应少于 5 处</td></tr>
<tr><td rowspan="2">全高</td><td>≤10m</td><td>10</td><td rowspan="2">用经纬仪、吊线和尺或用其他测量仪器检查</td><td rowspan="2">外墙全部阳角</td></tr>
<tr><td>>10m</td><td>20</td></tr>
</table>

续表

项次	项目		允许偏差（mm）	检验方法	抽检数量
4	表面平整度	清水墙、柱	5	用 2m 靠尺和楔形塞尺检查	不应少于 5 处
		混水墙、柱	8		
5	水平灰缝平直度	清水墙	7	拉 5m 线和尺检查	不应少于 5 处
		混水墙	10		
6	门窗洞口高、宽（后塞口）		±10	用尺检查	不应少于 5 处
7	外墙上下窗口偏移		20	以底层窗口为准，用经纬仪或吊线检查	不应少于 5 处
8	清水墙游丁走缝		20	以每层第一皮砖为准，用吊线和尺检查	不应少于 5 处

3.一般项目

砖砌体的一般尺寸允许偏差应符合表 1—7 的规定。

4.实测项目说明

砖砌体工程实测内容分别是：轴线位移偏移、垂直度、楼面标高、表面平整度、门窗洞口高、宽。检查时，宜在分户验收抽查点分布图中规定的房间，按照上述实测内容进行测量。

（1）检查被查房间墙体轴线位移时，使用经纬仪和钢尺等测量工具，对每面墙体进行测量，每面墙测量点不少于 1 点。建议通过测量和记录房间开间、进深净空尺寸来推算轴线位移。（计算基准值）

（2）检查被查房间墙体垂直度时，使用 2m 托线板等测量工具，对每面墙体测量，测量点宜设置在距墙角 500，距地 300 位置且每面墙不少于 1 点。

（3）检查被查房间楼面标高时，使用水准仪和钢尺等测量工具，宜在楼面 4 个房角位置测量，每块板测量点不少于 4 点。建议通过使用塔尺，测量房间净高尺寸，进而推算楼面标高。（计算基准值）

（4）检查被查房间墙体表面平整度时，使用 2m 靠尺和塞尺等测量工具，在每个墙面中心区域，横竖向各测 1 点，取较大值作为一面墙测量值。

（5）检查被查房间门窗洞口高、宽时，使用钢尺等测量工具，在每个门窗洞口中间部位，横竖方向测量，每个方向测量点各不少于 1 点。（计算基准值）

第 5 讲　装饰部分验收的主要内容

一、铝合金门窗安装

1.一般规定

（1）铝合金门窗安装工程应符合施工图、设计说明及其他设计文件的要求。

（2）铝合金门窗安装工程分户验收应按每户住宅划分为一个检验批。当分户检验批具备验收条件时，可及时验收。除高层建筑的外窗，每户应抽查不得少于 3 樘，不足 3 樘时应全数检查；高层建筑的外窗，每户应抽查不得少于 6 樘，不足 6 樘时应全数检查。

（3）每户住宅铝合金门窗安装工程观感和使用功能质量应全数检查，并以房间为单位检查记录。

（4）实测实量内容宜按照本手册规定的检查部位、检查数量，确定检查点。当量取长度和高度尺寸时，确定实测值的基准值，记录在相应项目表格中第一个空格内，实测值或与基准值相减的差值在允许偏差范围内判为合格，当超出允许偏差时应在此实测值记录上画圈做出不合格记号，以便判断不合格点是否超出允许偏差 1.5 倍和不合格点率。实测值应全数记录。

（5）当每户住宅的主控项目的质量经检查全部合格，一般项目的合格点率达到 80%及以上，且不得有严重缺陷时（不合格项偏差小于允许偏差的 1.5 倍），该套住宅的本检验批质量判为合格。

（6）当不合格项允许偏差大于允许偏差 1.5 倍，或不合格点率超出 20%时，应整改并重新验收，记录整改项目测量结果。

2.主控项目

（1）金属门窗的品种、类型、规格、尺寸、性能、开启方向、安装位置、连接方式及铝合金门窗的型材壁厚应符合设计要求。金属门窗的密封处理应符合设计要求。

检验方法：观察；尺量检查。

（2）金属门窗框和副框的安装必须牢固。

检验方法：手扳检查。

（3）金属门窗扇必须安装牢固，并应开关灵活、关闭严密，无倒翘。推拉门窗扇必须有防脱落措施。

检验方法：观察；开启和关闭检查；手扳检查。

（4）金属门窗配件的型号、规格、数量应符合设计要求，安装应牢固，位置应正确，功能应满足使用要求。

检验方法：观察；开启和关闭检查；手扳检查。

3.一般项目

（1）金属门窗表面应洁净、平整、光滑、色泽一致，无锈蚀。大面应无划痕、碰伤。漆膜或保护层应连续。

检验方法：观察。

（2）铝合金门窗推拉门窗扇开关力应不大于 100N。

检验方法：用弹簧秤检查。

（3）金属门窗框与墙体之间的缝隙应填嵌饱满，并采用密封胶密封。密封胶表面应光滑、顺直，无裂纹。

检验方法：观察；轻敲门窗框检查。

（4）金属门窗扇的橡胶密封条或毛毡密封条应安装完好，不得脱槽。

检验方法：观察；开启和关闭检查。

（5）有排水孔的金属门窗，排水孔应畅通，位置和数量应符合设计要求。

检验方法：观察。

（6）铝合金门窗安装的允许偏差和检验方法应符合表 1—8 的规定。

表 1—8　铝合金门窗安装的允许偏差和检验方法

项次	项目		允许偏差（mm）	检验方法
1	门窗槽口宽度、高度	≤1500mm	1.5	用钢尺检查
		＞1500mm	2	
2	门窗槽口对角线长度差	≤2000mm	3	用钢尺检查
		＞2000mm	4	
3	门窗框的正、侧面垂直度		2.5	用垂直检测尺检查
4	门窗横框的水平度		2	用 1m 水平尺和塞尺检查
5	门窗横框标高		5	用钢尺检查
6	门窗竖向偏离中心		5	用钢尺检查
7	双层门窗内外框间距		4	用钢尺检查
8	推拉门窗扇与框搭接量		1.5	用钢直尺检查

4.实测项目说明

（1）铝合金门窗安装工程质量分户验收实测内容分别是：门窗槽口宽度、高度；门窗槽口对角线长度差；门窗框的正、侧面垂直度；门窗横框的水平度；门窗横框标高；门窗竖向偏离中心；双层门窗内外框间距；推拉门窗扇与框搭接量。检查时，宜在分户验收抽查点分布图中规定的门窗，按照上述实测内容，使用相关测量工具，参照下列测量位置和数量，对铝合金门窗实测内容进行检查并全数记录。

（2）检查门窗槽口宽度时，使用钢尺等测量工具，在门窗槽口上下 300 位置，水平测量各 1 点；（计算基准值）

（3）检查门窗槽口高度时，使用钢尺等测量工具，在门窗槽口左右 200 位置，竖向测量各 1 点；（计算基准值）

（4）检查门窗槽口对角线长度差时，使用钢尺等测量工具，在门窗企口方向，分别量取槽口对角线长度，两个方向长度分别记录。

（5）检查门窗框的正、侧面垂直度时，使用 1m 垂直检测尺等测量工具，在一侧门窗竖框中部的正、侧面，各测量 1 点；

（6）检查门窗横框的水平度时，使用 1m 水平尺和塞尺等测量工具，在上横框下口测量 1 点；

（7）检查门窗横框标高时，使用钢尺等测量工具，测量上横框下口距 50 厘米线高度尺寸，测量 1 点；（计算基准值）

（8）检查门窗竖向偏离中心时，使用钢尺等测量工具，在 1 侧门窗竖框中部，测量门窗框两侧宽度各 1 点；

（9）检查双层门窗内外框间距时，使用钢尺等测量工具，在 1 侧门窗竖框中部，测量框间距不少于 1 点；

（10）检查推拉门窗扇与框搭接量时，使用钢直尺等测量工具，在门窗框扇搭接处，测量 1 点。

二、塑料门窗安装

1.一般规定

（1）塑料门窗安装工程应符合施工图、设计说明及其他设计文件的要求。

（2）塑料门窗安装工程分户验收应按每户住宅划分为一个检验批。当分户检验批具备验收条件时，可及时验收。除高层建筑的外窗，每户应抽查不得少于 3 樘，不足 3 樘时应全数检查；高层建筑的外窗，每户应抽查不得少于 6 樘，不足 6 樘时应全数检查。

（3）每户住宅塑料门窗安装工程观感和使用功能质量应全数检查，并以房间为单位记录。

（4）实测实量内容宜按照本手册规定的检查部位、检查数量，确定检查点。当量取长度和高度尺寸时，确定实测值的基准值，记录在相应项目表格中第一个空格内，实测值或与基准值相减的差值在允许偏差范围内判为合格，当超出允许偏差时应在此实测值记录上画圈做出不合格记号，以便判断不合格点是否超出允许偏差 1.5 倍和不合格点率。实测值应全数记录。

（5）当每户住宅的主控项目的质量经检查全部合格，一般项目的合格点率达到 80%及以上，且不得有严重缺陷时（不合格项偏差小于允许偏差的 1.5 倍），该套住宅的本检验批质量判为合格。

（6）当不合格项允许偏差大于允许偏差 1.5 倍，或不合格点率超出 20%时，应整改并重新验收，记录整改项目测量结果。

2.主控项目

（1）塑料门窗的品种、类型、规格、尺寸、开启方向、安装位置、连接方式及填嵌密封处理应符合设计要求。

检验方法：观察；尺量检查。

（2）塑料门窗框、副框和扇的安装必须牢固。

检验方法：观察；手扳检查。

（3）当塑料门窗有拼樘料时，窗框必须与拼樘料连接紧密，固定点间距应不大于 600mm。

检验方法：观察；手扳检查；尺量检查。

（4）塑料门窗扇应开关灵活、关闭严密，无倒翘。推拉门窗扇必须有防脱落措施。

检验方法：观察；开启和关闭检查；手扳检查。

（5）塑料门窗配件的型号、规格、数量应符合设计要求，安装应牢固，位置应正确，功能应满足使用要求。

检验方法：观察；手扳检查；尺量检查。

（6）塑料门窗框与墙体间缝隙应采用闭孔弹性材料填嵌饱满，表面应采用密封胶密封。密封胶应粘结牢固，表面应光滑、顺直、无裂纹。

检验方法：观察；检查隐蔽工程验收记录。

3.一般项目

（1）塑料门窗表面应洁净、平整、光滑，大面应无划痕、碰伤。

检验方法：观察。

（2）塑料门窗扇的密封条不得脱槽。旋转窗间隙应基本均匀。

检验方法：观察。

（3）塑料门窗扇的开关力应符合下列规定：

1）平开门窗扇平铰链的开关力应不大于 80N；滑撑铰链的开关力应不大于 80N，并不小于 30N。

2）推拉门窗扇的开关力应不大于 100N。

检验方法：观察；用弹簧秤检查。

（4）玻璃密封条与玻璃及玻璃槽口的接缝应平整，不得卷边、脱槽。

检验方法：观察。

（5）排水孔应畅通，位置和数量应符合设计要求。

检验方法：观察。

（6）塑料门窗安装的允许偏差和检验方法应符合表 1—9 的规定。

表 1—9　塑料门窗安装的允许偏差和检验方法

<table>
<tr><th>项次</th><th colspan="2">项目</th><th>允许偏差（mm）</th><th>检验方法</th></tr>
<tr><td rowspan="2">1</td><td rowspan="2">门窗槽口宽度、高度</td><td>≤1500mm</td><td>2</td><td rowspan="2">用钢尺检查</td></tr>
<tr><td>>1500mm</td><td>3</td></tr>
<tr><td rowspan="2">2</td><td rowspan="2">门窗槽口对角线长度差</td><td>≤2000mm</td><td>3</td><td rowspan="2">用钢尺检查</td></tr>
<tr><td>>2000mm</td><td>5</td></tr>
<tr><td>3</td><td colspan="2">门窗框的正、侧面垂直度</td><td>3</td><td>用 1m 垂直检测尺检查</td></tr>
</table>

续表

项次	项目	允许偏差（mm）	检验方法
4	门窗横框的水平度	3	用 1m 水平尺和塞尺检查
5	门窗横框标高	5	用钢尺检查
6	门窗竖向偏离中心	5	用钢直尺检查
7	双层门窗内外框间距	4	用钢尺检查
8	同樘平开门窗相邻扇高度差	2	用钢直尺检查
9	平开门窗铰链部位配合间隙	+2；1	用塞尺检查
10	推拉门窗扇与框搭接量	+1.5；-2.5	用钢直尺检查
11	推拉门窗扇与竖框平行度	2	用 1m 水平尺和塞尺检查

4.实测项目说明

塑料门窗安装工程质量分户验收实测内容分别是：门窗槽口宽度、高度；门窗槽口对角线长度差；门窗框的正、侧面垂直度；门窗横框的水平度；门窗横框标高；门窗竖向偏离中心；双层门窗内外框间距；同樘平开门窗相邻扇高度差；平开门窗铰链部位配合间隙；推拉门窗扇与框搭接量；推拉门窗扇与竖框平行度。检查时，宜对分户验收抽查点分布图中规定的门窗，按照上述实测内容，使用相关测量工具，参照下列测量位置和数量进行检查，并全数记录。

（1）检查门窗槽口宽度时，使用钢尺等测量工具，在门窗槽口上下 300 位置，水平测量各 1 点；（计算基准值）

（2）检查门窗槽口高度时，使用钢尺等测量工具，在门窗槽口左右 200 位置，竖向测量各 1 点；（计算基准值）

（3）检查门窗槽口对角线长度差时，使用钢尺等测量工具，在门窗企口方向，分别量取槽口对角线长度，两个方向长度分别记录。

（4）检查门窗框的正、侧面垂直度时，使用 1m 垂直检测尺等测量工具，在一侧门窗竖框中心位置的正、侧面，各测量 1 点；

（5）检查门窗横框的水平度时，使用 1m 水平尺和塞尺等测量工具，在上横框下口中心位置测量 1 点；

（6）检查门窗横框标高时，使用钢尺等测量工具，测量上横框下口距 1 米线高度尺寸，测量 1 点；（计算基准值）

（7）检查门窗竖向偏离中心时，使用钢尺等测量工具，在 1 侧门窗竖框中部，测量门窗框两侧距墙边宽度尺寸各 1 点；

（8）检查双层门窗内外框间距时，使用钢尺等测量工具，在 1 侧门窗竖框中部，测量竖框间距各 1 点；（计算基准值）

（9）检查同樘平开门窗相邻扇高度差时，使用钢直尺等测量工具，在同樘平开门窗相邻扇对口缝下端，测量 1 点；

（10）检查平开门窗铰链部位配合间隙时，使用塞尺等测量工具，在同一个窗扇的下铰链部位，测量 1 点；

（11）检查推拉门窗扇与框搭接量时，使用钢直尺等测量工具，在门窗扇与框搭接处，测量 1 点；

（12）检查推拉门窗扇与竖框平行度时，使用 1m 水平尺和塞尺等测量工具，测量门窗扇与竖框 1 米范围内最大缝隙，测量 1 点。

三、木门窗安装

1.一般规定

（1）木门窗安装工程应符合施工图、设计说明及其他设计文件的要求。

（2）木门窗安装工程分户验收应按每户住宅划分为一个检验批。当分户检验批具备验收条件时，可及时验收。除高层建筑的外窗，每户应抽查不得少于 3 樘，不足 3 樘时应全数检查；高层建筑的外窗，每户应抽查不得少于 6 樘，不足 6 樘时应全数检查。

（3）每户住宅木门窗安装工程观感和使用功能质量应全数检查，并以房间为单位记录。

（4）实测实量内容宜按照本手册规定的检查部位、检查数量，确定检查点。实测值在允许偏差范围内判为合格，当超出允许偏差时应在此实测值记录上画圈做出不合格记号，以便判断不合格点是否超出允许偏差 1.5 倍和不合格点率。实测值应全数记录。

（5）当每户住宅的主控项目的质量经检查全部合格，一般项目的合格点率达到 80%及以上，且不得有严重缺陷时（不合格项偏差小于允许偏差的 1.5 倍），该套住宅的本检验批质量判为合格。

（6）当不合格项允许偏差大于允许偏差 1.5 倍，或不合格点率超出 20%时，应整改并重新验收，记录整改项目测量结果。

2.主控项目

（1）木门窗的品种、类型、规格、开启方向、安装位置及连接方式应符合设计要求。

检验方法：观察；尺量检查。

（2）木门窗框的安装必须牢固。

检验方法：观察；手扳检查；。

（3）木门窗扇必须安装牢固，并应开关灵活，关闭严密，无倒翘。

检验方法：观察；开启和关闭检查；手扳检查。

（4）木门窗配件的型号、规格、数量应符合设计要求，安装应牢固，位置应正确，功能应满足使用要求。

检验方法：观察；开启和关闭检查；手扳检查。

3.一般项目

（1）木门窗批水、盖口条、压缝条、密封条的安装应顺直，与门窗结合应牢固、严密。

检验方法：观察；手扳检查。

（2）木门窗制作的允许偏差和检验方法应符合表 1—10 的规定。

表 1—10 木门窗制作的允许偏差和检验方法

项次	项目	构件名称	允许偏差（mm）		检验方法
			普通	高级	
1	翘曲	框	3	2	将框、扇平放在检查平台上，用塞尺检查
		扇	2	2	
2	对角线长度差	框、扇	3	2	用钢尺检查，框量裁口里角，扇量外角
3	表面平整度	扇	2	2	用 1m 靠尺和塞尺检查
4	高度、宽度	框	0；-2	0；-1	用钢尺检查，框量裁口里角，扇量外角
		扇	+2；0	+1；0	
5	裁口、线条结合处高低差	框、扇	1	0.5	用钢直尺和塞尺检查
6	相邻棂子两端间距	扇	2	1	用钢直尺检查

4.实测项目说明

木门窗安装工程实测内容分别是：门窗槽口对角线长度差；门窗框的正、侧面垂直度；框与扇、扇与扇接缝高低差；门窗扇对口缝；门窗扇与上框间留缝；门窗扇与侧框间留缝；窗扇与下框间留缝；门扇与下框间留缝；双层门窗内外框间距；无下框时门扇与地面间留缝。检查时，宜对分户验收抽查点分布图中规定的门窗，按照上述实测内容，使用相关测量工具，参照下列测量位置和数量进行检查，并全数记录。

（1）检查门窗槽口对角线长度差时，使用钢尺等测量工具，在门窗企口方向，分别量取槽口对角线长度，两个方向长度分别记录。

（2）检查门窗框的正、侧面垂直度时，使用 1m 垂直检测尺等测量工具，在一侧门窗竖框中心位置的正、侧面，各测量 1 点；

（3）检查框与扇、扇与扇接缝高低差时，使用钢直尺和塞尺等测量工具，在框与扇、扇与扇接缝处，每扇测量最大缝不少于 1 点。

（4）检查门窗扇对口缝时，使用塞尺等测量工具，在门窗扇最大对口缝处，测量 1 点。

（5）检查门窗扇与上框间留缝时，使用塞尺等测量工具，在门窗扇与上框间最大缝隙处，测量 1 点。

（6）检查门窗扇与侧框间留缝时，使用塞尺等测量工具，在门窗扇与侧框间最大缝隙处，测量 1 点。

（7）检查窗扇与下框间留缝时，使用塞尺等测量工具，在窗扇与下框间最大缝隙处，测量 1 点。

（8）检查门扇与下框间留缝时，使用塞尺等测量工具，在门扇与下框间最大缝隙处，测量 1 点。

（9）检查双层门窗内外框间距时，使用钢尺等测量工具，在每侧门窗竖框中心部位，各测量 1 点；（计算基准值）

（10）检查无下框时门扇与地面间留缝时，使用塞尺等测量工具，在门扇与地面间最大缝隙处，测量 1 点。

四、特种门安装

1.一般规定

（1）特种门工程应符合施工图、设计说明及其他设计文件要求。

（2）特种门工程验收应按每户住宅划分为一个检验批。当分户检验批具备验收条件时，可及时验收。每户应抽查不得少于 10 樘，不足 10 樘时应全数检查。

（3）每户住宅特种门工程观感和使用功能质量应全数检查，并以房间为单位记录。

（4）实测实量内容宜按照本手册规定的检查部位、检查数量，确定检查点。当量取长度和高度尺寸时，确定实测值的基准值，记录在相应项目表格中第一个空格内，实测值或与基准值相减的差值在允许偏差范围内判为合格，当超出允许偏差时应在此实测值记录上画圈做出不合格记号，以便判断不合格点是否超出允许偏差 1.5 倍和不合格点率。实测值应全数记录。

（5）当每户住宅的主控项目的质量经检查全部合格，一般项目的合格点率达到 80%及以上，且不得有严重缺陷时（不合格项偏差小于允许偏差的 1.5 倍），该套住宅的本检验批质量判为合格。

（6）当不合格项允许偏差大于允许偏差 1.5 倍，或不合格点率超出 20%时，应整改并重新验收，记录整改项目测量结果。

2.主控项目

（1）特种门的品种、类型、规格、尺寸、开启方向、安装位置及防腐处理应符合设计要求。

检验方法：观察；尺量检查。

（2）带有机械装置、自动装置或智能化装置的特种门，其机械装置、自动装置或智能化装置的功能应符合设计要求和有关标准的规定。

检验方法：启动机械装置、自动装置或智能化装置，观察

（3）特种门的安装必须牢固。

检验方法：观察；手扳检查。

（4）特种门的配件应齐全，位置应正确，安装应牢固。

检验方法：观察；手扳检查。

3.一般项目

（1）特种门的表面装饰应符合设计要求。

检验方法：观察。

（2）特种门的表面应洁净，无划痕、碰伤。

检验方法：观察。

（3）推拉自动门安装的留缝限值、允许偏差和检验方法应符合表 1—11 的规定。

表 1—11 推拉自动门安装的留缝限值、允许偏差和检验方法

项次	项目		留缝限值（mm）	允许偏差（mm）	检验方法
1	门窗槽口宽度、高度	≤1500mm	—	1.5	用钢尺检查
		＞1500mm	—	2	
2	门窗槽口对角线长度差	≤2000mm	—	2	用钢尺检查
		＞2000mm	—	2.5	
3	门框的正、侧面垂直度		—	1	用 1m 垂直检测尺检查
4	门构件装配间隙		—	0.3	用塞尺检查
5	门梁导轨水平度		—	1	用 1m 水平尺和塞尺检查
6	下导轨与门梁导轨平行度		—	1.5	用钢尺检查
7	门扇与侧框间留缝		1.2～1.8	—	用塞尺检查
8	门扇对口缝		1.2～1.8	—	用塞尺检查

（4）推拉自动门的感应时间限值和检验方法应符合表 1—12 的规定。

表 1—12 推拉自动门的感应时间限值和检验方法

项次	项目	感应时间限值（s）	检验方法
1	开门响应时间	≤0.5	用秒表检查
2	堵门保护延时	16~20	用秒表检查
3	门扇全开启后保持时间	13~17	用秒表检查

（5）旋转门安装的允许偏差和检验方法应符合表 1—13 规定。

表 1—13 旋转门安装的允许偏差和检验方法

项次	项目	允许偏差（mm）		检验方法
		金属框架玻璃旋转门	木质旋转门	
1	门扇正、侧面垂直度	1.5	1.5	用 1m 垂直检测尺检查
2	门扇对角线长度差	1.5	1.5	用钢尺检查

续表

项次	项目	允许偏差（mm）		检验方法
		金属框架玻璃旋转门	木质旋转门	
3	相邻扇高度差	1	1	用钢尺检查
4	扇与圆弧边留缝	1.5	2	用塞尺检查
5	扇与上顶间留缝	2	2.5	用塞尺检查
6	扇与地面间留缝	2	2.5	用塞尺检查

4.实测项目说明

（1）推拉自动门安装分户质量验收实测内容分别是：门槽口宽度、高度；门扇对角线长度差；门框的正、侧面垂直度；门构件装配间隙；门梁导轨水平度；下导轨与门梁导轨平行度；门扇与侧框间留缝；门扇对口缝。检查时，宜对分户验收抽查点分布图中规定的推拉自动门，按照上述实测内容，使用相关测量工具，参照下列测量位置和数量进行检查，并全数记录

1）检查门槽口宽度、高度时，使用钢尺等测量工具，在门槽口上下 300 位置，水平测量各 1 点；在门槽口左右 200 位置，竖向测量各 1 点；（计算基准值）

2）检查门窗槽口对角线长度差时，使用钢尺等测量工具，在门窗企口方向，分别量取槽口对角线长度，两个方向长度分别记录。

3）检查门框的正、侧面垂直度时，使用 1m 垂直检测尺等测量工具，在一侧门窗竖框中部的正、侧面，各测量 1 点；

4）检查门构件装配间隙时，使用塞尺等测量工具，在门构件装配间隙最大处，测量 1 点。

5）检查门梁导轨水平度时，使用 1m 水平尺和塞尺等测量工具，在门梁导轨下口中心位置，测量 1 点。

6）检查下导轨与门梁导轨平行度时，使用钢尺等测量工具，　在下导轨与门梁导轨两端设置测量点，且测量点不少于 1 点。

7）检查门扇与侧框间留缝时，使用塞尺等测量工具，在门扇与侧框间最大缝隙处，测量 1 点。

8）检查门扇对口缝时，使用塞尺等测量工具，在门扇对口缝最大处，测量 1 点。

（2）旋转门安装工程分户质量验收实测内容分别是：门扇正、侧面垂直度；门扇对角线长度差；相邻扇高度差；旋转门扇与圆弧边留缝；旋转门扇与上顶间留缝；旋转门扇与地面间留缝。检查时，宜对分户验收抽查点分布图中规定的旋转门，按照上述实测内容，使用相关测量工具，参照下列测量位置和数量进行检查，并全数记录。

1）检查门扇正、侧面垂直度时，使用 1m 垂直检测尺等测量工具，在一侧门扇中部的正、侧面，各测量 1 点。

2）检查门窗槽口对角线长度差时，使用钢尺等测量工具，在门窗企口方向，分

别量取槽口对角线长度，两个方向长度分别记录。

3）检查相邻扇高度差时，使用钢尺和塞尺等测量工具，在旋转门相邻扇接缝下端，测量 1 点。

4）检查旋转门扇与圆弧边留缝、旋转门扇与上顶间留缝、旋转门扇与地面间留缝时，使用塞尺等测量工具，在旋转门扇与圆弧边、上顶间、地面间最大缝隙处，各测量 1 点。

五、钢门窗安装

1.一般规定

（1）钢门窗安装工程应符合施工图、设计说明及其他设计文件的要求。

（2）钢门窗安装工程分户验收应按每户住宅划分为一个检验批。当分户检验批具备验收条件时，可及时验收。除高层建筑的外窗，每户应抽查不得少于 3 樘，不足 3 樘时应全数检查；高层建筑的外窗，每户应抽查不得少于 6 樘，不足 6 樘时应全数检查。

（3）每户住宅钢门窗安装工程观感和使用功能质量应全数检查，并以房间为单位记录。

（4）实测实量内容宜按照本手册规定的检查部位、检查数量，确定检查点。当量取长度和高度尺寸时，确定实测值的基准值，记录在相应项目表格中第一个空格内，实测值或与基准值相减的差值在允许偏差范围内判为合格，当超出允许偏差时应在此实测值记录上画圈做出不合格记号，以便判断不合格点是否超出允许偏差 1.5 倍和不合格点率。实测值应全数记录。

（5）当每户住宅的主控项目的质量经检查全部合格，一般项目的合格点率达到 80%及以上，且不得有严重缺陷时（不合格项偏差小于允许偏差的 1.5 倍），该套住宅的本检验批质量判为合格。

（6）当不合格项偏差大于允许偏差 1.5 倍，或不合格点率超出 20%时，应整改重新验收，记录整改项目测量结果。

2.主控项目

（1）金属门窗的品种、类型、规格、尺寸、性能、开启方向、安装位置、连接方式应符合设计要求。

检验方法：观察；尺量检查。

（2）金属门窗框和副框的安装必须牢固。

检验方法：手扳检查。

（3）金属门窗扇必须安装牢固，并应开关灵活、关闭严密，无倒翘。

检验方法：观察；开启和关闭检查；手扳检查。

（4）金属门窗配件的型号、规格、数量应符合设计要求，安装应牢固，位置应正确，功能应满足使用要求。

检验方法：观察；开启和关闭检查；手扳检查。

3.一般项目

（1）金属门窗表面应洁净、平整、光滑、色泽一致，无锈蚀。大面应无划痕、碰伤。漆膜或保护层应连续。

检验方法：观察。

（2）金属门窗框与墙体之间的缝隙应填嵌饱满，并采用密封胶密封。密封胶表面应光滑、顺直，无裂纹。

检验方法：观察；轻敲门窗框检查。

（3）金属门窗扇的橡胶密封条或毛毡密封条应安装完好，不得脱槽。

检验方法：观察；开启和关闭检查。

（4）钢门窗安装的允许偏差和检验方法应符合表 1—14 的规定。

表 1—14　钢门窗安装的留缝限值、允许偏差和检验方法

项次	项目		留缝限值（mm）	允许偏差（mm）	检验方法
1	门窗槽口宽度、高度	≤1500mm	—	2.5	用钢尺检查
		＞1500mm	—	3.5	
2	门窗槽口对角线长度差	≤2000mm	—	5	用钢尺检查
		＞2000mm	—	6	
3	门窗框的正、侧面垂直度		—	3	用 1m 垂直检测尺检查
4	门窗横框的水平度		—	3	用 1m 水平尺和塞尺检查
5	门窗横框标高		—	5	用钢尺检查
6	门窗竖向偏离中心		—	4	用钢尺检查
7	双层门窗内外框间距		—	5	用钢尺检查
8	门窗框、扇配合间隙		≤2	—	用塞尺检查
9	无下框时门扇与地面间留缝		4~8	—	用塞尺检查

4.实测项目说明

钢门窗安装工程质量分户验收实测内容分别是：门窗槽口宽度、高度；门窗槽口对角线长度差；门窗框的正、侧面垂直度；门窗横框的水平度；门窗横框标高；门窗竖向偏离中心；双层门窗内外框间距；门窗框、扇配合间隙；无下框时门扇与地面间留缝。检查时，宜对分户验收抽查点分布图中规定的门窗，按照上述实测内容，使用相关测量工具，参照下列测量位置和数量进行检查，并全数记录。

（1）检查门窗槽口宽度时，使用钢尺等测量工具，在门窗槽口上下 300 位置，水平测量各 1 点；（计算基准值）

（2）检查门窗槽口高度时，使用钢尺等测量工具，在门窗槽口左右 200 位置，竖向测量各 1 点；（计算基准值）

（3）检查门窗槽口对角线长度差时，使用钢尺等测量工具，在门窗企口方向，

分别量取槽口对角线长度，两个方向长度测量分别记录。

（4）检查门窗框的正、侧面垂直度时，使用 1m 垂直检测尺等测量工具，在一侧门窗竖框中部的正、侧面，各测量 1 点；

（5）检查门窗横框的水平度时，使用 1m 水平尺和塞尺等测量工具，在上横框下口中部，测量 1 点；

（6）检查门窗横框标高时，可使用钢尺等测量工具，测量上横框下口距 50 厘米线高度尺寸，测量 1 点；

（7）检查门窗竖向偏离中心时，使用钢尺等测量工具，在每侧门窗竖框中部，测量门窗框两侧宽度各 1 点；

（8）检查双层门窗内外框间距时，使用钢尺等测量工具，在每侧门窗竖框中部，测量框间距各 1 点；

（9）检查门窗框、扇配合间隙时，使用塞尺等测量工具，在门窗框、扇配合间隙最大处，检查 1 点。

（10）检查无下框时门扇与地面间留缝时，使用塞尺等测量工具，在门扇与地面间最大缝隙处，检查 1 点。

六、涂色镀锌钢板门窗安装

1.一般规定

（1）涂色镀锌钢板门窗安装工程应符合施工图、设计说明及其他设计文件的要求。

（2）涂色镀锌钢板门窗安装工程分户验收应按每户住宅划分为一个检验批。当分户检验批具备验收条件时，可及时验收。除高层建筑的外窗，每户应抽查不得少于 3 樘，不足 3 樘时应全数检查；高层建筑的外窗，每户应抽查不得少于 6 樘，不足 6 樘时应全数检查。

（3）每户住宅涂色镀锌钢板门窗安装工程观感和使用功能质量应全数检查，并以房间为单位记录。

（4）实测实量内容宜按照本手册规定的检查部位、检查数量，确定检查点。当量取长度和高度尺寸时，确定实测值的基准值，记录在相应项目表格中第一个空格内，实测值或与基准值相减的差值在允许偏差范围内判为合格，当超出允许偏差时应在此实测值记录上画圈做出不合格记号，以便判断不合格点是否超出允许偏差 1.5 倍和不合格点率。实测值应全数记录。

（5）当每户住宅的主控项目的质量经检查全部合格，一般项目的合格点率达到 80%及以上，且不得有严重缺陷时（不合格项偏差小于允许偏差的 1.5 倍），该套住宅的本检验批质量判为合格。

（6）当不合格项允许偏差大于允许偏差 1.5 倍，或不合格点率超出 20%时，应整改并重新验收，记录整改项目测量结果。

2.主控项目

（1）金属门窗的品种、类型、规格、尺寸、性能、开启方向、安装位置、连接方式应符合设计要求。

检验方法：观察；尺量检查。

（2）金属门窗框和副框的安装必须牢固。

检验方法：手扳检查。

（3）金属门窗扇必须安装牢固，并应开关灵活、关闭严密，无倒翘。

检验方法：观察；开启和关闭检查；手扳检查。

（4）金属门窗配件的型号、规格、数量应符合设计要求，安装应牢固，位置应正确，功能应满足使用要求。

检验方法：观察；开启和关闭检查；手扳检查 。

3.一般项目

（1）金属门窗表面应洁净、平整、光滑、色泽一致，无锈蚀。大面应无划痕、碰伤。漆膜或保护层应连续。

检验方法：观察。

（2）金属门窗框与墙体之间的缝隙应填嵌饱满，并采用密封胶密封。密封胶表面应光滑、顺直，无裂纹。

检验方法：观察；轻敲门窗框检查。

（3）金属门窗扇的橡胶密封条或毛毡密封条应安装完好，不得脱槽。

检验方法：观察；开启和关闭检查。

（4）涂色镀锌钢板门窗安装的允许偏差和检验方法应符合表 1—15 的规定。

表 1—15　涂色镀锌钢板门窗安装的允许偏差和检验方法

项次	项目		允许偏差（mm）	检验方法
1	门窗槽口宽度、高度	≤1500mm	2	用钢尺检查
		＞1500mm	3	
2	门窗槽口对角线长度差	≤2000mm	4	用钢尺检查
		＞2000mm	5	
3	门窗框的正、侧面垂直度		3	用垂直检测尺检查
4	门窗横框的水平度		3	用 1m 水平尺和塞尺检查
5	门窗横框标高		5	用钢尺检查
6	门窗竖向偏离中心		5	用钢尺检查
7	双层门窗内外框间距		4	用钢尺检查
8	推拉门窗扇与框搭接量		2	用钢直尺检查

4.实测项目说明

涂色镀锌钢板门窗安装工程质量分户验收实测内容分别是：门窗槽口宽度、高度；门窗槽口对角线长度差；门窗框的正、侧面垂直度；门窗横框的水平度；门窗横框标高；门窗竖向偏离中心；双层门窗内外框间距；推拉门窗扇与框搭接量。检查时，宜对分户验收抽查点分布图中规定的门窗，按照上述实测内容，使用相关测量工具，参照下列测量位置和数量进行检查，并全数记录。

（1）检查门窗槽口宽度时，使用钢尺等测量工具，在门窗槽口上下 300 位置，水平测量各 1 点；

（2）检查门窗槽口高度时，使用钢尺等测量工具，在门窗槽口左右 200 位置，竖向测量各 1 点；

（3）检查门窗槽口对角线长度差时，使用钢尺等测量工具，在门窗企口方向，分别量取槽口对角线长度，两个方向长度分别记录。

（4）检查门窗框的正、侧面垂直度时，使用 1m 垂直检测尺等测量工具，在一侧门窗竖框中部的正、侧面，各测量 1 点；

（5）检查门窗横框的水平度时，使用 1m 水平尺和塞尺等测量工具，在上横框下口中部，测量 1 点；

（6）检查门窗横框标高时，使用钢尺等测量工具，测量上横框下口距 50 厘米线高度尺寸，测量 1 点；

（7）检查门窗竖向偏离中心时，使用钢尺等测量工具，在每侧门窗竖框中部，测量门窗框两侧宽度各 1 点；

（8）检查双层门窗内外框间距时，使用钢尺等测量工具，在每侧门窗竖框中部，测量框间距各 1 点；

（9）检查推拉门窗扇与框搭接量时，使用钢直尺等测量工具，在门窗扇与框搭接处，测量 1 点。

七、门窗玻璃安装

1.一般规定

（1）门窗玻璃安装工程验收时应检查施工图、及其他设计文件。

（2）门窗玻璃安装工程分户验收应按每户住宅划分为一个检验批。当分户检验批具备验收条件时，可及时验收。除高层建筑的外窗，每户应抽查不得少于 3 樘，不足 3 樘时应全数检查；高层建筑的外窗，每户应抽查不得少于 6 樘，不足 6 樘时应全数检查。

（3）门窗玻璃安装工程观感和使用功能质量应全数检查，并以房间为单位记录。

（4）实测值在允许偏差范围内判为合格，当超出允许偏差时应在此实测值记录上画圈做出不合格记号，以便判断不合格点是否超出允许偏差 1.5 倍和不合格点率。实测值应全数记录。

（5）当每户住宅的主控项目的质量经检查全部合格，一般项目的合格点率达到 80%及以上，且不得有严重缺陷时，该套住宅的本检验批质量判为合格。

（6）当不合格点率超出 20%时，应整改并重新验收，记录整改项目测量结果 。

2.主控项目

（1）玻璃的品种、规格、尺寸、色彩、图案和涂膜朝向应符合设计要求。单块玻璃大于 1.5m^2 时应使用安全玻璃。

检验方法：观察。

（2）门窗玻璃裁割尺寸应正确。安装后的玻璃应牢固，不得有裂纹、损伤和松动。

检验方法：观察；轻敲检查。

（3）镶钉木压条接触玻璃处，应与裁口边缘平齐。木压条应互相紧密连接，并与裁口边缘紧贴，割角应整齐。

检验方法：观察。

（4）密封条与玻璃、玻璃槽口的接触应紧密、平整。密封胶与玻璃、玻璃槽口的边缘应粘结牢固、接缝平齐。

检验方法：观察。

（5）带密封条的玻璃压条，其密封条必须与玻璃全部贴紧，压条与型材之间应无明显缝隙，压条接缝应不大于 0.5mm。

检验方法：观察；尺量检查。

3.一般项目

（1）玻璃表面应洁净，不得有腻子、密封胶、涂料等污渍。中空玻璃内外表面均应洁净，玻璃中空层内不得有灰尘和水蒸气。

检验方法：观察。

（2）门窗玻璃不应直接接触型材。单面镀膜玻璃的镀膜层及磨砂玻璃的磨砂面应朝向室内。中空玻璃的单面镀膜玻璃应在最外层，镀膜层应朝向室内。

检验方法：观察。

（3）腻子应填抹饱满、粘结牢固；腻子边缘与裁口应平齐。固定玻璃的卡子不应在腻子表面显露。

检验方法：观察。

八、墙面一般抹灰

1.一般规定

（1）一般抹灰工程验收时应符合施工图、设计说明及其他设计文件的要求。

（2）一般抹灰工程分户验收应按每户住宅划分为一个检验批。当分户检验批具备验收条件时，可及时验收。每户应抽查不得少于 3 间，不足 3 间时应全数检查。

（3）每户住宅一般抹灰工程观感和使用功能质量应全数检查，并以房间为单位记录。

（4）实测实量内容宜按照本手册规定的检查部位、检查数量，确定检查点，实测值在允许偏差范围内判为合格，当超出允许偏差时应在此实测值记录上画圈做出不合格记号，以便判断不合格点是否超出允许偏差 1.5 倍和不合格点率。实测值应全数记录。

（5）当每户住宅的主控项目的质量经检查全部合格，一般项目的合格点率达到80%及以上，且不得有严重缺陷时（不合格项偏差小于允许偏差的1.5倍），该套住宅的本检验批质量判为合格。

（6）当不合格项允许偏差大于允许偏差1.5倍，或不合格点率超出20%时，应整改并重新验收，记录整改项目测量结果 。

2.主控项目

抹灰层与基层之间及各抹灰层之间必须粘结牢固，抹灰层应无脱层、空鼓，面层应无爆灰和裂缝。

检验方法：观察；用小锤轻击检查。

3.一般项目

（1）一般抹灰工程的表面质量应符合下列规定：

1）普通抹灰表面应光滑、洁净、接槎平整，分格缝应清晰。

2）高级抹灰表面应光滑、洁净、颜色均匀、无抹纹，分格缝和灰线应清晰美观。

检验方法：观察；手摸检查。

（2）护角、孔洞、槽、盒周围的抹灰表面应整齐、光滑；管道后面的抹灰表面应平整。

检验方法：观察。

（3）一般抹灰工程质量的允许偏差和检验方法应符合表1—16规定。

表1—16 一般抹灰的允许偏差和检验方法

项次	项目	允许偏差（mm）		检验方法
		普通抹灰	高级抹灰	
1	立面垂直度	4	3	用2m垂直检测尺检查
2	表面平整度	4	3	用2m靠尺和塞尺检查
3	阴阳角方正	4	3	用直角检测尺检查
4	分格条（缝）直线度	4	3	拉5m线，不足5m拉通线，用钢直尺检查
5	墙裙、勒脚上口直线度	4	3	拉5m线，不足5m拉通线，用钢直尺检查

注：1）普通抹灰，本表第3项阴角方正可不检查；

2)顶棚抹灰，本表第2项表面平整度可不检查，但应平顺。

4.实测项目说明

一般抹灰工程质量分户验收实测内容分别是：立面垂直度、表面平整度、阴阳角方正、墙裙、勒脚上口直线度。检查时，宜在分户验收抽查点分布图中规定的房间，按照上述实测内容，使用相关测量工具，参照下列测量位置和数量，对墙体一般抹灰实测内容进行检查，并实数记录。

（1）检查立面垂直度时，使用 2m 垂直检测尺等测量工具，对房间每面墙体进行测量，测量点宜设置在距墙角水平距离 500，距地 300 位置且每面墙不少于 1 点。

（2）检查表面平整度时，使用 2m 靠尺和塞尺等测量工具，对房间每面墙体进行测量，测量点宜设在墙面中心区域，按横竖方向测量，且各不少于 1 点。

（3）检查普通抹灰阳角和高级抹灰的阴阳角方正时，使用边长为 20 厘米的直角检测尺等测量工具，对房间每个阳角及阴角进行测量，测量点宜设在墙角距地高 1 米处，且不少于 1 点。

（4）检查墙裙上口直线度时，采用拉 5m 线，不足 5m 拉通线，使用钢直尺等有关测量工具，对房间每面墙体墙裙上口处进行测量，测量点不少于 1 点。

九、水性涂料涂饰

1.一般规定

（1）水性涂饰检验批项目应符合施工图、设计说明及其他设计文件的要求。

（2）水性涂饰工程分户验收应按每户住宅划分为一个检验批。当分户检验批具备验收条件时，可及时验收。每户应抽查不得少于 3 间，不足 3 间时应全数检查。

（3）每户住宅水性涂料涂饰工程观感和使用功能质量应全数检查，并以房间为单位记录。

（4）当每户住宅的主控项目的质量经检查全部合格，一般项目的合格点率达到 80%及以上，且不得有严重缺陷时，该套住宅的本检验批质量判为合格。

（5）当不合格点率超出 20%时，应整改并重新验收，记录整改项目测量结果 。

（6）水性涂料基层的表面平整、立面垂直、阴阳角垂直、阴阳角方正等质量应符合相应抹灰基层的国家及北京市质量验收标准。

2.主控项目

（1）水性涂料涂饰工程的颜色、图案应符合设计要求。

检验方法：观察。

（2）水性涂料涂饰工程应涂饰均匀、粘结牢固，不得漏涂、透底、起皮和掉粉。

检验方法：观察；手摸检查。

（3）水性涂料涂饰工程的基层腻子应平整、坚实、牢固、无粉化、起皮和裂缝。

检验方法：观察；手摸检查。

3.一般项目

（1）涂层与其他装修材料和设备衔接处应吻合，界面应清晰。

检查方法：观察

（2）薄涂料、厚涂料、复层涂饰的涂饰质量和检验方法应符合表 1—17 的规定。

表 1—17 薄涂料的涂饰质量和检验方法

项次	项目	普通涂饰	高级涂饰	检验方法
1	颜色	均匀一致	均匀一致	观察
2	泛碱、咬色	允许少量轻微	不允许	
3	流坠、疙瘩	允许少量轻微	不允许	
4	砂眼、刷纹	允许少量轻微砂眼、刷纹通顺	无砂眼、无刷纹	
5	装饰线、分色线直线度允许偏差（mm）	2	1	拉 5m 线，不足 5m 拉通线，用钢直尺检查

表 1—18 厚涂料的涂饰质量和检验方法

项次	项目	普通涂饰	高级涂饰	检验方法
1	颜色	均匀一致	均匀一致	观察
2	泛碱、咬色	允许少量轻微	不允许	
3	点状分布	—	疏密均匀	

表 1—19 复层涂料的涂饰质量和检验方法

项次	项目	质量要求	检验方法
1	颜色	均匀一致	观察
2	泛碱、咬色	不允许	
3	喷点疏密程度	均匀，不允许连片	

4.实测项目说明

（1）水性涂料涂饰工程质量分户验收实测内容，主要是装饰线、分色线直线度检查，上述实测内容应在分户验收抽查点分布图中规定的房间内进行。

（2）检查装饰线、分色线直线度时，拉 5m 线，不足 5m 拉通线，使用钢直尺等测量工具，对每面墙测量且不少于 1 点 。

十、地面水泥混凝土面层

1.一般规定

（1）水泥混凝土面层工程验收时应符合施工图、设计说明及其他设计文件的要求。

（2）水泥混凝土面层分户验收应按每户住宅划分为一个检验批。当分户检验批具备验收条件时，可及时验收。每户应抽查不得少于 3 间，不足 3 间时应全数检查。

（3）每户住宅水泥混凝土面层观感和使用功能质量应全数检查，并以房间为单位记录。

（4）实测实量内容宜按照本手册规定的检查部位、检查数量，确定检查点，实测值在允许偏差范围内判为合格，当超出允许偏差时应在此实测值记录上画圈做出不合格记号，以便判断不合格点是否超出允许偏差 1.5 倍和不合格点率。实测值应全数记录。

（5）当每户住宅的主控项目的质量经检查全部合格，一般项目的合格点率达到 80%及以上，且不得有严重缺陷时（不合格项偏差小于允许偏差的 1.5 倍），该套住宅的本检验批质量判为合格。

（6）当不合格项允许偏差大于允许偏差 1.5 倍，或不合格点率超出 20%时，应整改并重新验收，记录整改项目测量结果 。

2.主控项目

面层与下一层应结合牢固，无空鼓、裂纹。

检验方法：用小锤轻击检查。

注：空鼓面积不应大于 400cm^2，且每自然间（标准间）不多于 2 处可不计。

3.一般项目

（1）面层表面不应有裂纹、脱皮、麻面、起砂等缺陷。

检验方法：观察检查。

（2）面层表面的坡度应符合设计要求，不得有倒泛水和积水现象。

检验方法：观察和采用泼水或用坡度尺检查。

（3）水泥砂浆踢脚线与墙面应紧密结合，高度一致，出墙厚度均匀。

检验方法：用小锤轻击、钢尺和观察检查。

注：局部空鼓长度不应大于 300mm，且每自然间（标准间）不多于 2 处可不计。

（4）楼梯踏步的宽度、高度应符合设计要求。楼层梯段相邻踏步高度差不应大于 10mm，每踏步两端宽度差不应大于 10mm；旋转楼梯梯段的每踏步两端宽度的允许偏差为 5mm。楼梯踏步的齿角应整齐，防滑条应顺直。

检验方法：观察和钢尺检查。

（5）水泥混凝土面层的允许偏差和齿角应整齐，防滑条应顺直。

检验方法：观察和钢尺检查。

（6）水泥混凝土面层的允许偏差和检验方法应符合表 1—20 的规定。

表 1—20　整体面层的允许偏差和检验方法

项次	项目	允许偏差（mm）									检验方法
		水泥混凝土面层	水泥砂浆面层	普通水磨石面层	高级水磨石面层	硬化耐磨面层	防油渗混凝土和不发火（防爆）面层	自流平面层	涂料面层	塑胶面层	
1	表面平整度	5	4	3	2	4	5	2	2	2	用 2m 靠尺和楔形塞尺检查
2	踢脚线上口平直	4	4	3	3	4	4	3	3	3	拉 5m 线和用钢尺检查
3	缝格顺直	3	3	3	2	3	3	2	2	2	

4.实测项目说明

水泥混凝土面层分户质量验收实测内容分别是：表面平整度、踢脚线上口平直、相邻踏步高度差、踏步两端宽度差、旋转楼梯踏步两端宽度。检查时，宜在分户验收抽查点分布图中规定的房间，按照上述实测内容，使用相关测量工具，参照下列测量位置和数量，对水泥混凝土面层实测内容进行检查，并全数记录。

（1）检查表面平整度时，使用 2m 靠尺板和楔形塞尺等测量工具，测量点宜设在房间地面中心区域，按纵横方向测量，且各不少于 1 点。

（2）检查踢脚线上口平直时，采用拉 5m 线和用钢尺等测量工具，对每面墙踢脚线上口处进行测量，且不少于 1 点。

（3）检查相邻踏步高度差时，宜对每跑楼梯上下端踏步高度差进行观察，并使用钢尺测量，且测量点不少于 2 点。

（4）检查踏步两端宽度差时，宜对每跑楼梯上下端踏步宽度差进行观察，并使用钢尺测量，且测量点不少于 2 点。

（5）检查旋转楼梯段踏步两端宽度时，宜对每跑旋转楼梯段踏步两端宽度进行观察，并使用钢尺测量，检查点不少于 2 点。

十一、地面水泥砂浆面层

1.一般规定

（1）水泥砂浆面层工程验收时应符合施工图、设计说明及其他设计文件的要求。

（2）水泥砂浆面层分户验收应按每户住宅划分为一个检验批。当分户检验批具备验收条件时，可及时验收。每户应抽查不得少于 3 间，不足 3 间时应全数检查。

（3）每户住宅水泥砂浆面层观感和使用功能质量应全数检查，并以房间为单位记录。

（4）实测实量内容宜按照本手册规定的检查部位、检查数量，确定检查点。实测值在允许偏差范围内判为合格，当超出允许偏差时应在此实测值记录上画圈做出不合格记号，以便判断不合格点是否超出允许偏差 1.5 倍和不合格点率。实测值应全数记录。

（5）当每户住宅的主控项目的质量经检查全部合格，一般项目的合格点率达到 80%及以上，且不得有严重缺陷时（不合格项偏差小于允许偏差的 1.5 倍），该套住宅的本检验批质量判为合格。

（6）当不合格项允许偏差大于允许偏差 1.5 倍，或不合格点率超出 20%时，应整改并重新验收，记录整改项目测量结果。

2. 主控项目

面层与下一层应结合牢固，无空鼓、裂纹。

检验方法：用小锤轻击检查。

注：空鼓面积不应大于 400cm^2，且每自然间（标准间）不多于 2 处可不计。

3.一般项目

（1）面层表面的坡度应符合设计要求，不得有倒泛水和积水现象。

检验方法：观察和采用泼水或坡度尺检查。

（2）面层表面应洁净，无裂纹、脱皮、麻面、起砂等缺陷。

检验方法：观察检查。

（3）踢脚线与墙面应紧密结合，高度一致，出墙厚度均匀。

检验方法：用小锤轻击和观察检查。

注：局部空鼓长度不应大于 300mm，且每自然间（标准间）不多于 2 处可不计。

（4）楼梯踏步的宽度、高度应符合设计要求。楼梯踏步的齿角应整齐，防滑条应顺直。

检验方法：观察。

（5）水泥砂浆面层的允许偏差应符合表 1—21 的规定。

4.实测项目说明

水泥砂浆面层分户质量验收实测内容分别是：表面平整度、踢脚线上口平直、旋转楼梯踏步两端宽度。检查时，宜在分户验收抽查点分布图中规定的房间，按照上述实测内容，使用相关测量工具，参照下列测量位置和数量，对水泥砂浆面层实测内容进行检查，并全数记录。

（1）检查表面平整度时，使用 2m 靠尺板和楔形塞尺等测量工具，测量点宜设在房间地面中心区域，按纵横方向测量，且各不少于 1 点。

（2）检查踢脚线上口平直时，采用拉 5m 线和用钢尺等测量工具，对每面墙踢脚线上口处进行测量，且不少于 1 点。

（3）检查相邻踏步高度差时，宜对每跑楼梯上下端踏步高度差进行观察，并使用钢尺测量，且测量点不少于 2 点。

（4）检查踏步两端宽度差时，宜对每跑楼梯上下端踏步宽度差进行观察，并使用钢尺测量，且测量点不少于2点。

（5）检查旋转楼梯段踏步两端宽度时，宜对每跑旋转楼梯段踏步两端宽度进行观察，并使用钢尺测量，检查点不少于2点。

十二、溶剂型涂料涂饰

1.一般规定

（1）溶剂型涂饰工程应符合施工图、设计说明及其他设计文件的要求。

（2）溶剂型涂饰工程分户验收应按每户住宅划分为一个检验批。当分户检验批具备验收条件时，可及时验收。每户应抽查不得少于3间；不足3间时应全数检查。

（3）每户住宅溶剂型涂料涂饰工程观感和使用功能质量应全数检查，并以房间为单位检查记录。

（4）实测实量内容宜按照本手册规定的检查部位、检查数量，确定检查点。实测值在允许偏差范围内判为合格，当超出允许偏差时应在此实测值记录上画圈做出不合格记号，以便判断不合格点是否超出允许偏差1.5倍和不合格点率。实测值应全数记录。

（5）当每户住宅的主控项目的质量经检查全部合格，一般项目的合格点率达到80%及以上，且不得有严重缺陷时（不合格项偏差小于允许偏差的1.5倍），该套住宅的本检验批质量判为合格。

（6）当不合格项允许偏差大于允许偏差1.5倍，或不合格点率超出20%时，应整改并重新验收，记录整改项目测量结果。

2.主控项目

（1）溶剂型涂料涂饰工程的颜色、光泽、图案应符合设计要求。

检验方法：观察。

（2）溶剂型涂料涂饰工程应涂饰均匀、粘结牢固，不得漏涂、透底、起皮和反锈。

检验方法：观察；手摸检查。

（3）溶剂型涂料涂饰工程的基层腻子应平整、坚实、牢固、无粉化、起皮和裂缝。

检验方法：观察；手摸检查；检查施工记录。

3.一般项目

（1）涂层与其他装修材料和设备衔接处应吻合，界面应清晰。

检查方法：观察

（2）色漆、清漆的涂饰质量和检验方法应符合表1—21的规定。

表 1—21　色漆的涂饰质量和检验方法

项次	项目	普通涂饰	高级涂饰	检验方法
1	颜色	均匀一致	均匀一致	观察
2	光泽、光滑	光泽基本均匀光滑无挡手感	光泽均匀一致光滑	观察、手摸检查
3	刷纹	刷纹通顺	无刷纹	观察
4	裹棱、流坠、皱皮	明显处不允许	不允许	观察
5	装饰线、分色线直线度允许偏差（mm）	2	1	拉 5m 线，不足 5m 拉通线，用钢直尺检查

注：无光色漆不检查光泽。

表 1—22　清漆的涂饰质量和检验方法

项次	项目	普通涂饰	高级涂饰	检验方法
1	颜色	基本一致	均匀一致	观察
2	木纹	棕眼刮平、木纹清楚	棕眼刮平、木纹清楚	观察
3	光泽、光滑	光泽基本均匀光滑无挡手感	光泽均匀一致光滑	观察、手摸检查
4	刷纹	无刷纹	无刷纹	观察
5	裹棱、流坠、皱皮	明显处不允许	不允许	观察

4.实测项目说明

（1）溶剂型涂料涂饰工程质量分户验收实测内容，主要是装饰线、分色线直线度检查，上述实测内容应在分户验收抽查点分布图中规定的房间内进行。

（2）检查装饰线、分色线直线度时，采取拉 5m 线，不足 5m 拉通线，使用钢直尺等测量工具，对每面墙测量不少于 1 点。

十三、墙面饰面砖粘贴

1.一般规定

（1）饰面砖粘贴工程应符合施工图、设计说明及其他设计文件的要求。

（2）饰面砖粘贴工程分户验收应按每户住宅划分为一个检验批。当分户检验批具备验收条件时，可及时验收。每户应抽查不得少于 3 间,不足 3 间时应全数检查。

（3）每户住宅饰面砖粘贴工程观感和使用功能质量应全数检查，并以房间为单位记录。

（4）实测实量内容宜按照本手册规定的检查部位、检查数量，确定检查点。当量取长度和高度尺寸时，确定实测值的基准值，记录在相应项目表格中第一个空格内，实测值或与基准值相减的差值在允许偏差范围内判为合格，当超出允许偏差时应在此实测值记录上画圈做出不合格记号，以便判断不合格点是否超出允许偏差 1.5 倍和不合格点率。实测值应全数记录。

（5）当每户住宅的主控项目的质量经检查全部合格，一般项目的合格点率达到 80%及以上，且不得有严重缺陷时（不合格项偏差小于允许偏差的 1.5 倍），该套住宅的本检验批质量判为合格。

（6）当不合格项允许偏差大于允许偏差 1.5 倍，或不合格点率超出 20%时，应整改并重新验收，记录整改项目测量结果。

2.主控项目

（1）饰面砖的品种、规格、图案、颜色应符合设计要求。

检验方法：观察 。

（2）满粘法施工的饰面砖工程应无空鼓、裂缝。

检验方法：观察；用小锤轻击检查。

3.一般项目

（1）饰面砖表面应平整、洁净、色泽一致，无裂痕和缺损。

检验方法：观察。

（2）阴阳角处搭接方式、非整砖使用部位应符合设计要求。

检验方法：观察。

（3）墙面突出物周围的饰面砖应整砖套割吻合，边缘应整齐。墙裙、贴脸突出墙面的厚度应一致。

检验方法：观察；尺量检查。

（4）饰面砖接缝应平直、光滑，填嵌应连续、密实；宽度和深度应符合设计要求。

检验方法：观察；尺量检查。

（5）有排水要求的部位应做滴水线（槽）。滴水线（槽）应顺直，流水坡向应正确，坡度应符合设计要求。

检验方法：观察；用水平尺检查。

（6）饰面砖粘贴的允许偏差和检验方法应符合表 1—23 的规定。

表 1—23 饰面砖粘贴的允许偏差和检验方法

项次	项目	允许偏差（mm）		检验方法
		外墙面砖	内墙面砖	
1	立面垂直度	3	2	用 2m 垂直检测尺检查
2	表面平整度	4	3	用 2m 靠尺和塞尺检查
3	阴阳角方正	3	3	用直角检测尺检查
4	接缝直线度	3	2	拉 5m 线，不足 5m 拉通线，用钢直尺检查
5	接缝高低差	1	0.5	用钢直尺和塞尺检查
6	接缝宽度	1	1	用钢直尺检查

4.实测项目说明

饰面砖粘贴工程实测内容分别是：立面垂直度、表面平整度、阴阳角方正、接缝直线度、接缝高低差、接缝宽度。检查时，宜在分户验收抽查点分布图中规定的房间，按照上述实测内容，使用相关测量工具，参照下列测量位置和数量，对饰面砖粘贴实测内容进行检查，并全数记录。

（1）检查饰面砖立面垂直度时，使用2m垂直检测尺检查等测量工具，对房间每面墙体进行测量，测量点宜设置在距墙角水平距离500距地300位置，且每面墙不少于1点。

（2）检查饰面砖立面表面平整度时，使用2m靠尺和塞尺等测量工具，对房间每面墙体进行测量，测量点宜设在墙面中间区域，按横竖方向测量，且各不少于1点，记录最大值。

（3）检查饰面砖阴阳角方正时，使用边长为20厘米的直角检测尺等测量工具，对房间每个阴阳角进行测量，测量点宜设在墙角距地高1米处，且不少于1点。

（4）检查饰面砖接缝直线度时，采取拉5m线，不足5m拉通线，用钢直尺等测量工具，对房间每面墙进行测量。测量点宜设在墙面中间区域，按横竖方向测量，且各不少于1点，记录最大值。

（5）检查饰面砖接缝高低差时，使用钢直尺和塞尺等有关测量工具，对房间每面墙进行测量，测量点宜设在墙面中间区域，按横竖方向测量，且各不少于1点，记录最大值。

（6）检查饰面砖接缝宽度时，使用钢直尺等有关测量工具，对房间每面墙体进行测量，测量点宜设在墙面中间区域，按横竖方向测量，且各不少于1点，记录最大值。

十四、裱糊

1.一般规定

（1）裱糊工程应符合施工图、设计说明及其他设计文件的要求。

（2）裱糊工程分户验收应按每户住宅划分为一个检验批。当分户检验批具备验收条件时，可及时验收。每户应抽查不得少于3间，不足3间时应全数检查。

（3）每户住宅裱糊工程观感和使用功能质量应全数检查，并以房间为单位记录。

（4）当每户住宅的主控项目的质量经检查全部合格，一般项目的合格点率达到80%及以上，且不得有严重缺陷时，该套住宅的本检验批质量判为合格。

（5）当不合格点率超出20%时，应整改并重新验收，记录整改项目测量结果。

（6）基层表面平整度、立面垂直度及阴阳角方正均不得超出3mm。

2.主控项目

（1）壁纸、墙布的种类、规格、图案、颜色必须符合设计要求。

检验方法：观察

（2）裱糊工程基层腻子应平整、坚实、牢固，无粉化、起皮和裂缝。

检验方法：观察；手摸检查。

（3）裱糊后各幅拼接应横平竖直，拼接处花纹、图案应吻合，不离缝，不搭接，不显拼缝。

检验方法：观察；拼缝检查距离墙面１．５ｍ处正视。

（4）壁纸、墙布应粘贴牢固，不得有漏贴、补贴、脱层、空鼓和翘边。

检验方法：观察；手摸检查。

3.一般项目

（1）裱糊后的壁纸、墙布表面应平整，色泽应一致，不得有波纹起伏、气泡、裂缝、皱折及斑污，斜视时应无胶痕。

检验方法：观察；手摸检查。

（2）复合压花壁纸的压痕及发泡壁纸的发泡层应无损坏。

检验方法：观察。

（3）壁纸、墙布与各种装饰线、设备线盒应交接严密。

检验方法：观察。

（4）壁纸、墙布边缘应平直整齐，不得有纸毛、飞刺。

检验方法：观察。

（5）壁纸、墙布阴角处搭接应顺光，阳角处应无接缝。

检验方法：观察。

十五、地面砖面层

1.一般规定

（1）砖面层铺设应符合设计要求，当设计无要求时，宜避免出现砖块小于 1/4 边长的边角料。

（2）砖面层分户验收应按每户住宅划分为一个检验批。当分户检验批具备验收条件时，可及时验收。每户应抽查不得少于 3 间，不足 3 间时应全数检查。

（3）每户住宅砖面层观感和使用功能质量应全数检查，并以房间为单位记录。

（4）实测实量内容宜按照本手册规定的检查部位、检查数量，确定检查点。当量取宽度尺寸时，确定实测值的基准值，记录在相应项目表格中第一个空格内，实测值或与基准值相减的差值在允许偏差范围内判为合格，当超出允许偏差时应在此实测值记录上画圈做出不合格记号，以便判断不合格点是否超出允许偏差 1.5 倍和不合格点率。实测值应全数记录。

（5）当每户住宅的主控项目的质量经检查全部合格，一般项目的合格点率达到 80%及以上，且不得有严重缺陷时（不合格项偏差小于允许偏差的 1.5 倍），该套住宅的本检验批质量判为合格。

（6）当不合格项允许偏差大于允许偏差 1.5 倍，或不合格点率超出 20%时，应整改并重新验收，记录整改项目测量结果。

2.主控项目

（1）面层所用的板块的品种、质量必须符合设计要求。

检验方法：观察检查。

（2）面层与下一层的结合（粘结）应牢固，无空鼓。

检验方法：用小锤轻击检查。

注：凡单块砖边角有局部空鼓，且每自然间（标准间）不超过总数的 5 %可不计。

3.一般项目

（1）砖面层的表面应洁净、图案清晰，色泽一致，接缝平整，深浅一致，周边顺直。板块无裂纹、掉角和缺楞等缺陷。

检验方法：观察检查。

（2）面层邻接处的镶边用料及尺寸应符合设计要求，边角整齐、光滑。

检验方法：观察检查。

（3）踢脚线表面应洁净、高度一致、结合牢固、出墙厚度一致。

检验方法：观察和用小锤轻击及钢尺检查。

（4）楼梯踏步和台阶板块的缝隙宽度应一致、齿角整齐；楼层防滑条顺直。

检验方法：观察检查。

（5）面层表面的坡度应符合设计要求，不倒泛水、无积水；与地漏、管道结合处应严密牢固，无渗漏。

检验方法：观察、泼水或坡度尺及蓄水检查。

（6）砖面层的允许偏差应符合表 1—24 的规定。

4.实测项目说明

砖面层分户质量验收实测内容分别是：表面平整度、缝格平直、接缝高低差、踢脚线上口平直、板块间隙宽度。检查时，宜在分户验收抽查点分布图中规定房间，按照上述实测内容，使用相关测量工具，参照下列测量位置和数量，对砖面层实测内容进行检查并全数记录。

（1）检查表面平整度时，使用 2m 靠尺板和楔形塞尺等测量工具，测量点宜设在房间地面中心区域，按纵横方向测量，且各不少于 1 点，记录最大值。

（2）检查缝格平直时，采用拉 5m 线、不足 5m 拉通线，使用钢直尺等测量两工具，测量点宜设在房间地面中心区域，按纵横个方向测量，且各不少于 1 点，记录最大值。

表1—24 板、块面层的允许偏差和检验方法

项次	项目	允许偏差（mm）											检验方法
		陶瓷棉砖面层、高级水磨石板、陶瓷地砖面层	缸砖面层	水泥花砖面层	水磨石板块面层	大理石面层、花岗石面层、人造石面层、金属板面层	塑料板面层	水泥混凝土板块面层	碎拼大理石、碎拼花岗石面层	活动地板面层	条石面层	块石面层	
1	表面平整度	2.0	4.0	3.0	3.0	1.0	2.0	4.0	3.0	2.0	10	10	用2m靠尺和楔形塞尺检查
2	缝格平直	3.0	3.0	3.0	3.0	2.0	3.0	3.0	—	2.5	8.0	8.0	拉5m线和用钢尺检查
3	接缝高低差	0.5	1.5	0.5	1.0	0.5	0.5	1.5	—	0.4	2.0	—	用钢尺和楔形塞尺检查
4	踢脚线上口平直	3.0	4.0	—	4.0	1.0	2.0	4.0	1.0	—	—	—	拉5m线和用钢尺检查
5	板块间隙宽度	2.0	2.0	2.0	2.0	1.0	—	6.0	—	0.3	5.0	—	用钢尺检查

（3）检查接缝高低差时，使用钢直尺和塞尺等测量工具，测量点宜设在房间地面中心区域，按纵横两个方向测量，且各不少于1点，记录最大值。

（4）检查踢脚线上口平直时，采用拉5m线和用钢尺等测量工具，对每面墙脚线上口处进行测量，且不少于1点。

（5）检查板块间隙宽度检查时，使用钢直尺等有关测量工具，测量点宜设在房间地面中心区域，按横纵方向测量，且不少于1点。（确定基准值）

十六、地面大理石和花岗石面层

1.一般规定

（1）大理石和花岗石面层工程应符合施工图、设计说明及其他设计文件的要求。

（2）大理石和花岗石面层工程分户验收应按每户住宅划分为一个检验批。当分户检验批具备验收条件时，可及时验收。每户应抽查不得少于3间，不足3间时应

全数检查。

（3）每户住宅大理石和花岗石面层工程观感和使用功能质量应全数检查，并以房间为单位记录。

（4）实测实量内容宜按照本手册规定的检查部位、检查数量，确定检查点。当量取宽度尺寸时，确定实测值的基准值，记录在相应项目表格中第一个空格内，实测值或与基准值相减的差值在允许偏差范围内判为合格，当超出允许偏差时应在此实测值记录上画圈做出不合格记号，以便判断不合格点是否超出允许偏差 1.5 倍和不合格点率。实测值应全数记录。

（5）当每户住宅的主控项目的质量经检查全部合格，一般项目的合格点率达到 80%及以上，且不得有严重缺陷时（不合格项偏差小于允许偏差的 1.5 倍），该套住宅的本检验批质量判为合格。

（6）当不合格项允许偏差大于允许偏差 1.5 倍，或不合格点率超出 20%时，应整改并重新验收，记录整改项目测量结果。

2.主控项目

（1）大理石、花岗石面层所用板块的品种、质量应符合设计要求。

检验方法：观察 。

（2）面层与下一层应结合牢固，无空鼓（凡单块板块边角有局部空鼓，且每自然间（标准间）不超过总数的 5%可不计）。

检验方法：用小锤轻击检查。

3.一般项目

（1）大理石、花岗石面层的表面应洁净、平整、无磨痕，且应图案清晰、色泽一致、接缝均匀、周边顺直、镶嵌正确、板块无裂纹、掉角、缺楞等缺陷。

检验方法：观察。

（2）踢脚线表面应洁净，高度一致、结合牢固、出墙厚度一致。

检验方法：观察和用小锤轻击及钢尺检查。

（3）楼梯踏步和台阶板块的缝隙宽度应一致、齿角整齐，楼层梯段相邻踏步高度差不应大于 10mm，防滑条应顺直、牢固。

检验方法：观察和用钢尺检查。

（4）面层表面的坡度应符合设计要求，不倒泛水、无积水；与地漏、管道结合处应严密牢固，无渗漏。

检验方法：观察、泼水或坡度尺及蓄水检查。

（5）大理石和花岗石面层（或碎拼大理石、碎拼花岗石）的允许偏差和检验方法应符合表 1—25 的规定。

4.实测项目说明

大理石和花岗石面层工程质量分户验收实测内容分别是：面层表面平整度、缝格平直度、板块间隙宽度、接缝高低差、踢脚线上口平直度。检查时，宜在分户验收抽查点分布图中规定的房间，按照上述实测内容，使用相关工具，参照下列测量位置和数量，对大理石和花岗石面层实测内容进行检查，并全数记录。

（1）检查表面平整度时，使用2m靠尺板和楔形塞尺等测量工具，测量点宜设在房间地面中心区域，按横纵方向测量，且各不少于点。

（2）检查缝格平直时，采用拉5m线、不足5m拉通线，使用钢直尺等测量工具，测量点宜设在房间地面中心区域，按横纵两个方向测量，且各不少于1点。

（3）检查接缝高低差，使用钢直尺和塞尺等测量工具，测量点宜设在房间地面中心区域，按横纵两个方向测量，且各不少于1点。

（4）检查踢脚线上口平直时，采用拉5m线和用钢尺等测量工具，对每面墙踢脚线上口处进行测量，且不少于1点。

（5）检查板块间隙宽度检查时，使用钢直尺等有关测量工具，测量点宜设在房间地面中心区域，按横纵方向测量，且各不少于1点。（确定基准值）

十七、实木复合地板面层

1.一般规定

（1）实木复合地板面层工程应符合施工图、设计说明及其他设计文件的要求。

（2）实木复合地板面层工程分户验收应按每户住宅划分为一个检验批。当分户检验批具备验收条件时，可及时验收。每户应抽查不得少于3间，不足3间时应全数检查。

（3）每户住宅实木复合地板面层工程观感质量应全数检查。并以房间为单位记录。

（4）实测实量内容宜按照本手册规定的检查部位、检查数量，确定检查点。当量取长度和高度尺寸时，确定实测值的基准值，记录在相应项目表格中第一个空格内，实测值或与基准值相减的差值在允许偏差范围内判为合格，当超出允许偏差时应在此实测值记录上画圈做出不合格记号，以便判断不合格点是否超出允许偏差1.5倍和不合格点率。实测值应全数记录。

（5）当每户住宅的主控项目的质量经检查全部合格，一般项目的合格点率达到80%及以上，且不得有严重缺陷时（不合格项偏差小于允许偏差的1.5倍），该套住宅的本检验批质量判为合格。

（6）当不合格项允许偏差大于允许偏差1.5倍，或不合格点率超出20%时，应整改并重新验收，记录整改项目测量结果。

2.主控项目

（1）实木复合地板面层所采用的条材和块材，其技术等级及质量要求应符合设计要求。

检验方法：观察检查。

（2）面层铺设应牢固；粘贴无空鼓。

检验方法：观察、脚踩或用小锤轻击检查。

3.一般项目

（1）实木复合地板面层图案和颜色应符合设计要求，图案清晰，颜色一致，板面无翘曲。

检验方法：观察检查。

（2）面层的接头应错开、缝隙严密、表面洁净。

检验方法：观察检查。

（3）踢脚线表面光滑，接缝严密，高度一致。

检验方法：观察检查。

（4）实木复合地板面层的允许偏差和检验方法应符合表 1—25 的规定。

表 1—25　木、竹面层的允许偏差和检验方法

项次	项目	允许偏差（mm）				检验方法
		实木地板、实木集成地板、竹地板面层			浸渍纸层压木质地板、实木复合地板、软木类地板面层	
		松木地板	硬木地板、竹地板	拼花地板		
1	板面缝隙宽度	1.0	0.5	0.2	0.5	用钢尺检查
2	表面平整度	3.0	2.0	2.0	2.0	用 2m 靠尺和楔形塞尺检查
3	踢脚线上口平齐	3.0	3.0	3.0	3.0	拉 5m 线和用钢尺检查
4	板面拼缝平直	3.0	3.0	3.0	3.0	
5	相邻板材高差	0.5	0.5	0.5	0.5	用钢尺和楔形塞尺检查
6	踢脚线与面层的接缝	1.0				楔形塞尺检查

4.实测项目说明

实木复合地板面层质量分户验收实测内容分别是：板面缝隙宽度、表面平整度、踢脚线上口平齐度、板面拼缝平直度、相邻板材高差、踢脚线与面层接缝。检查时，宜在分户验收抽查点分布图中规定的房间，按照上述实测内容，使用相关工具，参照下列测量位置和数量，对实木复合地板面层实测内容进行检查，并全数记录。

（1）检查板面缝隙宽度时，使用钢尺等测量工具，测量点宜设在房间地面中心区域，按横纵方向测量，且各不少于 1 点。（确定基准值）

（2）检查表面平整度时，使用 2m 靠尺板和楔形塞尺等测量工具，测量点宜设在房间地面中心区域，按横纵方向测量，且各不少于 1 点。

（3）检查踢脚线上口平齐，采用拉 5m 线和用钢尺等测量工具，对每面墙踢脚线上口处进行测量，且不少于 1 点。

（4）检查板面拼缝平直时，采用拉 5m 线、不足 5m 拉通线，使用钢直尺等测量工具，测量点宜设在房间地面中心区域，按横纵两个方向测量，且各不少于 1 点。

（5）检查相邻板材高差时，使用钢直尺和塞尺等测量工具，测量点宜设在房间地面中心区域，按横纵两个方向测量，且各不少于 1 点。

（6）检查踢脚线与面层接缝时，使用钢直尺等有关测量工具，对每面墙进行测量，测量点宜设在踢脚线与面层接缝最大处，且不少于 1 点。

十八、中密度（强化）复合地板面层

1.一般规定

（1）铺设中密度（强化）复合地板面层应符合设计要求。

（2）中密度（强化）复合地板面层分户验收应按每户住宅划分为一个检验批。当分户检验批具备验收条件时，可及时验收。每户应抽查不得少于 3 间，不足 3 间时应全数检查。

（3）每户住宅中密度（强化）复合地板面层观感质量应全数检查。并以房间为单位记录。

（4）实测实量内容宜按照本手册规定的检查部位、检查数量，确定检查点。当量取长度和高度尺寸时，确定实测值的基准值，记录在相应项目表格中第一个空格内，实测值或与基准值相减的差值在允许偏差范围内判为合格，当超出允许偏差时应在此实测值记录上画圈做出不合格记号，以便判断不合格点是否超出允许偏差 1.5 倍和不合格点率。实测值应全数记录。

（5）当每户住宅的主控项目的质量经检查全部合格，一般项目的合格点率达到 80%及以上，且不得有严重缺陷时（不合格项偏差小于允许偏差的 1.5 倍），该套住宅的本检验批质量判为合格。

（6）当不合格项允许偏差大于允许偏差 1.5 倍，或不合格点率超出 20%时，应整改并重新验收，记录整改项目测量结果。

2.主控项目

（1）中密度（强化）复合地板面层所采用的材料应符合设计要求。

检验方法：观察检查。

（2）面层铺设应牢固。

检验方法：观察、脚踩检查。

3.一般项目

（1）中密度（强化）复合地板面层图案和颜色应符合设计要求，图案清晰，颜色一致，板面无翘曲。

检验方法：观察检查。

（2）面层的接头应错开、缝隙严密、表面洁净。

检验方法：观察检查。

（3）踢脚线表面应光滑，接缝严密，高度一致。

检验方法：观察检查。

（4）中密度（强化）复合木地板面层的允许偏差应符合表 3-10-2 的规定。

4.实测项目说明

中密度（强化）复合木地板面层分户质量验收实测内容分别是：板面缝隙宽度、

表面平整度、踢脚线上口平齐、板面拼缝平直、相邻板材高差、踢脚线与面层接缝。检查时，宜在分户验收抽查点分布图中规定的房间，按照上述实测内容，使用相关测量工具，参照下列测量位置和数量，对中密度（强化）复合木地板面层实测内容进行检查，并全数记录。

（1）检查板面隙宽度时，使用钢尺等测量工具，测量点宜设在房间地面中心区域，按横纵方向测量，且各不少于 1 点。（确定基准值）

（2）检查表面平整度时，使用 2m 靠尺板和楔形塞尺等测量工具，测量点宜设在房间地面中心区域，按横纵方向测量，且各不少于 1 点。

（3）检查踢脚线上口平齐时，采用拉 5m 线和用钢尺等测量工具，对每面墙踢脚线上口处进行测量，且不少于 1 点。

（4）检查板面拼缝平直时，采用拉 5m 线、不足 5m 拉通线，使用钢直尺等测量工具，测量点宜设在房间地面中心区域，按横纵两个方向测量，且各不少于 1 点。

（5）检查相邻板材高差时，使用钢直尺和塞尺等测量工具，测量点宜设在房间地面中心区域，按横纵两个方向测量，且各不少于 1 点。

（6）检查踢脚线与面层接缝时，使用钢直尺等有关测量工具，对每面墙进行测量，测量点宜设在踢脚线与面层接缝最大处，且不少于 1 点。

十九、地毯面层

1.一般规定

（1）地毯面层工程应符合施工图、设计说明及其他设计文件的要求。

（2）地毯面层工程分户验收应按每户住宅划分为一个检验批。当分户检验批具备验收条件时，可及时验收。每户应抽查不得少于 3 间，不足 3 间时应全数检查。

（3）每户住宅地毯面层工程观感质量应全数检查，并以房间为单位记录。

（4）当每户住宅的主控项目的质量经检查全部合格，一般项目的合格点率达到 80%及以上，且不得有严重缺陷时，该套住宅的本检验批质量判为合格。

（5）当不合格点率超出 20%时，应整改并重新验收，记录整改项目测量结果。

2.主控项目

（1）地毯的品种、规格、颜色、花色必须符合设计要求。

检验方法：观察。

（2）地毯表面应平服、拼缝处粘贴牢固、严密平整、图案吻合。

检验方法：观察检查。

3.一般项目

（1）地毯表面不应起鼓、起皱、翘边、卷边、显拼缝、露线和无毛边，绒面毛顺光一致，毯面干净，无污染和损伤。

检验方法：观察检查。

（2）地毯同其他面层连接处、收口处和墙边、柱子周围应顺直、压紧。

检验方法：观察检查。

二十、明龙骨吊顶

1.一般规定

（1）明龙骨吊顶工程应符合施工图、设计说明及其他设计文件的要求。

（2）明龙骨吊顶工程分户验收应按每户住宅划分为一个检验批。当分户检验批具备验收条件时，可及时验收。每户应抽查不得少于 3 间，不足 3 间时应全数检查。

（3）每户住宅明龙骨吊顶工程观感质量应全数检查。并以房间为单位记录。

（4）实测实量内容宜按照本手册规定的检查部位、检查数量，确定检查点。实测值在允许偏差范围内判为合格，当超出允许偏差时应在此实测值记录上画圈做出不合格记号，以便判断不合格点是否超出允许偏差 1.5 倍和不合格点率。实测值应全数记录。

（5）当每户住宅的主控项目的质量经检查全部合格，一般项目的合格点率达到 80%及以上，且不得有严重缺陷时（不合格项偏差小于允许偏差的 1.5 倍），该套住宅的本检验批质量判为合格。

（6）当不合格项允许偏差大于允许偏差 1.5 倍，或不合格点率超出 20%时，应整改并重新验收，记录整改项目测量结果。

2.主控项目

（1）吊顶标高、尺寸、起拱和造型应符合设计要求。

检查数量：全数检查。

检验方法：观察；尺量检查。

（2）饰面材料的品种、规格、图案和颜色应符合设计要求。当饰面材料为玻璃板时，应使用安全玻璃或采取可靠的安全　措施。

检查数量：全数检查。

检验方法：观察

（3）饰面材料的安装应稳固严密。饰面材料与龙骨的搭接宽度应大于龙骨受力面宽度的 2/3。

检查数量：全数检查。

检验方法：观察；手扳检查；尺量检查。

（4）吊杆、龙骨的规格、安装间距及连接方式应符合设计要求。

检查数量：全数检查。

检验方法：观察；尺量检查。

（5）明龙骨吊顶工程的吊杆和龙骨安装必须牢固。

检查数量：全数检查

检验方法：手扳检查。

3.一般项目

（1）饰面材料表面应洁净、色泽一致，不得有翘曲、裂缝及缺损。饰面板与明龙骨的搭接应平整、吻合，压条应平直、宽窄一致。

检查数量：全数检查。

检验方法：观察；尺量检查。

（2）饰面板上的灯具、烟感器、喷淋头、风口篦子等设备的位置应合理、美观，与饰面板的交接应吻合、严密。

检查数量：全数检查。

检验方法：观察。

（3）金属龙骨的接缝应平整、吻合、颜色一致，不得有划伤、擦伤等表面缺陷。木质龙骨应平整、顺直，无劈裂。

检查数量：全数检查。

检验方法：观察。

（4）明龙骨吊顶工程安装的允许偏差和检验方法应符合表 1—26 的规定。

表 1—26 明龙骨吊顶工程安装的允许偏差和检验方法

项次	项目	允许偏差（mm）				检验方法
		石膏板	金属板	矿棉板	塑料板、玻璃板	
1	表面平整度	3	2	3	2	用 2m 靠尺和塞尺检查
2	接缝直线度	3	2	3	3	拉 5m 线，不足 5m 拉通线，用钢直尺检查
3	接缝高低差	1	1	2	1	用钢直尺和塞尺检查

4.实测项目说明

明龙骨吊顶工程质量分户验收实测内容分别是：表面平整度、接缝直线度、接缝高低差，检查时，宜在分户验收抽查点分布图中规定的房间，按照上述实测内容，使用相关测量工具，参照下列测量位置和数量，对明龙骨吊顶实测内容进行检查，并全数记录。

（1）检查房间吊顶表面平整度时，使用 2m 靠尺和塞尺等测量工具，测量点宜设在顶棚中心区域，按横纵方向测量，且各不少于 1 点。

（2）检查房间吊顶接缝直线度时，采用拉 5m 线、不足 5m 拉通线，使用钢直尺等测量工具，测量点宜设在顶棚中心区域，按纵横两个方向测量，且各不少于 1 点。

（3）检查房间吊顶接缝高低差时，使用钢直尺和塞尺等测量工具，测量点宜设在顶棚中心区域，按纵横两个方向测量，且各不少于 1 点。

二十一、暗龙骨吊顶

1.一般规定

（1）暗龙骨吊顶工程分户质量验收时应检查吊顶工程的施工图、设计说明及其他设计文 件

（2）暗龙骨吊顶工程验收应按每户住宅划分为一个检验批。当分户检验批具备验收条件时，可及时验收。每户应抽查不得少于 3 间，不足 3 间时应全数检查。

（3）每户住宅暗龙骨吊顶工程观感质量应全数检查。并以房间为单位记录。

（4）实测实量内容宜按照本手册规定的检查部位、检查数量，确定检查点。实测值在允许偏差范围内判为合格，当超出允许偏差时应在此实测值记录上画圈做出不合格记号，以便判断不合格点是否超出允许偏差 1.5 倍和不合格点率。实测值应全数记录。

（5）当每户住宅的主控项目的质量经检查全部合格，一般项目的合格点率达到80%及以上，且不得有严重缺陷时（不合格项偏差小于允许偏差的 1.5 倍），该套住宅的本检验批质量判为合格。

（6）当不合格项允许偏差大于允许偏差 1.5 倍，或不合格点率超出 20%时，应整改并重新验收，记录整改项目测量结果。

2.主控项目

（1）吊顶标高、尺寸、起拱和造型应符合设计要求。

检验方法：观察；尺量检查。

（2）饰面材料的品种、规格、图案和颜色应符合设计要求。

检验方法：观察。

（3）暗龙骨吊顶工程的饰面材料的安装必须牢固。

检验方法：观察；手扳检查。

（4）石膏板的接缝应按其施工工艺标准进行板缝防裂处理。安装双层石膏板时，面层板与基层板的接缝应错开，并不得在同一根龙骨上接缝。

检验方法：观察。

3.一般项目

（1）饰面材料表面应洁净、色泽一致，不得有翘曲、裂缝及缺损。压条应平直、宽窄一致。

检验方法：观察；尺量检查。

（2）饰面板上的灯具、烟感器、喷淋头、风口篦子等设备的位置应合理、美观，与饰面板的交接应吻合、严密。

检验方法：观察。

（3）暗龙骨吊顶工程安装的允许偏差和检验方法应符合表 1—27 的规定。

表 1—27 暗龙骨吊顶工程安装的允许偏差和检验方法

项次	项目	允许偏差（mm）				检验方法
		纸面石膏板	金属板	矿棉板	木板、塑料板、格栅	
1	表面平整度	3	2	2	2	用 2m 靠尺和塞尺检查
2	接缝直线度	3	1.5	3	3	拉 5m 线，不足 5m 拉通线，用钢直尺检查
3	接缝高低差	1	1	1.5	1	用钢直尺和塞尺检查

4.实测项目说明

暗龙骨吊顶工程分户质量验收实测内容分别是：表面平整度、接缝直线度、接缝高低差。检查时，宜在分户验收抽查点分布图中规定的房间，按照上述实测内容，使用相关测量工具，参照下列测量位置和数量，对暗龙骨吊顶实测内容进行检查，并全数记录。

（1）检查表面平整度时，使用2m靠尺和塞尺等测量工具，测量点宜设在顶棚中心区域，按横纵方向测量，且各不少于1点。

（2）检查接缝直线度时，采用拉5m线、不足5m拉通线，使用钢直尺等测量工具，测量点宜设在顶棚中心区域，按横纵两个方向测量，且各不少于1点。

（3）检查接缝高低差时，使用钢直尺和塞尺等测量工具，测量点宜设在顶棚中心区域，按横纵两个方向测量，且各不少于1点。

二十二、地面找平层

1.一般规定

（1）找平层工程应符合施工图、设计说明及其他设计文件的要求。

（2）找平层工程分户验收应按每户住宅划分为一个检验批。当分户检验批具备验收条件时，可及时验收。每户应抽查不得少于4间，不足4间时应全数检查。

（3）每户住宅找平层工程观感和使用功能质量应全数检查，并以房间为单位记录。

（4）实测实量内容宜按照本手册规定的检查部位、检查数量，确定检查点。当量取高度尺寸时，确定实测值的基准值，记录在相应项目表格中第一个空格内，实测值或与基准值相减的差值在允许偏差范围内判为合格，当超出允许偏差时应在此实测值记录上画圈做出不合格记号，以便判断不合格点是否超出允许偏差1.5倍和不合格点率。实测值应全数记录。

（5）当每户住宅的主控项目的质量经检查全部合格，一般项目的合格点率达到80%及以上，且不得有严重缺陷时（不合格项偏差小于允许偏差的1.5倍），该套住宅的本检验批质量判为合格。

（6）当不合格项允许偏差大于允许偏差1.5倍，或不合格点率超出20%时，应整改并重新验收，记录整改项目测量结果。

（7）初装修地面甩面层做法时，由于表面要求赶光压实，可按照找平层质量标准验收。

2.主控项目

有防水要求的建筑地面工程的立管、套管、地漏处严禁渗漏，坡向应正确、无积水。

检验方法：观察检查和蓄水、泼水检验及坡度尺检查。

3.一般项目

（1）找平层与其下一层结合牢固，不得有空鼓。

检验方法：用小锤轻击检查。

（2）找平层表面应密实，不得有起砂、蜂窝和裂缝等缺陷。

检验方法：观察检查。

（3）找平层的表面允许偏差应符合表1—28的规定。

表1—28 基层表面的允许偏差和检验方法

项次	项目	允许偏差（mm）														检验方法
		基土	垫层				找平层					填充层		隔离层	绝热层	
						垫层地板										
		土	砂、砂石、碎石、碎砖	灰土、三合土、四合土、炉渣、水泥混凝土、陶粒混凝土	木搁栅	拼花实木地板、拼花实木复合地板、软木类地板面层	其他各类面层	用胶结料做结合层铺设板块面层	用水泥砂浆做结合层铺设板块面层	用胶粘剂做结合层铺设拼花木板、浸渍纸层压木质地板、实木复合地板、竹地板、软木地板面层	金属板面层	松散材料	板、块材料	防水、防潮、防油渗	板块材料、浇筑材料、喷涂材料	
1	表面平整度	15	15	10	3	3	5	3	5	2	3	7	5	3	4	用2m靠尺和楔形塞尺检查
2	标高	0 -50	±20	±10	±5	±5	±8	±5	±8	±4	±4	±4	±4	±4	±4	用水准仪检查
3	坡度	不大于房间相应尺寸的2/1000，且不大于30														用坡度尺检查
4	厚度	在个别地方不大于设计厚度的1/10，且不大于20														用钢尺检查

4.实测项目说明

找平层分户质量验收实测内容分别是：表面平整度、标高、坡度、厚度。检查时，宜在分户验收抽查点分布图中规定的房间，按照上述实测内容，使用相关工具，参照下列测量位置和数量，对找平层实测内容进行检查，并全数记录。

（1）检查表面平整度时，使用2m靠尺板和楔形塞尺等测量工具，测量点宜设在房间地面中心区域，按横、纵方向测量，且各不少于1点。

（2）检查标高时，使用水准仪或拉线、钢尺等测量工具，宜在每面墙中间部位，

量取 1 米线距找平层上表面的高度，每间房测量点不少于 4 点。（计算基准值）

（3）检查坡度时，使用坡度尺等测量工具，在隔离层表面，沿坡度方向至少测量 2 点。

（4）检查厚度时，使用钢尺等测量工具，测量点宜设置在房间地面中心区域和地面与墙交接处，且不少于 2 点。

二十三、墙面耐水腻子

1.一般规定

（1）墙面耐水腻子工程应符合施工图、设计说明及其他设计文件的要求。

（2）墙面耐水腻子工程分户验收应按每户住宅划分为一个检验批。当分户检验批具备验收条件时，可及时验收。每户应抽查不得少于 3 间，不足 3 间时应全数检查。

（3）每户住宅墙面耐水腻子工程观感和使用功能质量应全数检查，并以房间为单位记录。

（4）实测实量内容宜按照本手册规定的检查部位、检查数量，确定检查点。实测值在允许偏差范围内判为合格，当超出允许偏差时应在此实测值记录上画圈做出不合格记号，以便判断不合格点是否超出不合格点率。实测值应全数记录。

（5）当每户住宅的主控项目的质量经检查全部合格，一般项目的合格点率达到 80%及以上，且不得有严重缺陷时（不合格项偏差小于允许偏差的 1.5 倍），该套住宅的本检验批质量判为合格。

（6）当不合格项允许偏差大于允许偏差 1.5 倍，或不合格点率超出 20%时，应整改并重新验收，记录整改项目测量结果。

2.主控项目

耐水腻子层应坚实、牢固、无粉化、起皮和裂缝。

检验方法：观察

3.一般项目

（1）耐水腻子层表面应洁净、表面平整、无凹凸、漏刮、错台，颜色一致，手感细腻光滑，装饰线条顺直，无污染等现象。

检验方法：观察；手摸检查。

（2）耐水腻子层表面质量和检验方法应符合规定。

4.实测项目说明

耐水腻子层表面质量分户验收实测内容，主要是表面平整、立面垂直、阴阳角垂直、阴阳角方正。检查时，宜在分户验收抽查点分布图中规定的房间，按照上述实测内容，使用相关测量工具，参照下列测量位置和数量，对墙体耐水腻子层表面实测内容进行检查，并全数记录。

（1）检查表面平整度时，使用 2m 靠尺和塞尺等测量工具，对房间每面墙体进行测量，测量点宜设在墙面中心区域，按横竖方向测量，且各不少于 1 点。

（2）检查立面垂直度时，使用 2m 垂直检测尺等测量工具，对房间每面墙体进行测量，测量点宜设置在距墙角水平距离 500，距地 300 位置且每面墙不少于 1 点。

（3）检查阴阳角垂直时，使用 2m 垂直检测尺等测量工具，对房间每个阴阳角处墙面进行测量，测量点宜设在距墙角 10 厘米处，且不少于 1 点。

二十四、地面隔离层

1.一般规定

（1）隔离层工程应符合施工图、设计说明及其他设计文件的要求。

（2）隔离层工程分户验收应按每户住宅划分为一个检验批。当分户检验批具备验收条件时，可及时验收。每户应抽查不得少于 4 间，不足 4 间时应全数检查。

（3）每户住宅隔离层工程观感和使用功能质量应全数检查，并以房间为单位记录。

（4）实测实量内容宜按照本手册规定的检查部位、检查数量，确定检查点。当量取高度尺寸时，确定实测值的基准值，记录在相应项目表格中第一个空格内，实测值或与基准值相减的差值在允许偏差范围内判为合格，当超出允许偏差时应在此实测值记录上画圈做出不合格记号，以便判断不合格点是否超出允许偏差 1.5 倍和不合格点率。实测值应全数记录。

（5）当每户住宅的主控项目的质量经检查全部合格，一般项目的合格点率达到 80%及以上，且不得有严重缺陷时（不合格项偏差小于允许偏差的 1.5 倍），该套住宅的本检验批质量判为合格。

（6）当不合格项允许偏差大于允许偏差 1.5 倍，或不合格点率超出 20%时，应整改并重新验收，记录整改项目测量结果。

2.主控项目

（1）隔离层材质必须符合设计要求和国家产品标准的规定。

检验方法：观察检查。

（2）厕浴间和有防水要求的建筑地面必须设置防水隔离层。楼层结构必须采用现浇混凝土或整块预制混凝土板，混凝土强度等级不应小于 C20；楼板四周除门洞外，应做混凝土翻边，其高度不应小于 120mm。施工时结构层标高和预留孔洞位置应准确，严禁乱凿洞。

检验方法：观察和钢尺检查。

（3）水泥类防水隔离层的防水性能和强度等级必须符合设计要求。

检验方法：观察检查。

（4）防水隔离层严禁渗漏，坡向应正确、排水通畅。

检验方法：观察检查和蓄水、泼水检验或坡度尺检查。

3.一般项目

（1）隔离层厚度应符合设计要求。

检验方法：观察检查和用钢尺检查。

（2）隔离层与其下一层粘结牢固，不得有空鼓；防水涂层应平整、均匀，无脱皮、起壳、裂缝、鼓泡等缺陷。

检验方法：用小锤轻击检查和观察检查。

（3）隔离层表面的允许偏差应符合规定。

4.实测项目说明

隔离层分户质量验收实测内容分别是：表面平整度、标高、坡度、厚度。检查时，宜在分户验收抽查点分布图中规定的房间，按照上述实测内容，使用相关工具，参照下列测量位置和数量，对隔离层实测内容进行检查，并全数记录。

（1）检查表面平整度时，使用 2m 靠尺板和楔形塞尺等测量工具，测量点宜设在房间地面中心区域，按横纵方向测量，且各不少于 1 点。

（2）检查标高时，使用水准仪或拉线、钢尺等测量工具，宜在墙面门口处及对面墙，量取 1 米线距地面的高度，测量点不少于 2 点。（计算基准值）

（3）检查坡度时，使用坡度尺等测量工具，在隔离层表面，沿坡度方向至少测量 2 点。

（4）检查厚度时，使用扎规和钢尺等测量工具，测量点宜设置在房间地面中心区域，且不少于 2 点。

二十五、门窗套制作与安装

1.一般规定

（1）门窗套制作与安装工程应符合检查施工图、设计说明及其他设计文件要求。

（2）门窗套制作与安装工程分户验收应按每户住宅划分为一个检验批。当分户检验批具备验收条件时，可及时验收。每户应抽查不得少于 3 间（处），不足 3 间（处）时应全数检查。

（3）每户住宅门窗套制作与安装工程观感和使用功能质量应全数检查，并以房间为单位记录。

（4）实测实量内容宜按照本手册规定的检查部位、检查数量，确定检查点，实测值在允许偏差范围内判为合格，当超出允许偏差时应在此实测值记录上画圈做出不合格记号，以便判断不合格点是否超出允许偏差 1.5 倍和不合格点率。实测值应全数记录。

（5）当每户住宅的主控项目的质量经检查全部合格，一般项目的合格点率达到 80%及以上，且不得有严重缺陷时（不合格项偏差小于允许偏差的 1.5 倍），该套住宅的本检验批质量判为合格。

（6）当不合格项允许偏差大于允许偏差 1.5 倍，或不合格点率超出 20%时，应整改并重新验收，记录整改项目测量结果。

2.主控项目

（1）门窗套制作与安装所使用材料的规格、花纹和颜色应符合设计要求及国家现行标准的有关规定。

检验方法：观察。

（2）门窗套的造型、尺寸和固定方法应符合设计要求，安装应牢固。

检验方法：观察；尺量检查；手扳检查。

3.一般项目

（1）门窗套表面应平整、洁净、线条顺直、接缝严密、色泽一致，不得有裂缝、翘曲及损坏。

检验方法：观察。

（2）门窗套安装的允许偏差和检验方法应符合表1—29的规定。

表1—29 门窗套安装的允许偏差和检验方法

项次	项目	允许偏差（mm）	检验方法
1	正、侧面垂直度	3	用1m垂直检测尺检查
2	门窗套上口水平度	1	用1m水平检测尺和塞尺检查
3	门窗套上口直线度	3	拉5m线，不足5m拉通线，用钢直尺检查

4.实测项目说明

门窗套安装工程分户质量验收实测内容分别是：门窗套的正、侧面垂直度、门窗套上口水平度、门窗套上口直线度。检查时，宜在分户验收抽查点分布图中规定的房间，按照上述实测内容，使用相关测量工具，参照下列测量位置和数量，对门窗套实测内容进行检查并全数记录。

（1）检查正、侧面垂直度时，使用1m垂直检测尺等测量工具，在一侧门窗套竖向中心位置的正、侧面，各测量1点；

（2）检查门窗套上口水平度时，使用1m水平尺和塞尺等测量工具，在门窗套上口的下沿中心位置，测量1点；

（3）检查门窗套上口直线度时，采用拉5m线，不足5m拉通线，用钢直尺等测量工具，以相邻门窗套上口为测量点，且不少于2点。

二十六、橱柜制作与安装

1.一般规定

（1）橱柜制作与安装工程应符合施工图、设计说明及其他设计文件要求。

（2）橱柜制作与安装工程分户验收应按每户住宅划分为一个检验批。当分户检验批具备验收条件时，可及时验收。每户应抽查不得少于3间，不足3间时应全数检查。

（3）每户住宅橱柜制作与安装工程观感和使用功能质量应全数检查，并以房间为单位记录。

（4）实测实量内容宜按照本手册规定的检查部位、检查数量，确定检查点。当量取高度尺寸时，确定实测值的基准值，记录在相应项目表格中第一个空格内，实测值或与基准值相减的差值在允许偏差范围内判为合格，当超出允许偏差时应在此实测值记录上画圈做出不合格记号，以便判断不合格点是否超出允许偏差 1.5 倍和不合格点率。实测值应全数记录。

（5）当每户住宅的主控项目的质量经检查全部合格，一般项目的合格点率达到80%及以上，且不得有严重缺陷时，该套住宅的本检验批质量判为合格。

（6）当不合格点率超出20%时，应整改并重新验收，记录整改项目测量结果。

2.主控项目

（1）橱柜制作与安装所用材料的规格应符合设计要求及国家现行标准的有关规定。

检验方法：观察。

（2）橱柜的造型、尺寸、安装位置、制作和固定方法应符合设计要求。橱柜安装必须牢固。

检验方法：观察；尺量检查；手扳检查。

（3）橱柜配件的品种、规格应符合设计要求。配件应齐全，安装应牢固。

检验方法：观察；手扳检查。

（4）橱柜的抽屉和柜门应开关灵活、回位正确。

检验方法：观察；开启和关闭检查。

3.一般项目

（1）橱柜表面应平整、洁净、色泽一致，不得有裂缝、翘曲及损坏。

检验方法：观察。

（2）橱柜裁口应顺直、拼缝应严密。

检验方法：观察。

（3）橱柜安装的允许偏差和检验方法应符合表 1—30 的规定。

表 1—30　橱柜安装的允许偏差和检验方法

项次	项目	允许偏差（mm）	检验方法
1	外形尺寸	3	用钢尺检查
2	立面垂直度	2	用 1m 垂直检测尺检查
3	门与框架的平行度	2	用钢尺检查

4.实测项目说明

橱柜安装工程质量分户验收实测内容分别是：外形尺寸、立面垂直度、门与框架的平行度。检查时，宜在分户验收抽查点分布图中规定的房间，按照上述实测内容，使用相关测量工具，参照下列测量位置和数量，对橱柜实测内容进行检查并全数记录。

（1）检查外形尺寸时，使用钢尺等测量工具，沿每个橱柜长、宽、高方向测量点不少于 3 点。

（2）检查立面垂直度时，使用 1m 垂直检测尺等测量工具，在橱柜表面竖向中心位置，测量点不少于 1 点。

二十七、护栏和扶手制作与安装

1.一般规定

（1）护栏和扶手制作与安装工程应符合施工图、设计说明及其他设计文件要求。

（2）护栏和扶手制作与安装工程分户验收应按每户住宅划分为一个检验批。当分户检验批具备验收条件时，可及时验收。每户应抽查不得少于 3 间，不足 3 间时应全数检查。

（3）每户住宅护栏和扶手制作与安装工程观感和使用功能质量应全数检查，并以房间为单位记录。

（4）实测实量内容宜按照本手册规定的检查部位、检查数量，确定检查点。当量取长度和高度尺寸时，确定实测值的基准值，记录在相应项目表格中第一个空格内，实测值或与基准值相减的差值在允许偏差范围内判为合格，当超出允许偏差时应在此实测值记录上画圈做出不合格记号，以便判断不合格点是否超出允许偏差 1.5 倍和不合格点率。实测值应全数记录。

（5）当每户住宅的主控项目的质量经检查全部合格，一般项目的合格点率达到 80%及以上，且不得有严重缺陷时（不合格项偏差小于允许偏差的 1.5 倍），该套住宅的本检验批质量判为合格。

（6）当不合格项允许偏差大于允许偏差 1.5 倍，或不合格点率超出 20%时，应整改并重新验收，记录整改项目测量结果。

2.主控项目

（1）护栏和扶手制作与安装所使用材料的规格、数量应符合设计要求。

检验方法：观察。

（2）护栏和扶手的造型、尺寸及安装位置应符合设计要求。

检验方法：观察；尺量检查。

（3）护栏高度、栏杆间距、安装位置必须符合设计要求。护栏安装必须牢固。

检验方法：观察；尺量检查；手扳检查。

（4）护栏玻璃应使用公称厚度不小于 1 2 m m 的钢化玻璃或钢化夹层玻璃。当护栏一侧距楼地面高度为 5 m 及以上时，应使用钢化夹层玻璃。

检验方法：观察；尺量检查。

3.一般项目

（1）护栏和扶手转角弧度应符合设计要求，接缝应严密，表面应光滑，色泽应一致，不得有裂缝、翘曲及损坏。

检验方法：观察；手摸检查。

（2）护栏和扶手安装的允许偏差和检验方法应符合表 1—31 的规定。

表 1—31　护栏和扶手安装的允许偏差和检验方法

项次	项目	允许偏差（mm）	检验方法
1	护栏垂直度	3	用 1m 垂直检测尺检查
2	栏杆间距	3	用钢尺检查
3	扶手直线度	4	拉通线，用钢直尺检查
4	扶手高度	3	用钢尺检查

4.实测项目说明

（1）护栏和扶手安装工程分户质量验收实测内容分别是：护栏垂直度、栏杆间距、扶手直线度、扶手高度。检查时，宜在分户验收抽查点分布图中规定的房间，按照上述实测内容，使用相关测量工具，参照下列测量位置和数量，对护栏和扶手实测内容进行检查进行测量并全数记录。

（2）检查护栏垂直度时，使用 1m 垂直检测尺等测量工具，在护栏竖向中心位置，测量点不少于 1 点。

（3）检查栏杆间距时，使用钢尺等测量工具，在栏杆之间测量，测量点不少于 1 点。

（4）检查扶手直线度时，采用拉通线，使用钢直尺等有关测量工具，对扶手进行测量，测量点不少于 1 点。

（5）检查扶手高度时，使用钢尺等测量工具，测量扶手上皮至支撑部分根部距离，测量点不少于 1 点。

二十八、窗帘盒、窗台板和散热器罩制作与安装

1.一般规定

（1）窗帘盒、窗台板和散热器罩制作与安装工程应符合施工图、设计说明及其他设计文件要求。

（2）窗帘盒、窗台板和散热器罩制作与安装工程分户质量验收应按每户住宅划分为一个检验批。当分户检验批具备验收条件时，可及时验收。每户应抽查不得少于 3 间（处），不足 3 （处）间时应全数检查。

（3）每户住宅窗帘盒、窗台板和散热器罩制作与安装工程观感和使用功能质量应全数检查，并以房间为单位检查记录。

（4）实测实量内容宜按照本手册规定的检查部位、检查数量，确定检查点。实测值在允许偏差范围内判为合格，当超出允许偏差时应在此实测值记录上画圈做出不合格记号，以便判断不合格点是否超出允许偏差 1.5 倍和不合格点率。实测值应全数记录。

（5）当每户住宅的主控项目的质量经检查全部合格，一般项目的合格点率达到 80%及以上，且不得有严重缺陷时（不合格项偏差小于允许偏差的 1.5 倍），该套住宅的本检验批质量判为合格。

（6）当不合格项允许偏差大于允许偏差 1.5 倍，或不合格点率超出 20%时，应整改并重新验收，记录整改项目测量结果。

2.主控项目

（1）窗帘盒、窗台板和散热器罩的造型、规格、尺寸、安装位置和固定方法必须符合设计要求。窗帘盒、窗台板和散热器罩的安装必须牢固。

检验方法：观察；尺量检查；手扳检查。

（2）窗帘盒配件的品种、规格应符合设计要求，安装应牢固。

检验方法：手扳检查；检查进场验收记录。

3.一般项目

（1）窗帘盒、窗台板和散热器罩的造型、规格、尺寸、安装位置和固定方法必须符合设计要求。窗帘盒、窗台板和散热器罩的安装必须牢固。

检验方法：观察；尺量检查；手扳检查。

（2）窗帘盒配件的品种、规格应符合设计要求，安装应牢固。

检验方法：手扳检查；检查进场验收记录。

（3）窗帘盒、窗台板和散热器罩安装的允许偏差和检验方法应符合表 1—32 的规定。

表 1—32　窗帘盒、窗台板和散热器罩安装的允许偏差和检验方法

项次	项目	允许偏差（mm）	检验方法
1	水平度	2	用 1m 水平尺和塞尺检查
2	上口、下口直线度	3	拉 5m 线，不足 5m 拉通线，用钢直尺检查
3	两端距窗洞口长度差	2	用钢直尺检查
4	两端出墙厚度差	3	用钢直尺检查

4.实测项目说明

窗帘盒、窗台板和散热器罩安装工程分户质量验收实测内容分别是：水平度；上口、下口直线度；两端距窗洞口长度差；两端出墙大部厚度差。检查时，宜在分户验收抽查点分布图中规定的房间，按照上述实测内容，使用相关测量工具，参照下列测量位置和数量，对窗帘盒、窗台板和散热器罩实测内容进行检查并全数记录。

（1）检查水平度，使用 1m 水平尺和塞尺等测量工具，在窗帘盒、窗台板和散热器罩上口的中心位置，各测量 1 点；

（2）检查上口、下口直线度时，采用拉 5m 线，不足 5m 拉通线，用钢直尺等测量工具，以相邻窗帘盒、窗台板和散热器罩上口、下口为测量点，且各不少于 2 点；

（3）检查两端距窗洞口长度差时，使用钢直尺等测量工具，在窗帘盒、窗台板和散热器罩在窗洞口外部位置，各测量不少于 1 点；

（4）检查两端出墙厚度差时，使用钢直尺等测量工具，在窗帘盒、窗台板和散热器罩两端出墙位置，各测量不少于 2 点。

第2部分

地基基础工程施工过程质量

第1单元　土方工程施工质量控制

第1讲　土方开挖工程施工

一、施工作业条件检查

（1）基槽（坑）开挖的测量放线工作已完成，并经验收符合设计要求。

（2）开挖现场的地表水已排除。

（3）检查定位放线、排水和降低地下水位系统是否符合施工规范要求。

（4）根据设计要求，检查现场障碍物清除情况是否满足要求。

（5）检查平面位置、水平标高和边坡坡度、压实度是否符合设计要求。

二、过程质量控制与检查要点

（1）开挖基坑（槽）周围应设排水沟或挡水堤，防止地面水流入基坑（槽）内；挖土放坡时，坡顶和坡脚至排水沟均应保持一定距离，一般为0.5～1.0m。

（2）施工中保持连续降水，直至基坑（槽）回填完毕。

（3）基坑挖好后，立即浇筑混凝土垫层保护地基。不能立即进行下道工序施工时，应预留一层150～200mm厚土层不挖，待下道工序开始再挖至设计标高。

（4）机械开挖应由深而浅，基底应预留一层200～300mm厚用人工清理找平，以避免超挖和基底土遭受扰动。

（5）基坑四周应做好排水降水措施，降水工作应持续到基坑回填土完毕。

（6）土方开挖后，应检查边坡的稳定性，做好边坡防护。

三、季节性施工质量检查

（1）雨期施工时，基坑应挖好一段浇筑一段垫层，并在坑周围筑土堤或挖排水沟，以防地面雨水流入基坑（槽），浸泡地基。随时检查边坡和支护稳定情况。

（2）冬期施工时，如基坑不能立即浇筑垫层，应在表面进行适当覆盖保温，防止受冻。

四、成品保护

（1）对测量控制定位桩、水准点应注意保护。挖土、运土机械行驶时，不得碰撞，并应定期复测检查其是否移位、下沉；平面位置、标高和边坡坡度是否符合设计要求。

（2）基槽（坑）开挖设置的支撑或支护结构，在施工的全过程均应做好保护，不得随意损坏或拆除。

（3）基槽（坑）、管沟的直立壁或边坡，在开挖后要防止扰动或被雨水冲刷，造成失稳。

（4）基槽（坑）、管沟开挖后，如不能很快地浇筑垫层或安装管道，应采取保护措施，防止扰动或破坏基土。

（5）在斜坡地段用机械挖土时，应遵循由上而下、分层开挖的顺序，以避免破坏坡脚，引起滑坡。在软土或粉细砂地层开挖基槽（坑）和管沟时，应采用轻型或喷射井点降低地下水位至开挖基坑底以下 0.5～1.0m，以防止土体滑动或出现流砂现象。

五、质量常见问题及防治

（1）在建筑场地平整过程中或平整完成后，场地范围内高洼不平，局部或大面积出现积水。

防治措施：已积水场地应立即疏通排水和采用截水设施，将水排除。场地未做排水坡度或坡度过小部位，应重新修坡；对局部低洼处，填土找平，碾压（夯）实至符合要求，避免再次积水。

（2）边坡面界面不平，出现较大凹陷，造成积水，使边坡坡度加大，影响边坡稳定。

防治措施：

1）如超挖范围较大，在征得设计同意后，可适当改动坡顶线。

2）如局部超挖，可用浆砌块石填砌或用 3∶7 灰土夯补。与原土坡接触部位应做成台阶接槎，防止滑动。

（3）基坑（槽）开挖后，地基土被水浸泡，造成地基松软，承载力降低，地基下沉。

防治措施：

1）已被水淹泡的基坑（槽），应立即检查排、降水设施，疏通排水沟，并采取措施将水引走、排净。

2）对已设置截水沟而仍有小股水冲刷边坡和坡脚时，可将边坡挖成阶梯形，或用编织袋装土护坡（图 2—1）将水排除，使坡脚保持稳定。

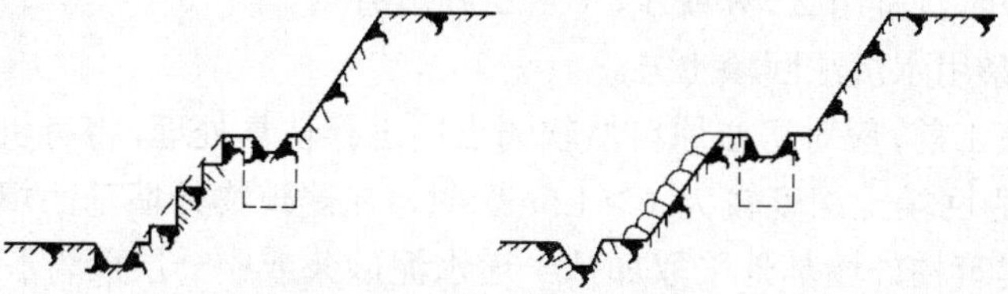

图 2—1　潜水（土）层挖基坑
（a）挖成阶梯形；（b）编织袋装土叠砌支护

3）已被水浸泡扰动的土，可根据具体情况，采取排水晾晒后夯实，或抛填碎石、小块石夯实；换土（3∶7 灰土）夯实；或挖去淤泥加深基础等措施处理。

（4）土方开挖后出现渗水或漏水，对基坑施工带来不便，如渗漏严重，会造成土颗粒流失，引起墙背地面沉陷、甚至支护墙坍塌。

防治措施：对渗水量较小，可在坑底设沟排水；对渗水量较大，但没有泥砂带出，可采用引流修补方法；对渗、漏量很大的情况，可在围护墙背面开挖至漏水位置下 0.5～1.0m，在围护墙后用密实混凝土进行封堵，或在墙后采用压密注浆或高压喷射注浆方法处理。

第 2 讲　土方回填工程施工

一、施工作业条件检查

（1）已清除基底上的草皮、杂物、树根和淤泥，已排除积水，并在四周设排水沟或截洪沟。

（2）地面以下的基础、构筑物、防水层、保护层、管道均已施工完毕，并经质量检查验收、签证认可。混凝土或砌筑砂浆已达到规定的强度。

（3）已做好水平高程的测设，基槽（坑）或管沟、边坡上每隔 3m 打入一根水平木桩，室内和散水的边墙上，做好水平标记。

二、进场材料检验及复检

回填土料中不得含有淤泥、垃圾并且土料最大粒径不大于 50mm。

三、过程质量控制与检查要点

（1）采取严格分层回填、夯实。每层虚铺土厚度不得大于 300mm。土料和含水量应符合规定。回填土密实度要按规定抽样检查，使符合要求。

（2）填土土料中不得含有大于50mm直径的土块，不应有较多的干土块，急需进行下道工序时，宜用2∶8或3∶7灰土回填夯实。

（3）严禁用水沉法回填土方。

（4）回填土前，应对房心原自然软弱土层进行认真处理，将有机杂质清理干净。

（5）房心回填土深度较大（>1.5m）时，在建筑物外墙基回填土时需采取防渗措施，或在建筑物外墙基外采取加抹一道水泥砂浆或刷一层沥青胶等防水措施，以防水大量渗入房心填土部位，引起下沉。

（6）基础应在现浇混凝土达到一定强度，不致因填土而受损伤时，方可回填。基础两侧用细土同时分层回填夯实，使受力平衡。两侧填土高差控制不超过300mm。

四、成品保护

（1）回填时，应注意保护定位标准桩、轴线桩、标准高程桩，防止碰撞损坏或下沉。

（2）基础或管沟的混凝土，砂浆应达到一定强度，不致因填土受到损坏时，方可进行回填。

（3）基槽（坑）回填应分层对称进行，防止一侧回填造成两侧压力不平衡，使基础变形或倾倒。

（4）已完填土应将表面压实，做成一定坡向或做好排水设施，防止地面雨水流入基槽（坑）浸泡地基。

五、质量常见问题及防治

（1）填土受夯打（碾压）后，基土发生颤动，受夯击（碾压）处下陷，四周鼓起，形成软塑状态，而体积并没有压缩，人踩上去有一种颤动感觉。在人工填土地基内，成片出现这种橡皮土（又称弹簧土），将使地基的承载力降低，变形加大，地基长时间不能得到稳定。

防治措施：

1）用于土、石灰粉、碎砖等吸水材料均匀掺入橡皮土中，吸收土中水分，降低土的含水量。

2）将橡皮土翻松、晾晒、风干至最优含水量范围，再夯（压）实。

3）将橡皮土挖除，采取换土回填夯（压）实，或填以3∶7灰土、级配砂石夯（压）实。

（2）回填土经碾压或夯实后，达不到设计要求的密实度，将使填土场地、地基在荷载下变形量增大，承载力和稳定性降低，或导致不均匀下沉。

防治措施：

1）土料不合要求时应挖出换土回填或掺入石灰、碎石等压（夯）实加固。

2）对由于含水量过大，达不到密实度要求的土层，可采取翻松、晾晒、风干或均匀掺入干土及其他吸水材料，重新压（夯）实。

3）当含水量小时，应预先洒水润湿。当碾压机具能量过小时，可采取增加压实遍数，或使用大功率压实机械碾压等措施。

（3）基坑（槽）填土局部或大片出现沉陷，造成靠墙地面、室外散水空鼓下陷，建筑物基础积水，有的甚至引起建筑结构不均匀下沉，出现裂缝。

防治措施：

1）基坑（槽）回填土沉陷造成墙脚散水空鼓，如混凝土面层尚未破坏，可填入碎石，侧向挤压捣实；若面层已经裂缝破坏，则应视面积大小或损坏情况，采取局部或全部返工。局部处理可用锤、凿将空鼓部位打去，填灰土或黏土、碎石混合物夯实，再作面层。

2）因回填土沉陷引起结构物下沉时，应会同设计部门针对情况采取加固措施。

第 2 单元　基坑支护工程施工质量控制

第 1 讲　排桩墙支护工程施工

一、施工作业条件检查

（1）现场已平整，泥浆排放地点已指定。

（2）现场已具备满足施工要求的测量控制点。

二、进场材料检验及复检

质量员在施工前应注意材料在运输及存储过程中是否发生影响施工质量的变化，对于易变质材料还要注意是否在有效期内。

（1）水泥在有效期内，并无结块现象。

（2）钢板桩。

若钢板桩有严重锈蚀，应测量其实际断面厚度，以便决定在计算时是否需要折减。

三、过程质量控制与检查要点

（1）排桩墙支护工程一般质量检查控制要点。

1）检查桩位偏差，轴线和垂直轴线方向均不宜超过 50mm，垂直度偏差不宜大于 0.5%。

2）基坑挖土应随挖随运，不得堆在坑旁，以免增加支护桩的水平压力。

3）钻孔灌注桩桩底沉渣不宜超过 200mm。

4）排桩宜采取隔桩施工，并应在灌注混凝土 24h 后进行临桩成孔施工。

5）非均匀配筋排桩的钢筋笼在绑扎、吊装和埋设时，应保证钢筋笼的安放方向与设计方向一致。

（2）钢筋混凝土灌注桩排桩墙。

1）冠梁施工。

①冠梁施工前，应将支护桩桩顶浮浆凿除清理干净，桩顶以上出露的钢筋长度应达到设计要求。

②破桩。桩施工时应按设计要求控制桩顶标高。待桩施工完成达到要求的强度后，按设计要求位置破桩。破桩后，桩中主筋长度应满足设计锚固要求。

2）锚杆施工。锚拉桩的锚杆一般应与土方开挖配合施工。

（3）钢板桩。

1）围檩的位置不能与钢板桩相碰。围檩桩不能随着钢板桩的打设而下沉或变形。围檩梁的高度要适宜，要有利于控制钢板桩的施工高度和提高工效，要用经纬仪和水平仪控制围檩梁的位置和标高。

2）钢板桩打设允许误差。桩顶标高±100mm；板桩轴线偏差±100mm；板桩垂直度 1%。

3）为防止锁口中心线平面位移，可在打桩进行方向的钢板桩锁口处设卡板，阻止板桩位移。同时在围檩上预先算出每块板块的位置，以便随时检查校正。

四、成品保护

（1）排桩墙施工过程中应注意保护周围道路、建筑物和地下管线的安全。

（2）基坑、地下工程在施工过程中不得碰撞和拆除排桩墙墙体及其支撑或拉锚体系。

五、质量常见问题及防治

（1）基坑挖土过半时，发现钢板桩渗漏，主要在接缝处和转角处，有的地方还涌砂。

防治措施：采用水玻璃水泥浆以阀管双液灌浆系统施工堵漏。

（2）阻力过大不易贯入。原因主要有两方面，一是在坚实的砂层、砂砾层中沉桩，桩的阻力过大；二是钢板桩连接锁口锈蚀、变形，入土阻力大。

防治措施：对第一种情况，可伴以高压冲水或改以振动法沉桩，不要用锤硬打；对第二种情况，宜加以除锈、矫正，在锁口内涂油脂，以减少阻力。

（3）钢板桩拔出形成孔隙或拔不出。

防治措施：

1）板桩拔出会形成孔隙，必须及时填充，否则会造成邻近建筑和设施的位移及地面沉降。宜用膨润土浆液填充，也可跟踪注入水泥浆；

2）如钢板桩拔不出，可采取下述措施：

①用振动锤等再复打一次，以克服与土的黏着力及咬口间的铁锈等产生的阻力。

②按与板桩打设顺序相反的次序拔桩。

③板桩承受土压一侧的土较密实，在其附近并列打入另一根板桩，可使原来的板桩顺利拔出。

④在板桩两侧开槽，放入膨润土浆液（或黏土浆），拔桩时可减少阻力。

第 2 讲　水泥土桩墙支护工程施工

一、施工作业条件检查

参见本单元 “排桩墙支护工程施工” 相关内容。

二、进场材料检验及复检

（1）水泥有效期、强度等级符合设计要求，且无结块现象。

（2）钢材规格及外观质量符合设计要求。

三、过程质量控制与检查要点

1.水泥土搅拌桩墙。

（1）水泥土墙采用格栅布置时，控制水泥土相对于不同土质的置换率应符合设计要求。

（2）检查水泥土桩与桩之间的搭接宽度是否符合设计要求。

（3）当变形不能满足要求时，检查处理措施是否符合规范要求。

（4）施工开始和结束的头尾搭接处，应采取加强措施，消除搭接勾缝。

（5）检查插筋材料、插入长度和露出长度等是否符合计算和构造要求。

2.高压喷射注浆桩墙。

（1）钻机定位要求保持水平，钻杆保持垂直，倾斜度不得大于 1.5%。

（2）成孔直径一般为 150～200mm；孔壁易坍塌时，应下套管。

（3）喷射作业前应检查喷嘴是否堵塞，输浆（水）、输气管是否存在泄漏等现象。

（4）旋喷过程中，冒浆量应控制在 10%～25%之间，钻杆的旋转和提升应连续进行，不得中断。

（5）回灌高度应高出设计标高。

第 3 讲　钢或混凝土支撑系统工程施工

一、施工作业条件检查

（1）围护墙已按设计要求施工完毕（围护墙如为混凝土灌注桩或地下连续墙时，已达到设计强度）。

（2）需降低地下水位时，已按要求将地下水位降低至基坑底以下 500～1000mm。

（3）支撑系统所用材料和机具已按计划进场，满足施工需要。

二、进场材料检验及复检

钢支撑常用材料有型钢（包括钢管）、钢板、焊条等；混凝土支撑：水泥、砂、石、钢筋、钢板、焊条、模板及支撑系统等材料。钢材的品种、规格必须符合设计要求，水泥、砂、石经检验符合国家相应标准的要求。

三、过程质量控制与检查要点

1.钢支撑。

（1）立柱位置如无工程桩时应增加立柱桩，立柱桩应准确定位。

（2）围护墙桩达到 70%的设计强度后，方可设置冠梁，冠梁的混凝土强度等级宜≥C30。

（3）冠梁的混凝土强度达到设计强度的 70%时方可安装钢支撑，钢支撑端头与冠梁必须顶紧。

（4）检查钢支撑受力构件、连系构件的长细比是否符合设计要求，检查安装节点是否符合施工规范要求。

（5）基槽施工时应回填夯实后才能拔出钢板桩。

2.钢筋混凝土支撑。

（1）第一层混凝土支撑与冠梁整体浇筑，在模板支设时应保证冠梁和支撑在同一水平面上，并保证每道支撑的平直。

（2）第二层及以下各层支撑均与腰梁整体浇筑，腰梁与围护墙的接触处，在浇筑混凝土前应将泥土和松散的混凝土清理干净，保证腰梁混凝土与围护墙紧密接触。

（3）加深地下连续墙嵌固深度，可以深入到细砂层，避免基坑结构滑移破坏。

（4）避免整体滑移，保证钢筋混凝土支撑不被破坏。

（5）拆除钢筋混凝土支撑时，应先做好牢靠支撑。

四、成品保护

（1）支撑安装、拆除时，应尽量利用已安装的塔吊起吊。如另用吊车进行安装或拆除时，立吊车位置的支护结构应进行核算，以免引起局部超载，使支护结构遭到破坏。

（2）在安装支撑系统过程中，防止安装下层支撑而碰撞上层支撑。

（3）土方开挖应选择合适的挖土机械，在基坑上开挖采用抓斗施工时，抓斗起落应防止碰撞支撑系统；采用小型挖掘机下坑内挖土，应设置坡道，自一端开始挖土，支撑系统下部土方应采用人工掏挖；土方运输采用小型自卸汽车或机动翻斗车，以免碰撞支撑系统。

（4）挖土过程中，支撑立柱周围附近土方应用人工挖掘，防止机械挖掘碰坏立柱。

第 4 讲　锚杆及土钉墙支护工程施工

一、施工作业条件检查

（1）场地已平整，已清除施工区域内的建（构）筑物和工程部位地面以下 3m 内的障碍物，施工区域内已设置临时设施，修建施工便道及排水沟。

（2）已进行施工放线，锚杆孔位置、倾角已确定。

二、进场材料检验及复检

（1）用作锚杆（土钉）的钢筋（HRB 335 级或 HRB 400 级热轧带肋钢筋）、钢管、角钢、钢丝束、钢绞线的规格、外观质量均应符合设计要求。

（2）水泥未过有效期，强度符合设计要求并无结块现象。

（3）砂用粒径小于 2mm 的中细砂。

三、过程质量控制与检查要点

1.土层锚杆。

（1）钻孔。锚杆水平方向孔距误差不大于 50mm，垂直方向孔距误差不大于 100mm。钻孔底部偏斜尺寸不大于长度的 3%。

（2）灌浆。灌浆材料用强度等级 32.5 级以上的水泥，水灰比为 0.4～0.45。如用砂浆则配合比为 1.1～1.2，砂的粒径不大于 2mm，砂浆仅用于一次注浆。

（3）预应力张拉。

1）检查锚体养护是否达到规范要求强度值。

2）张拉时应控制每级加载时间应符合规范要求。

3）检查预应力锁定值是否符合规范要求。

（4）腰梁加工及安装。

1）检查异形支承板承压面是否在一条直线上。

2）检查各桩是否在同一平面上。

3）控制锚杆点的标高在设计允许偏差范围内。

2.土钉墙。

（1）检查场地内排水和降水措施是否有效。

（2）开挖土方时，检查基坑底标高及边坡是否符合设计要求。

（3）成孔及设置土钉。

1)孔位的允许偏差不大于100mm，钻孔倾斜度不大于10，孔深偏差不大于30mm。

2）成孔后，检查清孔质量，对孔中出现的局部渗水、塌孔或掉落松土应立即处理，成孔后应及时穿入土钉钢筋并注浆。

3）设置土钉时，检查钢筋是否处于孔的中心部位。

（4）注浆。

1）检查注浆配合比情况是否符合设计要求。

2）检查注浆量是否符合设计计算值。施工时当浆体工作度不能满足要求时，可外加高效减水剂，但不准任意加大用水量。

3）浆体搅拌均匀应立即使用。开始注浆中途停顿或作业完毕后，须用水冲洗管路。

（5）喷射混凝土面层。

1）面层内的钢筋网片应牢固，固定在土壁上，并符合保护层厚度要求。

2）检查喷面是否清理干净，检查控制喷射混凝土厚度的标志是否埋好。

3）检查喷射面层厚度是否符合设计要求。

四、成品保护

（1）锚杆钻机应安设安全可靠的反力装置，在有地下承压水地层中钻进时，孔口应安设可靠的防喷装置，以便突然发生漏水涌砂时能及时封住孔口。

（2）注浆管路应畅通，防止塞管、堵泵，造成爆管。

五、质量常见问题及防治

基坑工程在做第二层锚杆施工时，墙外水压力较大，水及砂从预留孔与锚杆钻杆外套管间流入基坑内，施工人员经验不足时，会将钻杆拔出造成坑内大量涌水涌砂，造成附近变电室房屋开裂等事故。

防治措施：（1）在孔口设橡皮垫圈，以阻止砂与水涌入坑内，如图2—2所示。

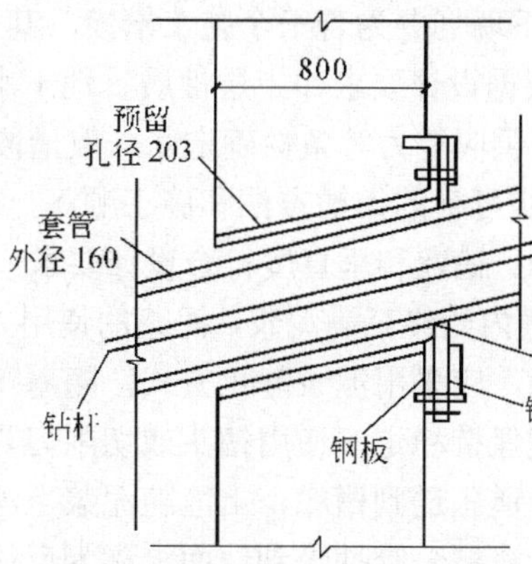

图 2—2　止水垫圈示意图

（2）在钻杆钻进时，保持钻头与外套管有一定距离，停钻时缩回外套管内，避免水从套管内进入基坑。

（3）灌注砂浆时保持砂浆力（0.4～0.6MPa）。

（4）拔管时留下最后两节外套管，待水泥初凝后拔出。

第 5 讲　地下连续墙工程施工

一、进场材料检验及复检

质量员应注意检查材料在存储过程中有无影响施工质量的变化。

（1）钢筋及钢材：应按设计要求选用。

（2）水泥、砂、碎石：应按设计要求或水下混凝土标准选用。

（3）水：一般应为自来水或可饮用水，水质不明的水应经过化验，符合要求后，方可使用。

（4）膨润土或优质黏土：其基本性能应符合成槽护壁要求。

（5）CMC 等阴加剂：应按护壁泥浆的性能要求选用。

二、过程质量控制与检查要点

（1）导墙施工。导墙一般用钢筋混凝土浇筑而成，厚度一般为 150～250mm，深度为 1.5～2.0m，底部应坐落在原土层上，其顶面高出施工地面 50～100mm，并应高出地下水位 1.5m 以上。两侧墙净距中心线与地下连续墙中心线重合。每个槽段内的导墙应设一个以上的溢浆孔。

（2）槽段开挖。

1）应根据成槽地点的工程地质和水文地质条件、施工环境、设备能力、地下墙的结构尺寸及质量要求等选用挖槽机械。

2）挖槽前，应预先将地下墙划分为若干个施工槽段，其平面形状可为一字形、L 形、T 形等。槽段长度应根据设计要求、土层性质、地下水情况、钢筋笼的轻重大小、设备起吊能力、混凝土供应能力等条件确定，一般槽段长度为3～7m。

3）挖槽前，应制订出切实可行的挖槽方法和施工顺序，并严格执行。挖槽时，应加强观测，确保槽位、槽深、槽宽和垂直度符合设计要求。

4）挖槽过程中，应保持槽内始终充满泥浆，泥浆的使用方式，应根据挖槽方式的不同而定，使用抓斗挖槽时，应采用泥浆静止方式，随着挖槽深度的增大，不断向槽内补充新鲜泥浆，使槽壁保持稳定；使用钻头或切削刀具挖槽时，应采用泥浆循环方式，用泵把泥浆通过管道压送到槽底，土渣随泥浆上浮至槽顶面排出称为正循环；泥浆自然流入槽内，土渣被泵管抽吸到地面上称为反循环。反循环的排渣效率高，宜用于容积大的槽段开挖。

5）槽段的终槽深度应符合下列要求：非承重墙的终槽深度必须保证设计深度，同一槽段内，槽底深度必须一致且保持平整；承重墙的槽段深度应根据设计入岩深度要求，参照地质剖面图及槽底岩屑样品等综合确定；同一槽段开挖深度宜一致；遇有特殊情况应会同设计单位研究处理。

6）槽段开挖完毕，应检查槽位、槽深、槽宽及槽壁垂直度，合格后，应尽快清底换浆及安装钢筋笼、灌注槽段混凝土。

（3）泥浆配制与使用。

1）检验泥浆配和比是否符合设计要求。严格控制泥浆质量。成槽应根据土质情况选用合格泥浆，并通过实验控制泥浆密度，一般应不小于1.05t/m^3。

2）浇注混凝土前，地下墙槽段间的连接接头处必须刷洗干净，不留任何泥砂或污物。

3）检查地下墙与地下室结构顶板、楼板、底板及梁之间连接可预埋钢筋或接驳器（锥螺丝或直螺丝）的质量是否符合设计要求。

4）检查已完工的导墙应检查其净空尺寸、墙面平整度与垂直度，检查泥浆用的仪器、泥浆循环系统是否完好。

5）检查成槽的垂直度、槽底的淤积物厚度、泥浆密度、钢筋笼尺寸、浇注导管位置、混凝土上升速度、浇注面标高、地下墙连接面的清洗程度、预拌混凝土的坍落度、锁口管或接头箱的拔出时间及速度等。

6）成槽结束后，应对槽的宽度、深度及倾斜度进行检验。

7）永久性结构的地下墙在钢筋笼放入后，应做二次清孔，沉渣厚度应符合要求。

8）清槽后，尽可能缩短吊放钢筋笼和浇筑混凝土的间隔时间，防止槽壁受各种因素剥落掉泥沉积。

9）作为永久性结构的地下连续墙，土方开挖后应进行逐段检查，钢筋混凝土底板也应符合国家现行标准《混凝土结构工程施工质量验收规范》（GB 50204-2015）规定。

（4）水下混凝土灌注。

1）混凝土的配合比应通过试验确定，并应符合下列规定：

①满足设计要求和抗压强度等级、抗渗性能及弹性模量等指标，水灰比不应大于 0.6。

②用导管法灌注的水下混凝土应有良好的和易性，坍落度宜为 180～220mm，扩散度宜为 340～380mm,每立方米混凝土中水泥用量不宜少于 370kg,粗骨料最大粒径不应大于 25mm,宜选用中、粗砂，混凝土拌合物中的含砂率不小于 45% 。

2）导管的构造和使用应符合下列要求：

①导管壁厚不宜小于 3mm，直径宜为 200～250mm，直径制作偏差不得超过 2mm。

②导管使用前应试拼试压，试压压力一般为 0.6～1.0MPa。

3）灌注混凝土的隔水栓宜用预制混凝土塞、钢板塞、泡沫塑料等材料制成。

4）灌注水下混凝土应遵守下列规定：

①开始灌注时，隔水栓吊放的位置应临近水面，导管底端到孔底的距离应以能顺利排出隔水栓为宜，一般为 0.3～0.5m。

②开灌前储料斗内必须有足以将导管的底端一次性埋入水下混凝土中 0.8m 以上深度的混凝土储存量。

③混凝土灌注的上升速度不得小于 2m/h。

④随着混凝土的上升，要适时提升和拆卸导管，导管底端埋入混凝土面以下一般保持 2～4m,不宜大于 6m,并不得小于 1m,严禁把导管底端提出混凝土面。

⑤在水下混凝土灌注过程中，应有专人每 30min 测量一次导管埋深及管外混凝土面高度，每 2h 测量一次导管内混凝土面高度。混凝土应连续灌注不得中断，不得横移导管，提升导管时应避免碰挂钢筋笼。

5）在一个槽段内同时使用两根导管灌注时，其间距不应大于 3m，导管距槽段端头不宜大于 1.5m,混凝土面应均匀上升，各导管处的混凝土表面的高差不宜大于 0.3m，混凝土应在终凝前灌注完毕，终浇混凝土面高程应高于设计要求 0.5m。

三、成品保护

（1）施工过程中，应注意保护现场的轴线桩和高程桩。

（2）导墙混凝土强度未达到设计要求，不得开始成槽作业。车辆、机械行走要防止挤压导墙，拔接头管（箱），防止压坏导墙。

（3）钢筋笼起吊及吊放入槽时，要防止钢筋笼变形，并应避免触碰造成槽壁坍塌。

（4）挖槽完毕，应尽快清槽、换浆、下钢筋笼，并在 4h 内浇筑混凝土。在浇筑过程中，应固定钢筋笼和导管位置，并采取措施防止泥浆污染。

（5）不得随意在连续墙上剔槽、钻孔。对于结构墙应注意保护外露的主筋和预埋件不受损坏。

四、质量常见问题及防治

（1）基坑开挖过程发现不同槽段接头、不同高度处渗水，先是浑浊泥浆水，然后大量中砂、细砂涌进坑内，接头地面（墙顶面）下陷，逐渐向深度及广度扩展，坑内堆积泥少和积水。

防治措施：

1）已经出现的渗水涌砂部分可采取快速堵漏方法用水玻璃水泥堵漏。在渗水涌砂较严重部分，应在墙后用高压注浆方法在一定宽、深部范围内注浆。

2）改进接头管、接头箱方法。例如：地下连续墙深36m，槽段接头采用凹凸形楔形接头，该接头使平面外抗剪能力有较大提高，渗流途径长，折点多，抗渗性能好，施工难度较小，操作较易保证质量。但必须保证接头清洗效果，设计制作楔形刷反复洗刷楔形接头，不让泥土砂粒留在楔形接头上，如图2—3所示。接头箱用油压千斤顶及油泵，在混凝土初凝后逐渐从顶拔出。改进的槽段接头，成功地提高了抗渗能力，加强了墙的抗剪强度。

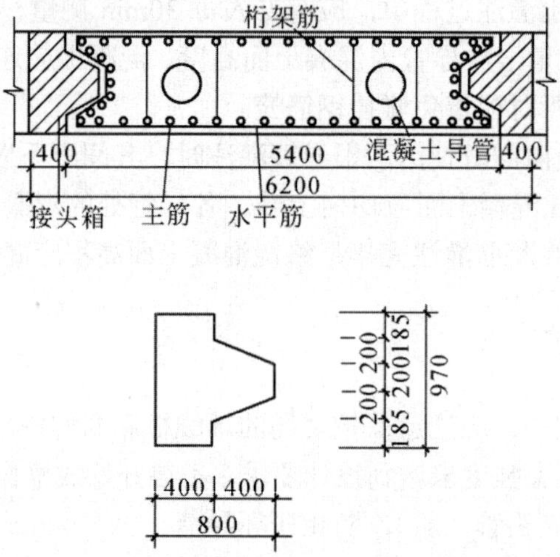

图2—3　楔形接头箱

（2）导墙出现塌坍、不均匀下沉、裂缝、断裂、内向挤扰等现象，而致不能使用。

防治措施：大部分或局部已严重破坏或变形的导墙应拆除，并用优质土（或再掺入适量水泥、石灰）分层回填夯实加固地基，重新建筑导墙。

（3）槽孔向一个或两个方向偏斜，垂直度超过规定数值。

防治措施：查明钻孔偏斜的位置和程度，对偏斜不大的槽孔，一般可在偏斜处吊住钻机，上下往复扫孔，使钻孔正直；对偏斜严重的槽孔，应回填砂与黏土混合物到偏孔处 1m 以上，待沉积密实后，再重新施钻。

（4）槽段清孔后，积存沉渣超过规范允许厚度，影响墙承受垂直荷载能力和墙底隔水性。

防治措施：经测定沉渣超过规范允许厚度时，应用吸力泵或空气吸泥法清渣。如将冲出泥浆的潜水砂泵和吸出泥浆的潜水砂泵组合放在槽底，进行冲吸，以多头钻进行清底作业。有时待沉积后，再将以抓斗下槽抓泥；如还有少量超厚泥渣清不干净时，可填以砂砾石，吊重铊夯击使混合密实，减少下沉。

（5）抽拔锁头管后，墙体接头混凝土出现局部塌坍现象。

防治措施：已塌坍的接头应吊圆形钢丝刷或刮泥器将塌坍面清理干净，塌落的混凝土应用多头钻机或冲击钻配掏渣筒清出，与下一连接槽段混凝土一起浇筑填补。

（6）墙体浇筑后，地下连续墙壁混凝土内存在局部或大面积泥夹层。

防治措施：

1）若导管已提出混凝土面以上，应立即停止浇筑，改用混凝土堵头，将导管插入混凝土重新开始浇筑。

2）遇坍孔，可将沉积在混凝土上的泥土吸出，继续浇筑，同时应采取加大水头压力等措施。

3）如混凝土凝固，可将导管提出，将混凝土清出，重新下导管，浇筑混凝土。

4）混凝土已经凝固，出现夹层，应在清除后采取压浆补强方法处理。

（7）墙体表面出现酥松、剥落，混凝土强度较低，达不到设计要求。

防治措施：对墙体表面出现酥松剥落，强度降低的情况时，如一面挖出的墙，应采取加固处理；不能挖出的墙，采用压浆法加固。

第 6 讲　基坑降水与排水工程施工

一、施工作业条件检查

（1）建筑物的控制轴线、灰线尺寸和标高控制点已经复测。

（2）已清除井点位置的地下障碍物。

（3）基坑周围受影响的建筑物和构筑物的位移监测已准备就绪。

（4）防止基坑周围受影响的建筑物和构筑物的措施已准备就绪。

（5）排出的地下水经沉淀处理后，方可排放到市政地下管道或河道。

（6）机具设备已运进现场并试运转，能满足施工要求。

二、进场材料检验及复检

质量员在施工前应注意材料在运输及存储过程中是否发生影响施工质量的变化，对于易变质材料还要注意是否在有效期内。

三、过程质量控制与检查要点

1.轻型井点降水。

（1）检查井点平面及高程布置是否符合设计要求。

（2）检查集水总管、滤管和泵的位置及标高是否正确。

（3）检查井点系统各部件应安装严密，防止漏气。

（4）冲孔孔径不应小于 300mm，深度应比滤管底深 500mm 以上，井点孔口到地面下 500～1000mm 范围内应用黏性土填实。

（5）隔膜泵底应平整稳固，出水的接管应平接，不得上弯，皮碗应安装准确、对称，确保其工作时受力平衡。

（6）降水过程中，应定时观测水流量、真空度和水位观测井内的水位。

2.喷射井点降水。

（1）井点管组装前，应检验喷嘴混合室、支座环和滤网等，井点管应在地面做泵水试验和真空度测定，其测定真空度不宜小于 93.3kPa。

（2）准确控制进水总管和滤管位置和标高。

（3）为防止喷射器磨损，应用套管冲枪成孔，加水及压缩空气排泥，套管内含泥量应小于 5%。

（4）冲孔直径不应小于 400mm,深度应比滤管底深 1m 以上。

（5）工作水应保持清洁，全面试抽 2d 后，应用清水更换，防止水质浑浊。

（6）在降水过程中，应定时观测工作水压力、地下水流量、井点的真空度和水位观测井的水位。

（7）观测孔孔口标高应在抽水前测量一次，以后则定期观测。

3.管井井点降水。

（1）检查管井布置是否符合设计要求。

（2）管井井点成孔直径应比井管直径大 200mm。

（3）井管与孔壁间应用 5～15mm 的砾石填充作过滤层，地面下 500mm 内应用黏土填充密实。

（4）井的中心距基坑（槽）边缘的距离，当采用泥浆护壁钻孔法成孔时，不小于 3.0m；当用泥浆护壁冲击钻成孔时，为 0.5～1.5m。

（5）定时观测水位和流量。

4.深井井点降水。

（1）深井井点成孔直径应比深井管直径大 300mm 以上。

（2）深井孔口应设置护套。

（3）孔位附近不得大量抽水。

（4）设置泥浆坑，防止泥浆水漫流。

（5）孔位应取土，核定含水层的范围和土的颗粒组成设置。

（6）各管段及抽水设备的连接，必须紧密、牢固，严禁漏水。

（7）排水管的连接、埋深、坡度、排水口均应符合施工组织设计的规定。

（8）排水过程中，应定时观测水位下降情况和排水流量。

5.电渗井点降水。

（1）阴阳极的数量应相等，阳极数量可多余阴极数量，阳极的深度应较阴极深约 500mm,以露出地面 200～400mm 为宜。

（2）阳极埋设应垂直，严禁与阴极相碰，阳极表面可涂绝缘沥青或涂料。

（3）降水过程中，应定时观测电压、电流密度、耗电量和地下水位。

四、成品保护

（1）井点管口应有保护措施，防止杂物掉入井管内。

（2）为防止滤网损坏，在井管放入前，应认真检查，以保证滤网完好。

五、质量常见问题及防治

（1）地下水位没有降到施工组织设计的要求，即挖土面以下 0.5～1m，水不断渗进坑内。基坑内土的含水量较大、较湿，不利于土方开挖，并引起基坑边坡失稳。坑内有流砂现象出现。

防治措施：

1）对于井点管或滤层淤塞而引起的降水失效，可以通过洗井处理（即向管内用压力水或压缩空气反复冲洗、疏通），破坏成孔时在孔壁形成的泥皮，并恢复土层透水和井管的降水性能。

2）对于地下水位降深与要求相差不大的工程，可以根据降深差异的大小，分别采取减少井管之间距离的方法，即在原相邻的井管中间增加井管；也可以在基坑内增设井管，以增加地下水位的降低深度。对于地下水位降低深度与要求相差较大的工程，需要在原降水系统之外，再重新考虑比较合理的降水方法和设备，重新施工。

（2）地下水不能通过明沟顺利地排入集水井（坑），造成地下水降不到设计深度，基坑土含水率高等，影响基坑土方工程的施工。

防治措施：由于边坡塌方造成排水沟损坏，可挖去塌方土，在边坡叠放装土草袋，使边坡稳定，再重新开挖排水沟。

（3）地下水不能向阴极方向集中，使井点排水量少，影响降水效果。

防治措施：

1）当发现抽水效果不好时，先排除井点的原因。然后逐个检查井点管和打入地下的作为阳极金属棒的通电情况，发现不符，重新进行接电。

2）发现阴阳极之间有导电物，应及时清除。

（4）深井泵（或深井潜水泵）的排水能力有余，但井的实际出水量很小，因而地下水位降不下去。

防治措施：

1）重新洗井，要求达到水清砂净，出水量正常。

2）在适当的位置补打深井。

第3单元　地基处理施工质量控制

第1讲　灰土地基施工

一、施工作业条件检查

（1）基坑（槽）已按设计要求处理完地基，并办理完隐蔽验收手续。

（2）已对基础、地下室墙和地下防水层、保护层进行检查，并办理完隐蔽验收手续。

（3）基础砌筑砂浆或现浇混凝土已达到规定强度。

（4）已采取排水或降低地下水位的措施。

（5）房心和管沟铺夯灰土前，已先完成上下水管道的安装，并办理完隐蔽验收手续。

（6）已确定出土料含水率控制范围，铺土厚度和夯打遍数等参数。

（7）已钉好灰土水平木桩及标高控制木桩。

二、进场材料检验及复检

质量员在施工前应注意材料在运输及存储过程中是否发生影响施工质量的变化，对于易变质材料还要注意是否在有效期内。

三、过程质量控制与检查要点

1.灰土拌和。

（1）灰土拌合料应拌和均匀、配合比符合设计要求。

（2）灰土湿度应控制在最优含水量范围内。.

2.摊铺与夯实。

（1）应在槽壁钉标志桩，控制铺灰厚度使分层铺设厚度符合设计要求。

（2）分段施工时，上、下两层的搭接长度及搭接形式符合设计要求。

（3）夯实时，加水量及夯压遍数符合设计要求，每层夯实后应用环刀取样，测定其干密度。

（4）在地下水位以下的基槽（坑）内施工时，应采取排水措施。

（5）入槽的灰土不得隔日夯打，夯实后的灰土在3d内不得受水浸泡。灰土夯打完后，应及时进行基础施工并及时回填土方，否则应进行临时遮盖，防止日晒雨淋。

（6）灰土、砂、砂石垫层最后应满夯打一遍；三合土垫层最后一遍夯打应用浓浆拌三合土，夯打密实，并注意标高，待灰浆收干后铺薄层砂子或煤屑，再整平夯实，以防止表面松散不平。

（7）灰土贯入度符合设计要求。

3.接槎位置应按规范规定位置留设；分段分层施工应做成台阶形，上下两层桩缝应错开 500mm 以上，每层虚铺应从接槎处往前延伸 500mm，夯实时夯达 300mm 以上，接槎时再切齐，再铺下段夯实。

4.灰土最上层完成后，检查其标高和平整度，针对超高和低洼处应采取措施找平。

四、季节性施工质量检查

（1）雨期施工灰土应连续进行，尽快完成，施工中应有防雨和排水措施。刚夯打完毕或尚未夯实的灰土，如遭受雨淋浸泡，应将积水及松软灰土除去并补填夯实；受浸湿的灰土，应晾干后再夯打密实。

（2）冬期施工灰土必须在基层不冻的状态下进行，土料不得含有冻块，并应覆盖保温；已熟化的石灰应在次日用完，以充分利用石灰熟化时的热量。当日拌和的灰土，应当日铺完夯实，夯完的灰土表面应用塑料薄膜和草袋覆盖保温。

五、成品保护

（1）灰土地基打完后，应及时进行基础施工与基坑（槽）回填，或作临时覆盖，防止日晒雨淋。

（2）基坑（槽）四周作好挡、排水设施，防止受雨水浸泡。

（3）冬期应采取保温措施，防止受冻。

六、质量常见问题及防治

灰土地基的灰土松散。

防治措施：视情况而定，如果材料太干，对灰土垫层应适当洒水，随浇随打，至密实为止。

第 2 讲　砂和砂石地基施工

一、施工作业条件检查

（1）基坑（槽）已经相关单位检查，并办理完隐蔽检查手续。

（2）砂或砂石材料已按设计要求的种类和需用量进场并经验收符合要求。

（3）已采取排水或降低水位的措施。

二、进场材料检验及复检

质量员在施工前应注意材料在运输及存储过程中是否发生影响施工质量的变化，对于易变质材料还要注意是否在有效期内。

三、过程质量控制与检查要点

（1）混合料拌和时，要求砂、石应搅拌均匀且配合比符合设计要求。

（2）砂和砂石地基铺筑应分层进行，并在下层的密实度经检验合格后，方可进行上层施工。

（3）分层厚度应在槽帮上钉标志桩拉线控制。

（4）铺筑时，分段、层留槎位置、方法正确，接槎密实、平整。

（5）最后一层夯、压密实后，检查压实度、设计标高是否符合设计要求。

四、成品保护

（1）施工过程中应采取措施保护基槽（坑）边坡土体的稳定，防止坍塌而使泥土混入砂或砂石地基中，影响换填地基的强度。

（2）砂或砂石地基铺设或捣实过程中应保护测量放线基准点和标桩。

（3）铺筑完成的砂或砂石地基在进行下道工序施工前应防止人踩车压，并做好挡水和排水措施，防止雨水浸泡；应在验收合格后及时进行下道工序的施工。

第3讲　土工合成材料地基施工

一、施工作业条件检查

（1）回填土、石料试验合格。

（2）土工合成材料验收合格。

（3）土工合成材料铺设前的基层处理符合设计要求，并通过验收。

二、现场施工前材料质量复检

（1）质量员在施工前应注意材料在运输及存储过程中是否发生影响施工质量的变化，对于易变质材料还要注意是否在有效期内。

（2）土工合成材料无损伤破坏现象。

三、过程质量控制与检查要点

（1）基层处理。铺放土工合成材料的基层应平整，局部高差不大于50mm。铺设土工合成材料前应清除树根、草根及硬物，避免损伤破坏土工合成材料；表面凹凸不平的可铺一层砂找平层。找平层应当作路基铺设，表面应有 4%～5%的坡度，以利排水。

（2）土工合成材料铺设。

1）土工合成材料须按其主要受力方向从一端向另一端铺放。

2）铺放时松紧度应适度，防止绷拉过紧或有皱折，且紧贴下基层。要及时加以压固，以免被风吹起。

3）土工合成材料铺放时，两端须有富余量。富余量每端不少于1000mm,且应按设计要求加以固定。

4）当加筋垫层采用多层土工材料时，上下层土工材料的接缝应交替错开，错开距离不小于500mm。

5)检查土工合成材料与结构的连接状况，连接处强度不得低于设计要求的强度。

（3）回填。

1）回填时，检查回填料铺设厚度及平整度是否符合设计要求。

2）回填料为中、粗、砾砂或细粒碎石类时，在距土工合成材料（主要指土工织物或土工膜）80mm 范围内，最大粒径应小于60mm。当采用黏性土时，填料应能满足设计要求的压实度并不含有对土工合成材料有腐蚀作用的成分。

3）当使用块石做土工合成材料保护层时，块石抛放高度应小于 300mm，且土工合成材料上应铺放厚度不小于50mm 的砂层。

4）对于黏性土，含水量应控制在最佳含水量的±2%之内，密实度不少于最大密实度的95%。

5）回填土应分层进行，每层填土的厚度应随填土的深度及所选压实机械轻重确定。一般为100～300mm，但第一层填土厚度不少于150mm。

6）为防止土工织物在施工中产生顶破、穿刺、擦伤和撕破等，一般应在土工织物下面设置砾石或碎石垫层，在其上面设置砂卵石保护层。

7）土工合成材料铺好后应随即铺设上面的砂石材料或土料，避免长时间曝晒和暴露，使材料老化。

（4）施工结束后，应按设计要求进行承载力检验。

四、成品保护

（1）铺放土工合成材料，现场施工人员禁止穿硬底或带钉的鞋。

（2）土工合成材料铺放后，宜在48h内覆盖，避免阳光曝晒。

（3）严禁机械直接在土工合成材料表面行走。

（4）用黏土做回填时，应采取排水措施；雨雪天要加以遮盖。

第 4 讲 粉煤灰地基施工

一、施工作业条件检查

（1）地基土上垃圾已清除，已排除表面积水，地基土已碾压（夯击）密实。

（2）粉煤灰已按需用量进场，并经验收符合要求。

（3）已确定填料含水量控制范围、铺土厚度、碾压遍数等施工参数。

二、进场材料检验及复检

（1）质量员在施工前应注意材料在运输及存储过程中是否发生影响施工质量的变化，对于易变质材料还要注意是否在有效期内。

（2）粉煤灰中严禁混入植物、生活垃圾及其他有机杂质。

三、过程质量控制与检查要点

（1）施工前应检查粉煤灰材料，并对基槽清底状况、地质条件予以检验。

（2）粉煤灰地基铺设前，应清除地基土上垃圾，排除表面积水。

（3）粉煤灰铺设含水量应控制在最优含水量范围内，如含水量过大时，需摊铺晾干后再碾压。粉煤灰铺设后，应于当天压完；如压实时含水量过小，呈现松散状态，则应洒水湿润再压实。

（4）碾压时，检查碾压遍数、压实度及搭接区碾压程度。

（5）在夯（压）实时，如出现“橡皮土”现象，应暂停压实，可采取将地基开槽、翻松、晾晒或换灰等办法处理。

（6）每层铺完夯（压）后，取样检测密实度合格后，应及时铺筑上一层或及时浇筑其上混凝土垫层。

四、季节性施工质量检查

冬期施工，最低气温不得低于 0℃，以免粉煤灰含水冻胀。

五、成品保护

（1）铺筑完的粉煤灰地基，严禁车辆在其上行驶。

（2）全部粉煤灰地基铺筑完成并经验收合格后，应及时浇筑其上混凝土垫层，防止日晒雨淋而破坏。

第 5 讲 强夯地基施工

一、施工作业条件检查

施工场地已平整，并作好排水沟。

二、进场材料检验及复检

（1）质量员在施工前应注意材料在运输及存储过程中是否发生影响施工质量的变化，对于易变质材料还要注意是否在有效期内。

（2）土料中无生活垃圾。

三、过程质量控制与检查要点

（1）试夯时，检查夯锤重量、尺寸及夯锤落距控制手段。试夯的密实度和深度必须符合设计要求。

（2）分层填土的土料，必须严格控制为最优含水量。

（3）强夯时，检查夯锤落距、夯击遍数、夯击点位及夯击范围必须符合设计要求。

（4）强夯的遍数和两遍之间的间歇时间必须符合设计要求和规范规定。

（5）应控制夯击点中心的位移，顶面标高允许偏差为±20mm，地基强夯后的表面应保持平整。

（6）强夯地基的最后下沉量和总下沉量必须符合设计要求和规范规定。

（7）施工结束后，检查被夯地基的强度并进行承载力检验。

四、季节性施工质量检查

（1）雨季施工，检查排水设施，土料含水量控制在最优含水量范围内。雨期填土区强夯，应在场地四周设排水沟、截洪沟，防止雨水流入场内；填土应使中间稍高；土料含水率应符合要求；认真分层回填，分层推平、碾压，并使表面保持 1%～2%的排水坡度；当班填土当班推平压实；雨后抓紧排除积水，推掉表面稀泥和软土，再碾压；夯后夯坑立即推平、压实，使高于四周。

（2）冬期施工应清除地表的冻土层再强夯，夯击次数要适当增加，如有硬壳层，要适当增加夯次或提高夯击动能。

五、质量常见问题及防治

（1）地基经重锤夯实后，表面高低不平。

防治措施：加强操作，控制落锤高度一致，避免夯锤倾斜；出现高低不平，可在较高处适当增加夯打遍数，或挖高填低再补夯。

（2）强夯后，实际加固深度局部或大部分未达到要求的影响深度，加固后的地基强度未达到设计要求。

防治措施：影响深度不够，可采取增加夯击遍数，或调节锤击功的大小，一般增大锤击功（如提高落距），可以使土的密实度大增。

（3）强夯后表层土松散不密实，浸水后产生下陷现象。

防治措施：强夯完成应填平凹坑，用落距 6m 低能量夯锤满夯一遍，使夹层土密实；强夯处避免重型机械行驶扰动；冬期强夯应将冻土融化或清除后再强夯。

第 6 讲　注浆地基施工

一、施工作业条件检查

检查现场情况及核对钻孔孔位是否与施工方案相符。

二、进场材料检验及复检

（1）质量员在施工前应注意材料在运输及存储过程中是否发生影响施工质量的变化，对于易变质材料还要注意是否在有效期内。

（2）水泥有效期、强度符合设计要求并无结块现象。

三、过程质量控制与检查要点

（1）水泥浆配合比符合设计要求。

（2）注浆段长度、注浆孔距、注浆压力符合设计要求。

（3）注浆点位置符合设计要求。

（4）严格控制注浆的顺序、注浆过程中的压力。

（5）施工中应经常抽查浆液的配比及主要性能指标，注浆的顺序、注浆过程中的压力控制等。

（6）施工结束后，应检查注浆体强度、承载力等。检查孔数为总量的 2%～5%，不合格率大于或等于 20%时应进行二次注浆。检验应在注浆后 15d（砂土、黄土）或 60d（黏性土）进行。

四、成品保护

水泥注浆在注浆后 15d（砂土、黄土）或 60d（黏性土）、硅化注浆 7d 内不得在已注浆的地基上行车或施工，防止扰动已加固的地基。

五、质量常见问题及防治

1.注入化学浆液有冒浆现象。

防治措施：

（1）需要加固的土层之上，应有不小于 1.0m 厚度的土层，否则应采取措施，防止浆液上冒。

（2）及时调整浆液配方，满足该土层的灌浆要求。

（3）根据具体情况，调整灌浆时间。

（4）注浆管打至设计标高并清理管中的泥砂后，应及时向土中灌注溶液。

（5）打管前检查带有孔眼的注浆管应保持畅通。

（6）采用间隙灌注法，亦即让一定数量的浆液灌入上层孔隙大的土中后，暂停工作，让浆液凝固，几次反复，就可把上抬的通道堵死。

（7）加快浆液的凝固时间，使浆液出注浆管就凝固，这就缩短了上冒的机会。

2.注浆管沉入困难，达不到设计深度，且偏斜过大。

防治措施：

（1）放桩位点时，在地质复杂地区，应用钎探查找障碍物，以便排除。

（2）打（钻）注浆管及电极棒，应采用导向装置，注浆管底端间距的偏差不得超过 20%，超过时，应打补充注浆管或拔出重打。

（3）放桩位偏差应在允许范围内，一般不大于 20mm。

（4）场地要平坦坚实，必要时要铺垫砂或砾石层，稳桩时要双向校正，保证垂直沉管。

（5）设置注浆管和电极棒宜用打入法，如土层较深，宜先钻孔至所需加固区域顶面以上 2～3m，然后再用打入法，钻孔的孔径应小于注浆管和电极棒的外径。

（6）灌浆操作工序包括打管、冲管、试水、灌浆和拔管五道工序，应先进行试验。

3.注浆过程中浆液从其他钻孔流出的现象。

防治措施：

（1）加大注浆间孔距；适当延长两个孔注浆间隔时间；相邻孔错开一至二个施工高程注浆。

（2）在注浆方法上尽量采用自上而下的注浆方式；串浆孔如为待注孔，可采取同时并联注浆的方法。

4.进入注浆段内的浆液在压力作用下，绕过橡皮胶塞返到上部孔段的现象。

防治措施：

（1）钻孔时要注意维护好孔壁，操作中尽量采用合金钻头成孔。

（2）采用自上而下的注浆次序，待凝时间适当延长。

（3）做压水试验时，如发现绕塞返水现象，宜适当加长橡胶塞，增加胶塞的压紧程序。

5.注浆中地面产生抬动变形的现象。

防治措施：

（1）在靠近砂砾石层表面的注浆段注纯水泥浆，形成较坚固的抗压盖重层；增加表层注浆孔的密度，提高上部土层的密实性。

（2）在砂砾石层上面铺设一定厚度的夯实黏土层或混凝土盖板等。

第 7 讲　预压地基施工

一、施工作业条件检查

（1）施工场地已平整，并作好排水沟。

（2）砂井轴线控制桩及水准基点已经测设，井孔位置已经放线并定好桩位。

二、进场材料检验及复检

（1）质量员在施工前应注意材料在运输及存储过程中是否发生影响施工质量的变化，对于易变质材料还要注意是否在有效期内。

（2）检查袋装砂不易漏失。

三、过程质量控制与检查要点

1.砂井堆载预压地基。

（1）打砂井后地基表层会产生松动隆起，应进行压实。

（2）检查砂井数量、排列尺寸、形式、孔径、深度应符合设计要求或施工规范的规定。

（3）检查砂井灌砂密实度及灌砂量应符合设计要求。

（4）灌砂时，砂中的含水量应加以控制，对饱和水的土层，砂可采用饱和状态；对非饱和土层和杂填土，或能形成直立孔的土层，含水量可采用 7%～9%。

（5）砂井灌砂应自上而下保持连续，要求不出现缩颈，且不扰动砂井周围土的结构。对灌砂量未达到设计要求的砂井，应在原位将桩管打入，灌砂复打一次。

（6）砂井的灌砂密实度应符合设计要求，灌砂量不得少于计算量的 95%。

（7）地基预压前应设置垂直沉降观测点、水平位移观测桩、测斜仪以及孔隙水压力计，其设置数量、位置及测试方法，应符合设计要求。

（8）堆载预压过程中，作用于地基上的荷载不得超过地基的极限荷载，以免地基失稳破坏。

（9）施工结束后，应检查地基土的十字板剪切强度、标贯或静压力触探值及要求达到的其他物理力学性能，重要建筑物地基应作承载力检验。

2.袋装砂井堆载预压地基。

参见本款第（1）项“砂井堆载预压地基”相关内容。

3.塑料排水带堆载预压地基。

（1）检查砂井施工排水措施、塑料排水带的位置应符合设计要求。

（2）塑料带滤水膜在转盘和打设过程中应避免损坏，防止淤泥进入带芯堵塞输水孔，影响塑料带的排水效果。

（3）塑料带与桩尖锚碇要牢固，防止拔管时脱离，将塑料带带出，带出长度不应大于 500mm。打设时严格控制间距和深度，如塑料带拔起超过 2m 以上，应进行补打。

（4）桩尖平端与导管下端要连接紧密，防止错缝，以免在打设过程中淤泥进入导管，增加对塑料带的阻力，或将塑料带拔出。

（5）塑料带需接长时，搭接长度应在 20mm 以上，以保证输水畅通和有足够的搭接强度。

（6）检查堆载高度、沉降速度。

（7）施工结束后，应检查地基土的十字板剪切强度、标贯或静力触探值及要求达到的其他物理力学性能，重要建筑物应作承载力检验。

4.真空预压地基。

（1）检查排水设施、砂井（包括袋装砂井）或塑料排水带等位置及真空分布管的距离是否符合设计要求。

（2）做好真空度、地面沉降量、深层沉降、水平位移、孔隙水压力和地下水位的现场测试工作，掌握变化情况，作为检验和评价预压效果的依据。并随时分析，如发现异常，应及时采取措施，以免影响最终加固效果。

（3）检查密封膜的密封性能、真空表的读数等。泵及膜内真空度应达到 96kPa 和 73kPa 以上的技术要求。

四、成品保护

（1）竖向排水系统（包括砂井、袋装砂井、塑料排水带）施工完成后，在施工砂垫层和堆载施工时，应注意保护竖向排水体不受破坏，以免影响排水效果。

（2）密封膜是真空预压成败的关键，在抽真空过程中，应随时注意保护和观察膜的密封性能，如发现有漏气，应及时修补完好。

五、质量常见问题及防治

塑料排水带堆载预压地基施工中塑料排水带与钢靴脱干，塑料带通道被堵塞。

防治措施：

（1）遇到硬物及管道等应予清除，或移位沉管。

（2）与钢靴连接应紧密牢固后方可施工。

（3）改进塑料带锚固方式。

（4）通道被堵时应重新插带。

第8讲 振冲地基施工

一、施工作业条件检查

施工场地已平整，桩位已确定。

二、进场材料检验及复检

（1）质量员在施工前应注意材料在运输及存储过程中是否发生影响施工质量的变化，对于易变质材料还要注意是否在有效期内。

（2）卵、碎石等粗骨料最大粒径不宜大于80mm，不得含有杂质、土块和已风化的石子。

三、过程质量控制与检查要点

1.振冲置换法。

（1）检查桩位、桩布置间距及振冲点位置应符合设计要求。

（2）在砂土地基中施工时，应严格控制水量，当振冲器水管供水仍未能使地基达到饱和，可在孔口另外加水管灌水，也可在加固区预先浸水后再施工。但要注意水量不可过大，以免将地基中的部分砂砾冲走，影响地基密实度。

（3）填料时，可以分几次或连续填料，视土质情况而定，填料量不少于一根桩的体积容量，以确保达到设计要求置换率。

（4）严格作好施工记录，检查有否漏桩等情况；振冲器喷水中心与孔径中心偏差符合设计要求；成孔中心与设计孔位中心偏差符合规范要求。

2.振冲挤密法。

（1）检查桩布置间距、振冲点位置、密实电流。

（2）检查供水量应能保证地基中的砂土充分饱和，受到振动能够产生液化。

（3）检查孔底留振时间是否使地基中的砂土完全液化，在停振后土颗粒能重新排列，使孔隙比减小，密实度提高。

（4）检查振冲器喷水中心与孔径中心偏差、成孔中心与设计孔位中心偏差符合设计要求。

3.地基水载力检检。施工结束后，应在有代表性的地段做地基强度（标准贯入、静力触探）或地基承载力（单桩静载荷或复合地基静载）检验。

四、成品保护

（1）施工中应保护测量标志桩和桩位标志不被扰动。

（2）振冲施工结束后，应做好的地基表面排水，防止雨水浸泡加固后的地基。地基检验合格后，应尽快进行下道工序的施工。

第 9 讲 水泥土搅拌桩地基施工

一、施工作业条件检查

场地已平整，桩位处地上、地下障碍物已清除。

二、进场材料检验及复检

（1）质量员在施工前应注意材料在运输及存储过程中是否发生影响施工质量的变化，对于易变质材料还要注意是否在有效期内。

（2）水泥在有效期内，并无结块现象。

三、过程质量控制与检查要点

（1）确保桩位符合设计要求；搅拌桩的桩身垂直偏差不得超过 1.5%，桩位的偏差不得大于 50mm,成桩直径和桩长不得小于设计值。

（2）拌制固化剂时不得任意加水，以防改变水灰比（水泥浆），降低拌和强度。

（3）水泥土搅拌桩施工。

1）湿法作业。

①所使用的水泥都应过筛，制备好的浆液不得离析，泵送必须连续。

②若停机时间超过 3h,应清洗管路。

③搅拌机喷浆提升速度和次数必须符合施工工艺的要求。

④检查水泥浆注入量及搅拌桩的长度及标高应符合要求。

⑤壁状加固时，桩与桩的搭接时间不应大于 24h,如间歇时间过长，应采取钻孔留出榫头或局部补桩、加桩等措施。

2）干法作业。

①喷粉施工前应仔细检查搅拌机械、供粉泵、送气（粉）管路、接头和阀门的密封性、可靠性。

②搅拌头每旋转一周，其提升高度不得超过 16mm。

③搅拌头的直径应定期复核检查，其磨耗量不得大于 10mm。

④当搅拌头到达设计桩底以上 1.5m 时，应即开启喷粉机提前进行喷粉作业。当

搅拌头提升至地面下 500mm 时，喷粉机应停止喷粉。

⑥成桩过程中因故停止喷粉，应将搅拌头下沉至停灰面以下 1m 处，待恢复喷粉时再喷粉搅拌提升。

四、成品保护

（1）搅拌桩施工完毕，应养护 14d 以上才可开挖。基坑基底标高以上 300mm，应采用人工开挖。

（2）桩头挖出后，应禁止机械在其上行走，防止桩头被破坏，并应尽快进行下道工序的施工。

第 10 讲　水泥粉煤灰碎石桩复合地基施工

一、施工作业条件检查

（1）施工前场地要平整压实（一般要求地面承载力为 100～150kN / m^2），若雨期施工，地面较软，地面可铺垫一定厚度的砂卵石、碎石、灰土或选用路基箱。

（2）施工前要选好合格的桩管，稳桩管要双向校正（用锤球吊线或选用经纬仪成 90° 角校正），规范控制垂直度 0.5%～1.0%。

二、进场材料检验及复检

（1）质量员在施工前应注意材料在运输及存储过程中是否发生影响施工质量的变化，对于易变质材料还要注意是否在有效期内。

（2）水泥在有效期内，并无结块现象。

三、过程质量控制与检查要点

（1）桩位偏差应在规范允许偏差范围之内（10～20mm）。

（2）检查桩身混合料的配制、坍落度是否符合设计要求。

（3）振动沉管灌注成桩。

1）桩机就位须平整、稳固，沉管与地面保持垂直，如采用混凝土桩尖，需埋入地面以下 300mm。

2）沉管灌注成桩施工拔管速度应按匀速控制，拔管速度应控制在 1.2～1.5m/min 左右，如遇淤泥土或淤泥质土，拔管速度可适当放慢。

（4）长螺旋钻孔压灌成桩。

1）桩机就位，调整沉管与地面垂直，垂直度偏差不大于 1.5%。

2）控制钻孔或沉管入土深度，确保桩长偏差在＋100mm 范围内。

3）管内泵压混合料成桩施工，应准确掌握提拔钻杆时间，混合料泵送量应与拔管速度相配合，遇到饱和砂土或饱和粉土层，不得停泵待料，严禁先提钻后泵料。

4）成桩过程应连续进行，尽量避免因待料而中断成桩，因特殊原因中断成桩，应避开饱和砂土、粉土层。

5）搅拌好的混合料通过溜槽注入到泵车储料斗时，需经一定尺寸的过滤栅，避免大粒径或片状石料进入储料斗，造成堵管现象。

6)为防止堵管，应及时清理混合料输送管。应及时检查输送管的接头是否牢靠，密封圈是否破坏，钻头阀门及排气阀门是否堵塞。

（7）检查提拔钻杆速度或提拔套管速度是否符合规范要求。

（8）检查成孔深度是否符合设计要求。

（9）检查桩身混合料贯入量。用浮标观测检查控制填充材料的灌量，否则应采取补救措施，并做好详细记录。

（10）施工中应检查桩身混合料的配合比、坍落度和提拔钻杆速度（或提拔套管速度）、成孔深度、混合料灌入量等。

（11）施工结束后，应对桩顶标高、桩位、桩体质量、地基承载力以及褥垫层的质量做检查。

四、季节性施工质量检查

（1）冬期施工时混合料入孔温度不得低于 5℃，对桩头和桩间土应采取保温措施。

（2）季节施工要有防水和保温措施，特别是未浇灌完的材料，在地面堆放或在混凝土罐车中时间过长，达到了初凝，应重新搅拌或罐车加速回转再用。

五、成品保护

（1）施工中应保护测量标志桩和桩位标志不被扰动。

（2）桩体应经成桩 7d 达到一定强度后，方可进行基槽开挖。如桩顶距离地面在 1.5m 以内，宜用人工开挖；如大于 1.5m,下部 700mm 亦宜用人工开挖，以避免损坏桩头；清土和截桩时，不得造成桩顶标高以下桩身断裂和扰动桩间土。

（3）挖至设计标高后，应剔除多余的桩头，剔除桩头时应采取如下措施：找出桩顶标高，在其上 50～100mm 处同一水平面按同一角度对称放置 2 个或 4 个钢钎，用大锤同时击打，将桩头截断。桩头截断后，再用钢钎、手锤等工具沿桩周向桩心逐渐剔除多余的桩头，剔凿平整直至设计桩顶标高。

（4）保护土层和桩头清除至设计标高后，应尽快进行褥垫层的施工，以防桩间土被扰动。

（5）冬期施工时，保护土层和桩头清除至设计标高后，立即对桩间土和 CFG 桩采用草帘、草袋等保温材料进行覆盖，防止桩间土冻涨而造成桩体拉断，同时防止桩间土受冻后复合地基承载力降低。

第 11 讲　砂桩地基施工

一、施工作业条件检查

（1）建筑场地地面上所有障碍物和地下管线、电缆、旧基础等均已全部拆除或搬迁。

（2）施工场地已进行平整，对于软弱场地已进行处理，已做好排水措施。

二、进场材料检验及复检

（1）质量员在施工前应注意材料在运输及存储过程中是否发生影响施工质量的变化，对于易变质材料还要注意是否在有效期内。

（2）垫层材料不得含植物残体、垃圾等杂物。

三、过程质量控制与检查要点

（1）检查每根砂桩的桩位是否符合设计要求。

（2）灌砂。

1）检查砂含水量，确保砂含水量符合设计要求。砂桩料以中粗砂为好，含泥量应在 3%以内，无杂物。

2）检查每根砂桩的灌砂量，砂桩实际灌砂量应按砂在中密状态时的干密度和桩管外径所形成的桩孔体积计算，最低不得小于计算量的 95%。

（3）活瓣桩尖缝隙要严，提高制作水平，避免沉管中进入泥水。

（4）实际灌量应满足规范按照不同地质要求确定的充盈系数。

（5）砂桩施工顺序，应从两侧向中间进行，以利挤密。

（6）施工中应检查每根砂桩的桩位、灌砂量、标高、垂直度等；对沉管法，尚应检查套管往复挤压振动次数与时间、套管升降幅度和速度、每次填砂量等。

（7）施工结束后，应检查被加固地基的强度或承载力。施工结束后的质量检验应间隔一定时间方可进行：对饱和黏性土地基应待孔隙水压力消散后进行，间隔时间不宜少于 28d；对粉土、砂土和杂填土地基，不宜少于 7d。

四、成品保护

（1）基础工程的施工宜在砂桩施工完成一个月以后进行。

（2）深基础周围的砂桩，宜在深基础施工完成后进行施工。如砂桩施工在前，开挖深基坑时，应对周围地基采取可靠的保护措施。

五、质量常见问题及防治

成桩灌料拔管时，桩身局部出现缩颈。

防治措施：

（1）套管中应保持足够的灌石量，至少有 2m 高的石料（用敲击桩管确定管中石料部位）。

（2）采用跳打法克服桩相互挤压现象。

第 4 单元　桩基础工程施工质量控制

第 1 讲　混凝土灌注桩工程施工

一、施工作业条件检查

（1）施工平台应坚实稳固。

（2）材料按需用计划进场，并且质量符合设计要求。

（3）机具设备已运进现场并试运转，能满足施工要求。

（4）桩位已设置完毕，并经复测验收合格。

二、进场材料检验及复检

质量员在施工前应注意材料在运输及存储过程中是否发生影响施工质量的变化，对于易变质材料还要注意是否在有效期内。

（1）水泥在有效期内，并无结块现象。

（2）钢筋表面必须洁净，无损伤、油渍、漆污和铁锈等，带有颗粒状或片状老锈的钢筋严禁使用。

三、钢筋笼制作与安装过程质量控制与检查要点

1.钢筋笼制作。

（1）主筋净距必须大于混凝土粗骨料粒径 3 倍以上。

（2）钢筋笼的内径比导管接头处外径大 100mm 以上。

（3）应在钢筋笼外侧设置控制保护层厚度的垫块，可采用与桩身混凝土等强度的混凝土垫块或用钢筋焊在竖向主筋上，其间距竖向为 2m，横向圆周不得少于 4 处，并均匀布置。钢筋笼顶端应设置吊环。

（4）大口径钢筋笼制作完成后，应在内部加强箍上设置十字撑或三角撑，确保

钢筋骨架在存放、移动、吊装过程中不变形。

2.钢筋笼安装。搬运和吊装时应防止变形；安放要对准孔位中心，扶稳、缓慢、顺直，避免碰撞孔壁，严禁墩笼、扭转。就位后应立即采用钢丝绳或钢筋固定，使其位置符合设计及规范要求，并保证在安放导管、清孔及灌注混凝土过程中不发生位移。

四、混凝土灌注过程质量控制与检查要点

1.采用导管法灌注水下混凝土。

（1）检查混凝土配合比及坍落度是否符合设计要求。

（2）混凝土应连续灌注，严禁中途停止。

（3）灌注过程中，导管埋深宜控制在2～6m，严禁导管提出混凝土面。

（4）检查混凝土的灌注速度是否符合施工规范要求。

2.非水下混凝土灌注。

（1）检查混凝土的配合比及坍落度。

（2）灌注混凝土时，需分层下料、分层振捣密实，分层厚度不大于1.5m。

（3）距桩孔口6m以内和有钢筋的部位应用振捣器振捣密实。

3.灌注的桩顶标高应比设计高出一定高度，多余部分截桩前必须凿除，桩头应无松散层。

4.在灌注将近结束时，应核对混凝土的灌入数量。

五、非挤土灌注桩过程质量控制与检查要点

1.干作业螺旋钻成孔灌注桩。

（1）钻孔。

1）注意观察地层土质变化对钻机的影响，及时采取应急处理措施。钻孔钻出的土应及时清理，提钻杆前，先把孔口的积土清理干净，防止孔口土回落到孔底。

2）检查钻孔位置应符合设计要求。

（2）清孔。

1）控制孔内虚土厚度符合规范要求。

2）钻孔完毕，检查成孔质量是否符合设计要求。

（3）当天成孔后必须当天灌完混凝土。

（4）灌注混凝土。

1）成孔后应及时浇筑混凝土。严禁把土和杂物与混凝土一起灌入桩孔内。

2）随时测量桩顶标高，严格控制混凝土灌注高度符合设计要求。

（5）干作业成孔。地质和水文地质应详细描述，如遇有上层滞水或在雨季施工时，应预先找出解决塌孔的措施，以保证虚土厚度满足设计要求。

（6）下钢筋笼。

1）钢筋笼的制作应在允许偏差范围内，以免变形过大，吊放时碰刮孔壁造成虚

土超标，同时应在放笼后浇筑混凝土前，再测虚土厚度，如超标应及时处理。

2）检查保护层是否符合设计要求。下钢筋笼时，要求将钢筋笼缓慢送入孔内并且不得碰孔壁。

2.钻孔压浆灌注桩。

（1）检查钻孔压浆桩的施工顺序是否符合施工规范要求。

（2）注意观察地层土质变化对钻机的影响，及时采取应急处理措施。

（3）水泥浆应即配即用。

（4）检查注浆泵的工作压力是否符合设计要求。

（5）检查补浆是否符合施工工艺要求。

（6）配制的水泥浆应在初凝时间内用完，不得隔日使用或掺水泥后再用。水泥浆液可根据不同的使用要求掺加不同的外加剂。浆液应通过 14×14～18×18 目筛孔，以免混入水泥袋屑或其他杂物。

3.人工挖孔（扩底）灌注桩。

（1）应严格按图放桩位，并有复检制度。桩位（中心）轴线及标高应准确，保证桩孔轴线位置、标高、截面尺寸满足设计要求。桩位丢失应正规放线补桩。轴线桩与桩位桩应用颜色区分，不得混淆，以免挖错位置。垂直运输架架设时，要求搭设稳定、牢固。

（2）开始挖孔前，要用定位圈（钢筋制作的圆环有刻度十字架）放挖孔线，或在桩位外设置定位龙门桩，安装护壁模板必须用桩心点校正模板位置，并由专人负责。

（3）井圈中心线与设计轴线偏差不得大于 20mm。

（4）桩孔挖至规定的深度后，用支杆检查桩孔的直径及井壁圆弧度，修整孔壁，使上下垂直平顺。

（5）成孔完毕后，应立即检查验收，成孔后，检查桩身直径、扩头尺寸、孔底标高、桩位中线、井壁垂直度、虚土厚度是否符合设计要求。下一工序紧随其后，吊放钢筋笼，浇筑混凝土，避免晾孔时间过长，造成不必要的塌孔，特别是雨季或有渗水的情况下，成孔不得过夜。

（6）吊放钢筋笼：

1）检查保护层厚度是否符合设计要求。

2）吊放钢筋笼时，要对准孔位，吊直扶稳、缓慢下沉，避免碰撞孔壁。

3）遇有两段钢筋笼连接时，应检查接头焊接质量是否符合规范要求。

4）吊放钢筋笼前，对超偏的混凝土护壁进行处理，以保证钢筋笼顺利吊入，吊放钢筋笼前，就要放好孔口护孔漏斗。

（7）浇筑桩身混凝土：

1）混凝土配合比要计算准确，保证坍落度均匀。运输时间过长，出现初凝要重新搅拌，不得随意加水。混凝土浇筑应连续进行，分层振捣密实。

2）检查坍落度是否符合设计要求。当渗水量过大时，应采采取有效措施，保证混凝土的浇筑质量。

3）严格控制混凝土浇筑标高符合设计要求。

4）浇筑混凝土要连续进行，不得过夜，否则晾孔时间过长，造成局部塌孔，易出现夹泥现象。

4.正（反）循环泥浆护壁钻孔灌注桩。

（1）混凝土坍落度应严格按设计或规范要求控制。

（2）护筒埋设应准确、稳定，护筒中心与桩位中心的偏差不得大于 50mm。

（3）钻机就位时检查钻机导杆是否垂直。

（4）成孔时，应注意控制钻进速度，保证成孔的垂直度。

（5）清孔后，应检查孔径和沉渣厚度是否符合设计要求。

5.潜水钻成孔灌注桩。

（1）检查泥浆密度是否符合设计要求。

（2）钻孔：

1）检查孔位是否符合设计要求。

2）检查护筒埋置方式是否符合规范要求。

（3）钻孔达设计深度后，应立即进行清孔放置钢筋笼。

6.旋挖成孔灌注桩。

（1）严格控制钻机在行走和钻进过程中不发生倾斜和不均匀沉降现象。

（2）检查桩位是否符合设计要求。

（3）护筒埋设后，应检查其平面位置和垂直度是否符合设计要求。

（4）钻进和提升钻斗的过程中，应防止钻斗内的土渣落到孔内。

（5）泥浆护壁时，检查泥浆密度是否符合设计要求。

（6）钻进过程中，应根据地层变化及时调整泥浆性能指标。

（7）检查清孔质量是否符合设计要求。

（8）灌注混凝土时，严格控制混凝土灌注标高符合设计要求。

六、挤土灌注桩过程质量控制与检查要点

1.冲击成孔灌注桩。

（1）护筒埋设符合设计要求。

（2）冲击钻与护筒中心竖向对齐。

（3）造孔时，检查孔内残渣排出情况是否符合施工规范要求。

（4）冲孔时，检查泥浆密度是否符合设计要求；检查成孔的垂直度情况。

（5）成孔后，检查孔深及清孔情况。

（6）钢筋笼安装完后，应立即浇注混凝土，间隔不应超过 4h。

2.振动沉管灌注桩。

（1）桩机就位时，检查装管是否与桩位中心对准。

（2）沉管。检查沉管深度是否符合设计要求。

（3）拔桩管时，需根据土质情况控制拔管的速度符合施工规范要求。

3.锤击沉管灌注桩。

（1）桩机就位时，检查装管是否与桩位中心对准。

（2）沉管时，如沉管过程中桩尖损坏，应及时拔出桩管更换桩尖。

（3）拔管速度应均匀，且符合施工规范要求。

4.套管夯扩灌注桩。

（1）桩机就位时，检查装管是否与桩位中心对准。

（2）检查外桩管和内套管同步沉入深度。

（3）检查内管夯击次数。

（4）检查外管上拔高度。

（5）检查混凝土分次灌入量及混凝土的坍落度。

5.挤扩多分支承力盘与多支盘灌注桩。

（1）用钻机成孔时，根据地基土质不同，控制泥浆密度符合施工规范要求。

（2）检查成孔深度。

（3）检查混凝土配合比及坍落度是否符合设计要求。

（4）挤压分支成盘时，检查油压控制情况是否符合设计要求。

（5）分支、承力盘完成后，控制孔内置换的泥浆最终密度为 1.1～1.15t/m^3。

（6）清孔后，应在 0.5h 内进行下道工序。

七、季节性施工质量检查

（1）人工挖孔灌注桩冬雨期施工。

1）冬期当温度低于 0℃以下浇筑混凝土时，应采取加热保温措施。浇筑入模的温度应由冬施方案确定。在桩顶未达到设计强度 50%以前不得受冻。当夏季气温高于 30℃时，应根据具体情况对混凝土采取缓凝措施。

2）雨天不能进行人工挖桩孔的工作。现场必须有排水的措施，严防地面雨水流入桩孔内，致使桩孔塌方。

（2）旋挖成孔灌注机冬期施工时，桩顶混凝土未达到受冻临界强度前应采取适当的保温措施，以防止受冻。

八、成品保护

（1）钢筋笼制作、运输和安装过程中，应采取防止变形措施。放入桩孔时，应绑好保护层垫块或垫板。钢筋笼吊入桩孔时，应防止碰撞孔壁。

（2）安装和移动钻机、运输钢筋笼以及浇灌混凝土时，均应注意保护好现场的轴线控制桩和水准基准点。

（3）在开挖基础土方时，应注意保护好桩头，防止挖土机械碰撞桩头，造成断桩或倾斜；桩头预留的钢筋，应妥善保护，不得任意弯折或压断。

（4）冬期施工时，桩顶混凝土未达到受冻临界强度前应采取适当的保温措施，以防止受冻。

九、质量常见问题及防治

1.干作业螺旋钻成孔灌注桩质量问题及处理措施。

（1）成孔后孔底虚土过多，超过规范所要求的不大于 10cm 的规定。

防治措施：

1）对不同的工程地质条件，应选用不同的施工工艺：

①一次钻至设计标高后，在原位旋转片刻再停止旋转，静拔钻杆。

②一次钻到设计标高以上 1m 左右，提钻甩土，然后再钻至设计标高后停止旋转，静拨钻杆。

③钻至设计标高后，边旋转边提钻杆。如发生孔底虚土过多的情况在同一孔内用第一种方法做二次或多次投钻。

2）用勺钻清理孔底虚土。

3）孔底虚土是砂或砂卵石时，可先采用孔底灌浆拌和，然后再灌混凝土。

4）采用孔底压力灌浆法、压力灌混凝土法及孔底夯实法解决。

（2）桩身表面有蜂窝、空洞，桩身夹土、分段级配不均匀，浇筑混凝土后的桩顶浮浆过多。

防治措施：

1）如情况不严重且单桩承载力不大，则可与设计研究采取加大承台梁的办法解决。

2）如有严重质量问题，则按本节第三条“混凝土预制桩工程施工”中桩身断裂的“处理措施”处理。

3）按照浇筑混凝土的质量要求，除了要做标准养护混凝土试块，还要在现场做试块（按照有关规范执行），以验证所浇筑的混凝土质量，并为今后补救措施提供依据。

（3）成孔后，孔壁局部塌落。

防治措施：

1）先钻至塌孔以下 1～2m，用豆石混凝土或低强度等级混凝土（C10）填至塌孔以上 1m，待混凝土初凝后，使填的混凝土起到护圈作用，防止继续坍塌，再钻至设计标高。也可采用 3∶7 灰土夯实代替混凝土。

2）钻孔底部如有砂卵石、卵石造成的塌孔，可采用钻深的办法，保证有效桩长满足设计要求。

3）成孔后要立即浇筑混凝土。

4）采用中心压灌水泥浆护壁工法，可解决滞水所造成的塌孔问题。

（4）孔形不符合设计要求，出现豁口、“梅花”孔等情况。

防治措施：扩孔刀片收不拢时，可多做几次张开收拢动作，尽可能把扩孔刀片中的土挤实，然后再提出扩孔器。每次扩孔的土应视储土筒容量而定，不宜过多。

2.人工挖孔（扩底）灌注桩质量问题及处理措施。

（1）井孔内大量涌水无法排干。

防治措施：可在群桩孔中间钻孔，设置深井，用潜水泵降低水位，至桩孔挖完成，再停止抽水，填砂砾封堵深井。

（2）超量。

防治措施：挖孔时每层每节严格控制截面尺寸，不许超挖；遇地下洞穴，用 3∶7 灰土填补、拍夯实；按坍孔一项防止孔壁坍落；成孔后在 48h 内浇筑桩混凝土，避免长期搁置。

3.正（反）循环泥浆护壁成孔灌注桩质量问题及处理措施。

（1）在成孔过程中或成孔后，孔壁坍落，造成钢筋笼放不到底，桩底部有很厚的泥夹层。

防治措施：发生孔口坍塌，应先探明坍塌位置，将砂和黏土（或砂砾和黄土）混合物回填到坍孔位置以上 1～2m，如坍孔严重，应全部回填，等回填物沉积密实后再进行钻孔。

（2）在成孔过程中或成孔后，泥浆向孔外漏失。

防治措施：

1）加稠泥浆或倒入黏土，慢速转动，或在回填土内掺片、卵石，反复冲击，增强护壁。

2）在有护筒防护范围内，接缝处可由潜水工用棉絮堵塞，封闭接缝，稳住水头。

3）在容易产生泥浆渗漏的土层中应采取维持孔壁稳定的措施。

4）在施工期间护筒内的泥浆面应高出地下水位 1.0m 以上，在受水位涨落影响时，泥浆面应高出最高水位 1.5m 以上。

（3）成孔后孔不直，出现较大垂直偏差。

防治措施：

1）在偏斜处吊住钻头，上下反复扫孔，使孔校直。

2）在偏斜处回填砂黏土，待沉积密实后再钻。

（4）孔径小于设计孔径。

防治措施：

1）采用上下反复扫孔的办法，以扩大孔径。

2）根据不同的土层，应选用相应的机具、工艺。

3）成孔后立即验孔，安放钢筋笼，浇筑桩身混凝土。

（5）成桩后，桩身中部没有混凝土，夹有泥土。

防治措施：

1）当导管堵塞而混凝土尚未初凝时，可采用下列两种方法：

①用钻机起吊设备，吊起一节钢轨或其他重物在导管内冲击，把堵塞的混凝土冲击开。

②迅速提出导管，用高压水冲通导管，重新下隔水球灌注。浇筑时，当隔水球冲出导管后，应将导管继续下降，直到导管不能再插入时，然后再少许提升导管，继续浇筑混凝土，这样新浇筑的混凝土能与原浇筑的混凝土结合良好。

2）当混凝土在地下水位以上中断时，如果桩直径较大（一般在 1m 以上），泥浆护壁较好，可抽掉孔内水，用钢筋笼（网）保护，对原混凝土面进行人工凿毛并清洗钢筋，然后再继续浇筑混凝土。

3）当混凝土在地下水位以下中断时，可用较原桩径稍小的钻头在原桩位上钻孔，至断桩部位以下适当深度时（可由验算确定），重新清孔，在断桩部位增加一节钢筋笼，其下部埋入新钻的孔中，然后继续浇筑混凝土。

4）当导管接头法兰挂住钢筋笼时，如果钢筋笼埋入混凝土不深，则可提起钢筋笼，转动导管，使导管与钢筋笼脱离；否则只好放弃导管。

4.潜水钻成孔灌注桩质量问题及处理措施。

（1）钻孔漏浆。

防治措施：适当加稠泥浆或倒入黏土慢速转动，或在回填土内掺片石，卵石，反复冲击，增强护壁、护筒周围及底部接缝，用土回填密实，适当控制孔内水头高度，不要使压力过大。

（2）钢筋笼偏位、变形、上浮。

防治措施：钢筋过长，应分 2～3 节制作，分段吊放，分段焊接或设加劲箍加强；在钢筋笼部分主筋上，应每隔一定距离设置混凝土垫块或焊耳环控制保护层厚度，桩孔本身偏斜、偏位应在下钢筋笼前往复扫孔处理，孔底沉渣应置换清水或适当密度泥浆清除；浇灌混凝土时，应将钢筋笼固定在孔壁上或压住；混凝土导管应埋入钢筋笼底面以下 1.5m 以上。

（3）断桩。

防治措施：灌注桩严重塌方或导管无法拔出形成断桩，可在一侧补桩；深度不大可挖出，对断桩处作适当处理后，支模重新浇筑混凝土。

5.旋挖成孔灌注桩质量问题及处理措施。

（1）坍孔。

防治措施：当出现坍孔时，应首先将钻具提离孔底，并尽量将钻杆、钻头提出孔外。在处理前，应先弄清坍孔深度、位置、坍孔的地层、孔内泥浆指标等情况，针对具体情况进行处理。当坍孔位置在孔口上部砂层时，应迅速加长护筒并用黏土封闭，然后清除孔下部的坍塌物，增大孔内泥浆密度和黏度，继续钻进；当坍孔发生在孔下部砂层时，一般可加大泥浆密度和黏度进行处理。若调整泥浆指标不能排除事故，则应填入黏土，将坍塌部分全部填实，然后加大泥浆密度再重新开孔钻进。

（2）卡钻。

防治措施：卡钻时不得强提，可将钢缆主索放松，将钻具下放后进行运转，待卡钻部位松动后，再轻轻上提。若因塌块、杂物坠落引起的其他卡钻，不得强提钻具，应设法使钻具向孔底移动，使钻头离开塌块或杂物，再慢慢提升钻具，解除事故。若因缩孔引起的卡钻，可使钻具边回转边缓慢提升。

（3）弯孔或孔形不规则。

防治措施：处理此种情况一般用扩孔法和导正法。

1）扩孔法：采用大于原钻孔直径的钻头进行扩孔，在操作时应轻压慢放，进尺不得过快；

2）导正法：在钻孔不斜的孔段加导正装置，使纠斜钻具在保持正直的情况下钻进。

第 2 讲　混凝土预制桩工程施工

一、施工作业条件检查

（1）现场已满足三通一平（道路、水、电和场地平整）的条件；混凝土水平运输道路、运桩道路已修筑，能满足运输机械行走的要求。

（2）若采用成品桩，则成品桩已按设计标准验收合格，并运进现场。

（3）若采用现场制桩，则需满足以下条件。

1）制桩场地表面已整平加固及铺筑制桩地坪混凝土，经养护达到强度要求并经验收合格。

2）制桩模板已加工完成，运到制作场地。

3）钢筋笼制作场地、模板制作及堆放场地已平整夯实，并硬化。

4）混凝土搅拌设备已安装完毕，并经试运转能满足施工要求。

（4）场地周围的排水设施已按要求布设。

（5）各种材料按照需用量已进场，并经验收质量符合设计要求。

二、进场材料检验及复检

质量员在施工前应注意材料在运输及存储过程中是否发生影响施工质量的变化，对于易变质材料还要注意是否在有效期内。

（1）水泥在有效期内，并无结块现象。

（2）电焊条型号符合设计要求。

三、过程质量控制与检查要点

1.现场制桩。

（1）检查混凝土配比、坍落度是否符合设计要求。

（2）检查桩钢筋骨架连接是否符合设计要求。

（3）桩场内运输时，严禁以直接拖拉桩体方式代替装车运输。

（4）桩应按规格、桩号分层叠放，支撑点设在靠近吊点处，各层垫木应上下对齐，并支垫平稳，堆放层数不宜超过 4 层。

2.打入式预制桩施工。

（1）打桩机就位时，检查打桩机的桩锤与桩位中心线是否对齐。

（2）检查桩帽与桩的接触面处及替打木是否平整，如不平整应处理后方能施工。

（3）打桩。

1）确保桩锤、桩帽与桩身中心线始终一致。

2）检查桩顶完整状况是否符合施工规范要求。

3）检查桩锤落距是否符合施工规范要求。

（4）接桩。

1）接桩前，对连接部位上的杂质、油污等必须清理干净，保证连接部件清洁。检查校正垂直度后，两桩间的缝隙应用薄铁片垫实，必要时要焊牢，焊接应双机对称焊，一气呵成，经焊接检查，稍停片刻冷却后再行施打，以免焊接处变形过多。

2）检查连接部件是否牢固平整和符合设计要求，如有问题，必须进行修正后才能使用。

3）接桩时，两节桩应在同一轴线上，法兰或焊接预埋件应平整服贴，焊接或螺栓拧紧后，锤击几下再检查一遍，看有无开焊、螺栓松脱、硫磺胶泥开裂等现象，如有应立即采取补救措施，如补焊、重新拧紧螺栓并把丝扣凿毛或用电焊焊死。

4）采用硫磺胶泥锚接接桩法时，应严格按照操作规程操作，特别是配合比应经过试验，熬制时及施工时的温度应控制好，保证硫磺胶泥达到设计强度。

5）电焊接桩，必须满焊，有空隙用小块钢板嵌填，保证焊缝长度和厚度，焊后检查焊缝外观有无气孔、夹渣、凹痕、裂缝等缺陷，重要工程应做到 10%的焊缝探伤检查。

6）法兰接桩，钢板和螺栓应紧固牢。

7）硫磺胶泥锚接：

①锚筋应刷清并调直。

②锚筋孔内应有完好螺纹，无积水、杂物和油污。

③接桩时接点的平面和锚筋孔内应灌满胶泥；灌注时间不得超过 2min。

④灌注后停歇时间应满足施工规范要求。

四、成品保护

参见本单元第 4 讲“静力压桩工程施工”的相关内容。

五、质量常见问题及防治

1.桩身断裂。

防治措施：当施工中出现断裂桩时，应及时会同设计人员研究处理办法。根据工程地质条件、上部荷载及桩所处的结构部位，可以采取补桩的方法。条基补 1 根桩时，可在轴线内、外补［图 2—4（a）、（b）］；补 2 根桩时，可在断桩的两侧补［图 2—4（c）］。柱基群桩时，补桩可在承台外对称补［图 2—4（d）］或承台内补桩［图 2—4（e）］。

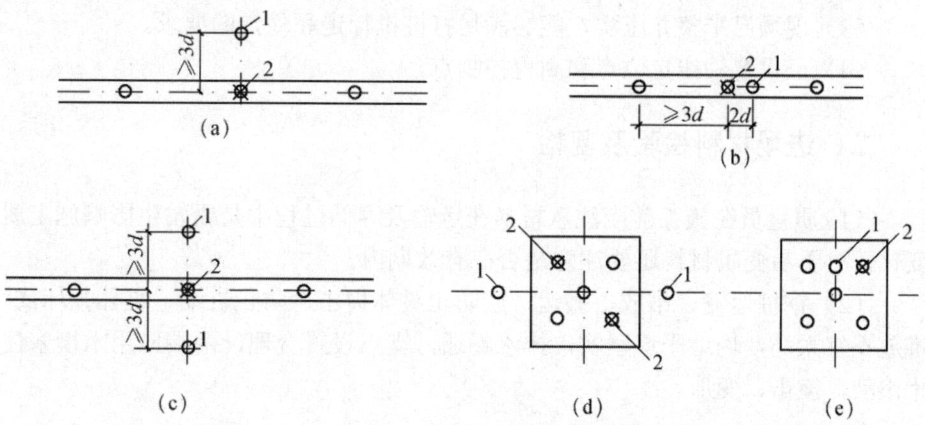

图 2—4　补桩示意图

(a) 轴线外补桩；(b) 轴线内补桩；(c) 两侧补桩；(d) 承台外对称补桩；(e) 承台内补桩

1-补桩；2-断桩

2.桩顶碎裂。

防治措施：

(1) 发现桩顶有打碎现象，应及时停止沉桩，更换并加厚桩垫。如有较严重的桩顶破裂，可把桩顶剔平补强，再重新沉桩。

(2) 如因桩顶强度不够或桩锤选择不当，应换用养护时间较长的“老桩”或更换合适的桩锤。

3.长桩打入须进行多节接长，施工完毕通过检查完整性时，发现有的桩出现脱节现象（拉开或错位）。

防治措施：

(1) 选用复打加固方式（用贯入度控制）检查和消除接头处的间隙，再用小应变检查桩体完整性，若仍出现错位，就用加桩方法处理。

(2) 对因接头质量引起的脱桩，若未出现错位情况，属有修复可能的缺陷桩。当成桩完成，土体扰动现象消除后，采用复打方式，可弥补缺陷，恢复功能。

(3)对遇到复杂地质情况的工程，为避免出现桩基质量问题，可改变接头方式，如用钢套方法，接头部位设置抗剪键，插入后焊死，可有效地防止脱开。

第 3 讲　钢桩工程施工

一、施工作业条件检查

(1) 已对现场地下、地上管线及可能受打桩影响的建筑物和构筑物采取相应的安全防护措施和环境保护措施。

(2) 已清除现场影响打桩的障碍物。

（3）现场已平整并压实，能够满足打桩机行走和稳定的要求。

（4）已设置轴线定位点和高程控制点。

二、进场材料检验及复检

（1）质量员在施工前应注意材料在运输及存储过程中是否发生影响施工质量的变化，对于易变质材料还要注意是否在有效期内。

（2）钢桩运输、吊放、搬运，应防止桩体撞击，防止桩端、桩体损坏或弯曲，堆放不宜太高，场地平坦坚实，排水畅通，支点设置合理，两端应用木楔塞住，防止滚动、撞击、变形。

三、过程质量控制与检查要点

1.打桩。

检查桩锤、桩帽和桩身的中心线是否重合。

（1）当桩身的倾斜度超过 0.8%时，应找出原因并采取措施处理。

（2）当桩端进入硬土层后，严禁用移动桩架的方法纠偏。

（3）遇有下列情况之一，应暂停打桩，并及时与设计、监理和建设单位现场代表等有关人员研究处理。

1）贯入度突变。

2）桩身突然倾斜、移位。

3）地面明显隆起、临桩上浮或位移过大。

4）桩身不下沉。

2.焊接接桩。

（1）焊接接桩需符合下列要求。

1）桩端部的浮锈、油污等脏物必须清除，保持干燥，下节桩顶经锤击后的变形部分应割除。

2）焊丝或焊条使用前应烘干。

3）气温低于 0℃或雨雪天，无可靠措施确保焊接质量时，不得焊接。

4）当桩需要接长时，其入土桩段的桩头宜高出地面 0.5～1.0m。

5）上下节桩段应校正垂直度，使之保持顺直。

6）焊好的桩接头应自然冷却后方可继续沉桩，自然冷却的时间不得小于 1min。

7）接桩时，上下节桩应在同一轴线上，接头处必须严格按照设计要求及焊接质量规程执行。

（2）检查焊接接头质量。

1）外观质量检查，各层焊缝的接头应错开，焊渣应清除，焊缝应连续饱满。

2）探伤检查。在同一工程内，探伤检查不得少于 3 个接头。

3.送桩。

（1）桩身与送桩器的中心线应重合。

（2）严格控制送桩深度。

1）标高控制为主的桩，桩顶标高允许偏差为±50mm。

2）贯入度控制为主的桩，按设计确定的停锤标准停锤。

四、成品保护

（1）钢桩进入现场应单排平放，下面垫枕木，防止桩变形。

（2）钢桩起吊时，应合理选择吊点，防止桩起吊过程中变形。

（3）钢桩工程的基坑开挖，应符合下列规定：

基坑开挖应制定合理的基坑开挖方案，宜在打桩全部完成并相隔 15d 后进行，宜分层均匀开挖，桩周土体高差不宜大于 2m。基坑开挖时，挖土机械不得碰撞桩头；截桩头时应用截桩器，不得用倒链硬拉；基坑开挖过程中应加强围护结构、边坡的监测。

五、质量常见问题及防治

1.接桩时桩顶打坏。

防治措施：发现桩顶打坏，不能正常接桩时，应割除损坏部位再进行接桩。

2.打桩偏心或垂偏过大。

防治措施：

（1）及时调正。

（2）调正桩帽。使两者接触面平整。

（3）障碍物不深时，可挖除回填后再打。

3.承载力不够。

防治措施：

（1）继续施打，打进桩端持力层。

（2）在桩端增加十字肋等以增加闭塞效果。

4.型钢桩贯入度突然增大。

防治措施：搞好测量控制，做到垂直地插入 H 型钢桩；桩架设置抱箍以横向约束桩的侧向变形；彻底清理桩位下的障碍物。

5.型钢桩扭转。

防治措施：利用抱箍，扭转过大的桩。如入土深度不大，可拔出再次锤击入土。

6.型钢桩难以打入。

防治措施：可在桩翼两侧焊以长 1～3m 的钢板，来削减部分摩阻力，增加其贯入性。

第4讲 静力压桩工程施工

一、施工作业条件检查

（1）已清除桩基范围内高空、地面和地下障碍物。场地已平整压实，能保证压桩机械在场内正常运行。现场临时设施已设置。

（2）桩基的轴线桩和水准基点桩已设置完毕，每根桩的桩位已经测定。

二、进场材料检验及复检

（1）质量员在施工前应注意材料在运输及存储过程中是否发生影响施工质量的变化，对于易变质材料还要注意是否在有效期内。

（2）桩的规格、型号必须符合设计要求，并无断裂现象。

三、过程质量控制与检查要点

1.机械静力压桩。

（1）压桩。

1）压桩机的配重应平稳配置于平台上。压桩机就位时应对准桩位，启动平台支腿油缸，校正平台处于水平状态。

2）在粉质黏土及黏土地基施工，应避免沿单一方向进行，以免向一边挤压，地基挤密程度不匀。

3）压桩应连续进行。

4）检查压桩压力符合计算值要求。

5）检查桩的垂直度是否符合设计要求。

6）检查桩的压入深度是否符合设计要求。

（2）接桩。

1）接桩面应保持干净，浇筑时间不应超过 2min；上下桩中心线应对齐，偏差不大于 10mm；节点矢高不得大于 0.1%桩长。

2）接桩施工时，应对连接部位上的杂质、油污、水分等清理干净，上下节桩应在同一轴线上，使用硫磺胶泥严格按操作规程进行，保证配合比、熬制时间、施工温度符合要求，以防接桩处出现松脱开裂。

（3）避免桩端停在砂层中接桩。

2.锚杆静力压桩。

（1）预制桩段制作，要保证端面平整，几何尺寸正确。

（2）保证上、下桩段接头的连接质量，中心线要一致。

（3）加压桩施工时，应对称进行，防止基础受力不平衡而导致倾斜；几台压桩机同时作业时，总压桩力不得大于该节点基础上建筑物自重，以防基础被抬起。

（4）压桩应连续进行，不得中途停顿，以防因间歇时间过长使压桩力骤增，造成桩压不下去或把桩头压碎等质量事故。

（5）桩与基础连接前，应对压桩桩孔进行认真检查，验收合格后，方可浇筑混凝土。

四、成品保护

（1）混凝土预制桩达到设计强度的70%方可起吊，达到100%才能运输；桩起吊时应采取相应的措施，保持平稳，保护桩身质量。

（2）水平运输时，应做到桩身平稳放置，无大的振动，严禁在场地上以直接拖拉桩体方式代替装车运输。

（3）桩的堆存场地应平整、坚实，垫木与吊点应保持在同一横断面平面上，且各层垫木应上下对齐，叠放层数不宜超过四层。

（4）妥善保护桩基的轴线桩和水平基点桩，不得受到碰撞和扰动而造成位移。

（5）在软土地基中沉桩完毕，基坑开挖应制定合理的开挖顺序和采取一定的技术措施，防止桩倾斜或位移。

（6）在剔除高出设计标高的桩顶混凝土时，应自上而下进行，不横向剔凿，以免桩受水平力冲击而受到破坏或松动。

五、质量常见问题及防治

（1）桩架发生较大倾斜。

防治措施：立即停压并采取措施，调整，使保持平衡。

（2）桩身倾斜或位移。

防治措施：

1）及时调整，加强测量。

2）障碍物不深时，可挖除回填后再压；歪斜较大，可利用压桩油缸回程，将土中的桩拔出，回填后重新压桩。

第5讲　先张法预应力管桩工程施工

一、施工作业条件检查

（1）已清除桩基范围内高空、地面和地下的障碍物。场地已平整压实，能保证压桩机械在场内正常运行。雨期施工时，已做好排水设施。

（2）打桩场地附近建（构）筑物有防振措施。

（3）桩基的轴线桩和水准点桩已设置完毕，每根桩的桩位已经确定。

二、进场材料检验及复检

质量员在施工前应注意材料在运输及存储过程中是否发生影响施工质量的变化，对于易变质材料还要注意是否在有效期内。

（1）预应力管桩无裂缝、断裂。

（2）电焊条型号及外观质量应符合要求。

三、过程质量控制与检查要点

（1）检查桩帽和套桩头用的筒体，确保其与桩的匹配性良好。

（2）检查贯入度及总锤击数是否符合施工工艺要求。

（3）检查桩顶、桩身偏位，使桩顶、桩身垂直偏差应控制在规范允许范围内。

（4）接桩要保持上、下节桩在同一直线上，焊接焊缝应饱满，填塞钢板应紧密。

（5）打桩应连续进行，必须间歇时，间歇时间不宜超过 24h。

（6）接桩应吊线找直，垂直偏差应控制在 0.5%以内；偏位过大，应拔出，移位再打；偏位不大，可用木架顶正，再慢锤打入；障碍物不深，可挖去回填后再打。

（7）施工中应注意控制以下几点，防止桩身倾斜超过规范规定。

1）打桩机导杆弯曲应纠正；打桩场地应整平夯压密实。

2）插桩应吊线锤检查，桩帽、桩身和桩尖必须在一条垂线上方可施打。

3）桩身弯曲度应不大于 1%，过大的不宜使用；开始沉桩，应临时固定牢固，并轻锤慢击。

4）施打时，应使桩锤、桩帽、桩身在同一直线上，防止受力偏心；桩垫、锤垫应找平，桩帽与桩周围的间隙应为 2～3mm；其他控制同桩顶偏位的控制。

（8）施工过程中，应检查桩的贯入度情况、桩顶完整状况、电焊接桩质量、桩体垂直度、电焊后的停歇时间。重要工程应对电焊接头做 10%的焊缝探伤检查。

（9）施工结束后，应做承载力检验及桩体质量检验。

第 5 单元　地下防水工程施工质量控制

第 1 讲　防水混凝土

一、施工作业条件检查

（1）钢筋混凝土施工缝及水电预留、预埋通过隐蔽验收，模板工程、楼层标高抄测通过预检验收。重点检查外墙对拉螺栓是否有止水环、外墙的穿墙套管是否有止水措施、外墙施工缝的防水构造是否符合要求。

（2）浇筑混凝土前，混凝土接槎部位、顶板模板均需浇水湿润。并支立混凝土浇筑厚度控制标尺杆。

（3）防水混凝土施工前应做好降排水工作，不得在有积水的环境中浇筑混凝土。

二、进场材料检验及复检

质量员在施工前应注意材料在运输及存储过程中是否发生影响施工质量的变化，对于易变质材料还要注意是否在有效期内。

（1）水泥。水泥的品种符合设计要求，严禁使用过期或受潮结块变质的水泥。

（2）砂、石。目测砂、石粒径有无大量超标现象及其含泥及泥块量是否符合要求。

（3）外加剂。均在使用期范围内。

三、过程质量控制与检查要点

（1）模板。

1）模板应平整，且拼缝严密不漏浆。

2）模板构造应牢固稳定。

3）防水混凝土结构内部设置的各种钢筋或绑扎铁丝，不得接触模板。固定模板时，避免以后水沿缝隙渗入。

4）固定模板用的螺栓必须穿过混凝土结构时，可采用工具螺栓或螺栓加堵头，螺栓上加焊方形止水环。拆模后应将留下的凹槽封堵密实。

（2）钢筋。

1）钢筋相互间绑扎牢固，以防露筋。

2）绑扎钢筋时，应按设计规定留足保护层，不得有负误差。留设保护层时，严禁以钢筋垫钢筋，或将钢筋用铁钉、钢丝直接固定在模板上。

3）钢筋及钢丝均不得接触模板，若采用铁马凳架设钢筋时，在不能取掉的情况下，应在铁马凳上加焊止水环，防止水沿铁马凳渗入混凝土结构。

（3）防水混凝土的施工配合比。应通过试验确定，抗渗等级应比设计要求提高一级（$0.2N/mm^2$）。

（4）防水混凝土结构底板的混凝土垫层。强度等级不应小于 C15，厚度不应小于 100mm，在软弱土层中不应小于 150mm。

（5）防水混凝土结构。

1）结构厚度不应小于 250mm。

2）裂缝宽度不得大于 0.2mm，并不得贯通。

3）迎水面钢筋保护层厚度不应小于 50mm。

（6）防水混凝土的配合比。

1）胶凝材料总用量不宜小于 $320kg/m^3$；在满足混凝土抗渗等级，强度等级和耐久性条件下，水泥用量不宜小于 $260kg/m^3$。

2）砂率宜为35%～45%，灰砂比宜为1∶1.5～1∶2.5。

3）水胶比不得大于0.5，有侵蚀性介质时水胶比不宜大于0.45。

4）防水混凝土采用预拌混凝土时，入泵坍落度宜控制在120～160mm，坍落度每小时损失值不应大于20mm，坍落度总损失值不应大于40mm。

5）掺加引气剂或引气型减水剂时，混凝土含气量应控制在3%～5%。

6）预拌混凝土配凝时间宜为6～8h。

（7）混凝土搅拌。

严格按选定的施工配合比，准确计算称量每种用料，按顺序抽入混凝土搅拌机。

防水混凝土必须采用机械搅拌。搅拌时间比普通混凝土略长，一般不少于120s。

（8）混凝土运输。

防水混凝土拌合物在运输后如出现离析，必须进行二次搅拌。当坍落度损失后不能满足施工要求时，应加入原水灰比的水泥浆或二次掺加减水剂进行搅拌，严禁直接加水。

（9）混凝土浇筑。

1）混凝土进场质量检查。预拌混凝土进场后，及时检查其强度等级和抗渗等级是否正确，混凝土出厂时间、进场时间和浇筑时间能否满足质量要求。

2）表面清理。浇筑前，应清除模板内的积水、木屑、铁丝、铁钉等杂物，并以水湿润模板。使用钢模应保持其表面清洁无浮浆。

3）底板混凝土浇筑。底板混凝土应连续浇筑，不宜设置施工缝，如确需留置施工缝时，应按照设计要求，采取有效的止水措施。底板混凝土要分层浇筑，每次浇筑厚度为400～500mm。浇筑上层混凝土必须在下一层混凝土初凝前完成。

（10）混凝土振捣。

必须采用高频机械振捣密实，振捣时间以混凝土泛浆和不冒气泡为准，应避免漏振、欠振和超振。

（11）施工缝。

1）墙体水平施工缝不应留在剪力与弯矩最大处或底板与侧墙的交接处，应留在高出底板表面不小于300mm的墙体上。拱（板）墙结合的水平施工缝，宜留在拱（板）墙接缝线以下150～300mm处。墙体有预留孔洞时，施工缝距孔洞边缘不应小于300mm。垂直施工缝应避免地下水和裂隙水较多的地段，并宜与变形缝相结合。

2）水平施工缝浇灌混凝土前，应将其表面浮浆和杂物清除，先铺净浆，在铺30～50mm厚的1∶1水泥砂浆或涂刷混凝土界面处理剂，并及时浇灌混凝土。

3）垂直施工缝浇灌混凝土前，应将其表面清理干净，并涂刷混凝土采用处理剂或水泥基渗透结晶型防水材料，并及时浇灌混凝土。

4）遇水膨胀止水剂（胶）应与接缝表面密贴。

5）采用中埋式止水带或预埋式注浆管时，应定位准确、固定牢靠。

（12）后浇带。

1）后浇带混凝土施工前，后浇带部位和外贴式止水带应予以保护，严防落入杂物和损伤外贴式止水带。

2）后浇带应采用补偿收缩混凝土浇筑，其强度等级不应低于两侧混凝土。

3）后浇带混凝土的养护时间不得少于28d。

（13）穿墙管（盒）。

1）穿墙管（盒）应在浇筑混凝土前预埋。

2）穿墙管与内墙角、凹凸部位的距离应大于250mm。

3）结构变形或管道伸缩量较小时，穿墙管可采用主管直接埋入混凝土内的固定式防水法，并应预留凹槽，槽内用嵌缝材料嵌填密实。

4）穿墙盒的封口钢板应与墙上的预埋角钢焊严，并从钢板上的预留浇注孔注入改性沥青柔性密封材料或细石混凝土处理。

5）当工程有防护要求时，穿墙管除应采取有效防水措施外，尚应采取措施满足防护要求。

（14）混凝土的养护。

1）当混凝土进入终凝（约浇灌后4～6h）即应覆盖并浇水养护，养护不少于14d。

2）大体积防水混凝土采用保温保湿养护时，混凝土中心温度与表面温度的差值不应大于20℃，温降梯度不得大于3℃/d，混凝土表面温度与大气温度的差值不应大于25℃。养护时间不应少于14d。

（15）拆模板。

不易过早拆模。拆模时防水混凝土的强度必须超过设计强度等级的70%，混凝土表面温度与环境温度之差，不得超过15℃，以防混凝土表面产生裂缝。拆模时应注意勿使楼板和防水混凝土结构受损。

四、季节性施工质量检查

（1）冬期施工时，水和砂、石应根据冬期施工方案规定加热，应保证混凝土入模温度不低于5℃。当采用综合蓄热法时，应采取有效的保温保湿措施，严禁混凝土受冻、脱水。冬期施工掺入的防冻剂应选用复合型外加剂，并经检验合格的产品。拆模时混凝土表面温度与环境温度差不大于20℃。

（2）下雨时不宜浇筑混凝土，雨期浇筑的混凝土应及时覆盖防雨。

五、成品保护

（1）浇筑防水混凝土时不得踩踏钢筋，不得改动模板位置。

（2）浇筑外墙混凝土时，做好外墙预埋管、孔洞模板的保护，防止预埋管、预留洞位移。保护好穿墙管、电线管、电线盒及预埋件等，振捣时勿挤偏或勿使其挤入混凝土内。

（3）混凝土楼板表面无足够强度时，严禁集中堆放施工材料，以防施工荷载过大，造成楼板裂缝。

（4）拆除模板时严禁野蛮作业。

（5）冬期施工的混凝土不得过早拆除覆盖保温，混凝土强度应达到临界强度并满足冬期施工的有关要求后方可拆除保温。

（6）地下室外墙拆模后应及时回填土，防止地基被水浸泡，造成不均匀沉陷或长时间曝晒，导致出现温度收缩裂缝。

六、质量常见问题及防治

（1）混凝土表面出现不规则的收缩裂缝或环形裂缝。当裂缝贯穿于混凝土结构本体时，即产生渗漏水。

防治措施：

1）根据裂缝渗漏水量和水压大小，采取促凝胶浆或氰凝。

2）对不渗漏的裂缝，可直接用灰浆处理。

3）对于结构出现的环形裂缝，应按变形缝的方法处理，其作法参见本项第（2）中“变形缝渗漏水”的有关内容。

（2）地下工程变形缝（包括沉降缝、伸缩缝），一般设置在结构变形和位移等部位，如地下室与车道联结处。不少变形缝有不同程度的渗漏水。

防治措施：

1）如发现变形缝渗漏水，对可卸式止水带，可揭开盖板，扭开螺母，将压铁及表面式止水带拆卸，清除缝内填塞物。

2）在变形缝渗漏水部位缝内嵌入 BW 止水条，每隔 1～2m 处预埋注浆管，用速凝防水胶泥封缝（图 2—1）。

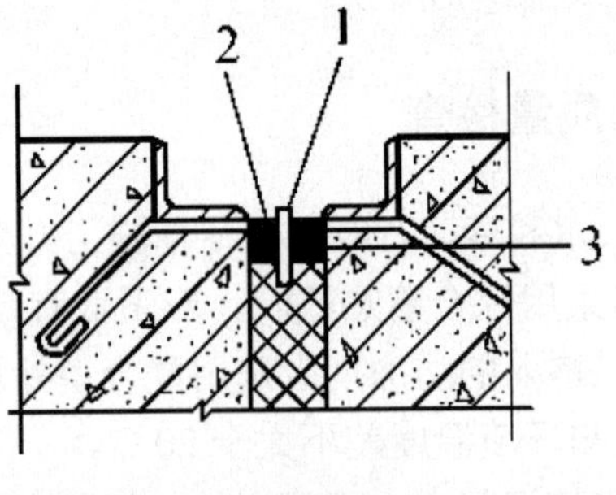

图 2—1　预埋注浆管

1-注浆管；2-速凝防水胶泥；3-BW 止水条

3）采用颜色水试水的方法，确定注浆方量。然后采用丙凝注浆。注浆顺序先底板，次侧墙，后顶板。

4）注浆后 2～3d，应认真检查，对不密实处，可作第二次丙凝注浆，直到不渗漏水为止。注浆管可用微膨胀水泥砂浆填实。

（3）施工缝处混凝土骨料集中，混凝土酥松，接槎明显，沿缝隙处渗漏水。

防治措施：

1）根据施工缝漏水情况和水压大小，采用促凝胶浆或氰凝（丙凝）灌浆堵漏。

2）对于不渗漏水的施工缝出现缺陷，可沿缝剔成 V 形槽，遇有松散部位，须将松散石子剔除，刷洗干净后，用高强度等级水泥素浆打底，抹 1∶2 水泥砂浆找平压实，如图 2—2 所示。

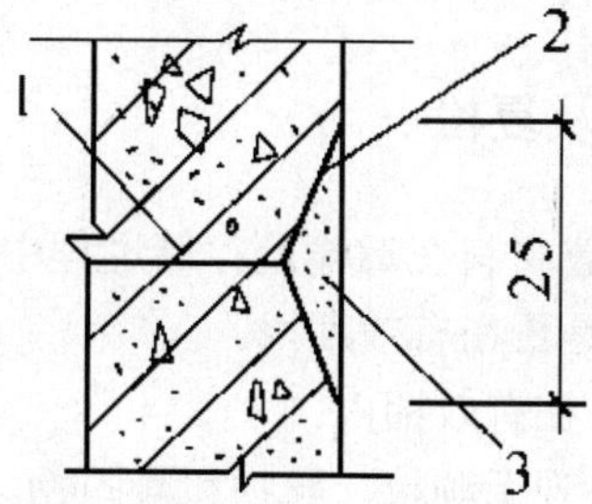

图 2—2　混凝土施工缝缺陷处理

1-施工缝；2-素浆；3-水泥砂浆

（4）混凝土后期渗漏水，一般由于碳化收缩裂缝和化学反应裂缝造成。

防治措施：

1）为了使碳化裂缝表面的碳化脆弱，可用耐碱聚合物乳胶等材料作密封层，或用水泥密封剂密封，使其同水泥中的碱性物质发生化学变化，生成 $CaSiO_3$、$MgSiO_3$、SiO_2 等化学稳定性很高的硅酸盐。

2）对钢筋锈蚀裂缝，应把主筋周围含盐混凝土消除，铁锈用喷砂法消除，然后喷浆或加抹 20mm 厚的水泥砂浆，亦可涂刷两遍环氧胶泥进行表面封闭。

3）深进的或贯穿性裂缝，应用环氧灌缝，再在表面加刷环氧胶泥封闭。亦可采用氰凝、丙凝浆液灌缝，然后进行表面封闭。

第 2 讲　水泥砂浆防水

一、施工作业条件检查

（1）地下结构施工完成，检查合格并办理交接验收手续。

（2）基层表面应平整、坚实、粗糙、清洁，并充分湿润、无积水。

（3）预留孔洞及穿墙管道已施工完毕，按设计要求已作好防水处理，并办好隐检手续。

（4）混凝土墙面、地面，如有蜂窝和松散混凝土要凿掉，后浇缝带、施工缝面要凿毛，用压力水冲洗干净。

（5）用混合砂浆砌筑的砖墙，必须在砌砖时划缝，深度为 8～10mm，如漏划，应凿出。

（7）防水层材料备齐，运到现场，经复查质量符合设计要求。

（8）施工机具设备准备就绪，经维修试用，处于完好状态；水、电线路已敷设，可满足施工需要。

（9）当地下水位较高，应将水位降至地下结构底板以下 0.5m，直至防水层全部施工完成为止。

二、进场材料检验及复检

质量员在施工前应注意材料在运输及存储过程中是否发生影响施工质量的变化，对于易变质材料还要注意是否在有效期内。

（1）水泥、外加剂。在有效期内。

（2）聚合物乳液。外观无颗粒、异物和凝固物。

三、过程质量控制与检查要点

（1）多层抹面水泥砂浆。

1）砂浆应采用机械搅拌，拌和时严格按照配合比加料，拌和要均匀一致，搅拌时间不少于 3min，应随拌随用。

2）基层表面应清洁、平整、坚实并应充分湿润、无明水。粘结牢固，基层表面的孔洞、缝隙，应采用与防水层相同的防水砂浆填塞并抹平。

3）水泥砂浆防水层应分层铺抹或喷射，铺抹时应注意压实、抹平和表面压光。

4）水泥砂浆防水层各层应交替抹压密实，每层宜连续施工；如必须留施工缝时，留槎应符合下列规定：

①平面留槎采用阶梯坡形槎，接槎要依层次顺序操作，层层搭接紧密。接槎位置一般宜在地面上，也可在墙面上，但必须离开阴阳角处不得小于 200mm。

②基础面与墙面防水层转角留槎。

5）施工水泥砂浆防水层时，气温不应低于 5℃，且基层表面温度应保持在 0℃以上。

（2）外加剂防水砂浆。

1）无机铝盐防水砂浆。

①基层处理：在处理好的基层上由上而下先刷一道水泥净砂。

②养护：防水层施工后应及时覆盖养护，每隔 4h 浇水一次，养护期 14d，墙面防水层应在 12h 后再喷水养护。

③阴阳角：阴阳角应做成圆弧形，阳角半径一般为 10mm，阴角半径一般为 50mm。

2）有机硅防水砂浆。

①基层处理：先将积水排除，基层表面的污垢、浮土等杂物要清理干净，不得存有积水，进行凿毛后用水冲洗干净。如基层表面有裂缝、缺棱、掉角、凹凸不平处，应用聚丙稀聚合物水泥浆或水泥砂浆修补，待干燥后再进行防水处理。

②抹防水砂浆：底面与面层抹两遍，时间间隔宜过短，以防开裂。抹浆时应先处理好阴阳角，再进行底面与面层施工。掺外加剂、掺合料等的水泥砂浆防水层厚度宜为 18～20mm。

③养护：为防止防水砂浆中的水分过早蒸发而出现干缩裂缝，在防水层全部施

工完后，应及时进行养护，养护温度不宜低于5℃，养护时间不得少于14d，养护期间应保持湿润。

（3）聚合物防水砂浆。

1）基层处理。参见本单元”防水混凝土“相关内容。

2）聚合物水泥防水砂浆拌和后应在规定时间内用完，施工中不得任意加水。

3）聚合物水泥砂浆防水层未达到硬化状态时，不得浇水养护或直接受雨水冲刷，硬化后采用干湿交替的养护方法，在潮湿环境中，可在自然条件下养护。

四、季节性施工质量检查

（1）水泥砂浆防水层室外施工时，不得在雨天及五级以上大风中施工。冬期施工时，气温不应低于5℃，夏季施工时，不宜在30℃以上及烈日照射下施工。

（2）雨期施工时，要准备好防雨材料，如突遇下雨，已施工的防水层要用彩条布盖好，并应有畅通的排水措施，防止下雨破坏防水层或冲走砂浆，造成材料浪费，污染环境；作业面上的材料、施工用具等应及时回收入库，作业面上的垃圾应及时清理干净，避免雨水冲走堵塞下水管，污染环境。

（3）冬期施工时，应准备覆盖材料，当环境温度有可能降到5℃以下时，应及时进行覆盖保温，避免冻坏砂浆或混凝土产生废物污染环境。

五、成品保护

（1）抹灰脚手架应离开墙面150mm；拆架子时，不得碰坏墙面及棱角。

（2）落地灰应及时清理，不得沾污地面基层或防水层。

（3）施工时保护好地漏、出水口等部位安放的临时堵头，以防灌入砂浆，杂物造成堵塞。

（4）被污染的墙柱面、门窗框、设备立管应及时清理干净。

六、质量常见问题及防治

（1）防水层与基层脱离，甚至隆起，表面出现缝隙大小不等的交叉裂缝。处于地下水位以下的裂缝处，往往有不同流量的渗漏。

防治措施：

1）无渗漏水的空鼓裂缝，须全部剔除，边缘成斜坡形，按基层处理要求清洗干净，然后按各层次重新修补平整。

2）对于渗漏水的空鼓裂缝，剔除后按上条中所述的方法检查出漏水点的位置，并将该处剔成凹槽，清洗干净。混凝土基层可根据水压、流量等，酌情采取直接堵塞法或下管引水法堵漏。砖砌基层则应采用下管引水法堵漏，并重新抹上防水层，如图2—3所示。

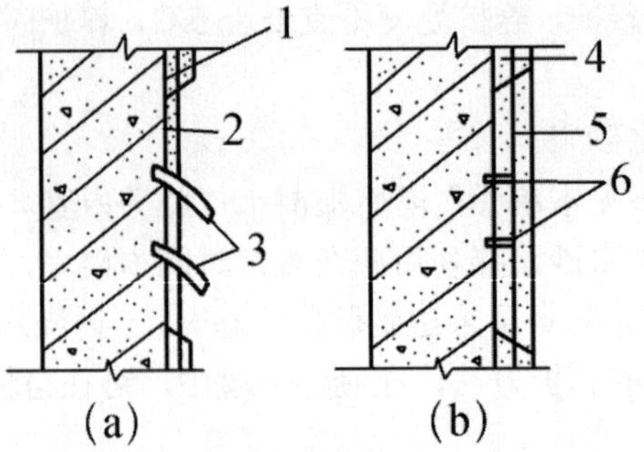

图 2—3　空鼓裂缝漏水的修补

（a）剔除空鼓处下管示意；（b）修补后示意

1-原防水层；2-新抹防水层的一、二层；　3-胶管；4-后补防水层；5、6-水泥胶浆堵塞

3）对于未空鼓、不漏水的防水层收缩裂缝，可沿裂缝剔成八字形边坡沟槽，按防水层作法补平。

4）对于结构开裂造成的防水层裂缝，应先考虑结构补强，征得设计同意，可采用水泥加促凝剂灌浆法进行处理，然后，按收缩裂缝处理。

（2）穿透防水层的预埋件周边出现阴湿或不同程度的渗漏。

防治措施：

1）对于预埋件周边出现的渗漏，先将周边剔成环形沟槽，再按裂缝直接堵塞方法处理。

2）对于因受振而使预埋件周边出现的渗漏，处理时需将预埋件拆除，制成预制块（其表面抹好防水层），并剔凿出凹槽供埋设预制块用。埋设前凹槽内先嵌入水泥：砂=1∶1 和水：促凝剂=1∶1 的快凝砂浆，再迅速将预制块填入。待快凝砂浆具有一定强度后，周边用胶浆堵塞，并用素浆嵌实，然后分层抹防水层补平，如图 2—4 所示。

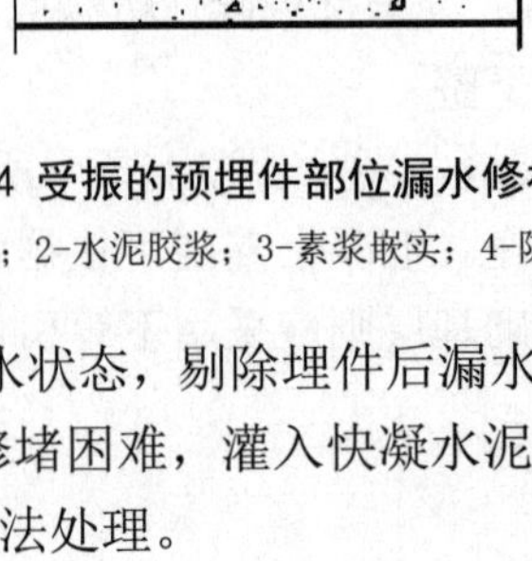

图 2—4 受振的预埋件部位漏水修补

1-快凝砂浆；2-水泥胶浆；3-素浆嵌实；4-防水层

3）如埋件密集，多数呈漏水状态，剔除埋件后漏水增多，这是因该部位混凝土浇捣不严，内部松散所致，如修堵困难，灌入快凝水泥浆，待凝固后，漏水量明显下降时，再参照上述 1）、2）方法处理。

（3）一般常温管道周边阴湿或有不同程度的渗漏。热力管道周边防水层隆起或酥裂，渗漏水从该部位流出。

防治措施：

1）热力管道穿透内墙部位出现渗漏水时，可将穿管孔眼剔大，采用埋设预制半圆混

凝土管法进行处理，如图2—5所示。

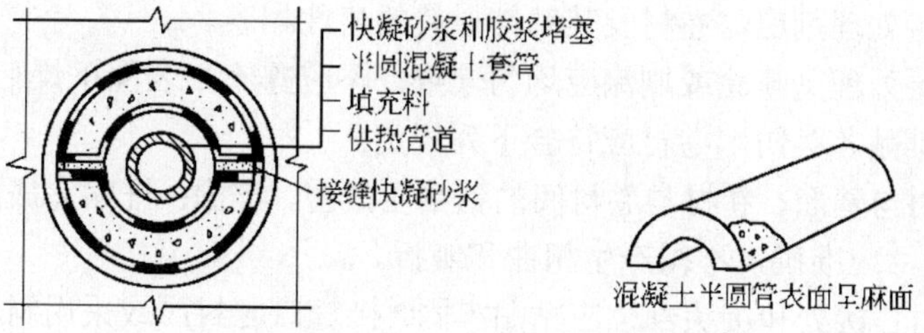

图2—5　埋设预制半圆套管法

2）热力管道穿透外墙部位出现渗漏水，修复时需将地下水位降至管道标高以下，用设置橡胶止水套的方法处理。

（4）防水层表面不坚硬，用手擦时，可擦掉粉末或砂粒，显露出砂子颗粒。

防治措施：防水层表面起砂，在保证使用的情况下，一般可不做处理。如影响使用，需将表面用钢丝刷刷毛或用剁斧剁毛，清洗干净后，重新抹一遍素浆层和水泥砂浆层，压光交活后，加强覆盖和浇水养护。

第3讲　卷材防水

一、施工作业条件检查

卷材防水施工的主要机具为垂直运输机具和作业面水平运输机具以及铺贴施工中的压辊、喷灯及热熔所需的小型工具。

二、进场材料检验及复检

质量员在施工前应注意材料在运输及存储过程中是否发生影响施工质量的变化，对于易变质材料还要注意是否在有效期内。

（1）卷材。地下工程卷材外表不应有孔眼、断裂、叠皱、边缘撕裂。表面防粘层应均匀散布及油质均匀，无未浸透的油层和杂质，冬季不脆断。

（2）基层处理剂、粘结剂等。在有效期内，均应与铺贴的卷材材性相容。

三、过程质量控制与检查要点

（1）卷材防水层的基面应坚实、平整、清洁，阴阳角处应做圆弧或折角，并应符合所有卷材的施工要求。

（2）防水卷材施工前，基面应干净、干燥，并应涂刷基层处理剂；当基面潮湿时，应涂刷湿固化型胶粘剂或潮湿界面隔离剂。基层处理剂的配制与施工应符合下列要求：

1）基层处理剂应与卷材及其粘结材料的材性相容。

2）基层处理剂喷涂或刷涂应均匀一致，不应露底，表面干燥后方可铺贴卷材。

（3）铺贴各类防水卷材应符合下列规定：

1）卷材与基面、卷材与卷材间的粘结应紧密、牢固；铺贴完成的卷材应平整顺直，搭接尺寸应准确，不得产生扭曲和皱折。

2）卷材搭接处和接头部位应粘贴牢固，接缝口应封严或采用材性相容的密封材料封缝。

3）铺贴立面卷材防水层时，应采取防止卷材下滑的措施。

4）铺贴双层卷材时，上下两层和相邻两幅卷材的接缝应错开 1／3～1／2 幅宽，且两层卷材不得相互垂直铺贴。

（4）弹性体改性沥青防水卷材和改性沥青聚乙烯胎防水卷材采用热熔法施工应加热均匀，不得加热不足或烧穿卷材，搭接缝部位应溢出热熔的改性沥青。

（5）铺贴自粘聚合物改性沥青防水卷材应符合下列规定：

1）基层表面应平整、干净、干燥、无尖锐突起物或孔隙。

2）排除卷材下面的空气，应辊压粘贴牢固，卷材表面不得有扭曲、皱折和起泡现象。

3）立面卷材铺贴完成后，应将卷材端头固定或嵌入墙体顶部的凹槽内，并应用密封材料封严。

（6）铺贴三元乙丙橡胶防水卷材应采用冷粘法施工，并应符合下列规定:

1）基底胶粘剂应涂刷均匀，不应露底、堆积。

2）胶粘剂涂刷与卷材铺贴的间隔时间应根据胶粘剂的性能控制。

3）铺贴卷材时，应辊压粘贴牢固。

4）搭接部位的粘合面应清理干净，并应采用接缝专用胶粘剂或胶粘带粘结。

（7）铺贴聚氯乙烯防水卷材，接缝采用焊接法施工时，应符合下列规定：

1）卷材的搭接缝可采用单焊缝或双焊缝。单焊缝搭接宽度应为 60mm，有效焊接宽度不应小于 30mm；双焊缝搭接宽度应为 80mm，中间应留设 10～20mm 的空腔，有效焊接宽度不宜小于 10mm。

2）焊接缝的结合面应清理干净，焊接应严密。

3）应先焊长边搭接缝，后焊短边搭接缝。

（8）铺贴聚乙烯丙纶复合防水卷材应符合下列规定：

1）应采用配套的聚合物水泥防水粘结材料。

2）卷材与基层粘贴应采用满粘法，粘结面积不应小于 90%，刮涂粘结料应均匀，不应露底、堆积。

3）固化后的粘结料厚度不应小于 1.3mm。

4）施工完的防水层应及时做保护层。

（9）高分子自粘胶膜防水卷材宜采用预铺反粘法施工，并应符合下列规定：

1）在潮湿基面铺设时，基面应平整坚固、无明显积水。

2）卷材长边应采用自粘边搭接，短边应采用胶粘带搭接，卷材端部搭接区应相互错开。

3）立面施工时，在自粘边位置距离卷材边缘 10～20mm 内，应每隔 400～600mm 进行机械固定，并应保证固定位置被卷材完全覆盖。

4）浇筑结构混凝土时不得损伤防水层。

（10）采用外防外贴法铺贴卷材防水层时，应符合下列规定：

1）应先铺平面，后铺立面，交接处应交叉搭接。

2）当不设保护墙时，从底面折向立面的卷材接槎部位应采取可靠的保护措施。

3）混凝土结构完成，铺贴立面卷材时，应先将接槎部位的各层卷材揭开，并应将其表面清理干净，如卷材有局部损伤，应及时进行修补；卷材接槎的搭接长度，高聚物改性沥青类卷材应为 150mm，合成高分子类卷材应为 100mm；当使用两层卷材时，卷材应错槎接缝，上层卷材应盖过下层卷材。

（11）采用外防内贴法铺贴卷材防水层时，应符合下列规定：

1）混凝土结构的保护墙内表面应抹厚度为 20mm 的 1∶3 水泥砂浆找平层，然后铺贴卷材。

2）卷材宜先铺立面，后铺平面；铺贴立面时，应先铺转角，后铺大面。

①采用机械碾压回填土时，保护层厚度不宜小于 70mm。

②采用人工回填土时，保护层厚度不宜小于 50mm。

③防水层与保护层之间宜设置隔离层。

（12）底板卷材防水层上的细石混凝土保护层厚度不应小于 50mm。

四、季节性施工质量检查

（1）卷材防水层严禁在雨天、雪天以及五级风以上的条件下施工，冷粘法：自粘法施工的环境气温不宜低于 5℃，热熔法、焊接法施工的环境温度不宜低于-10℃。施工过程中下雨或下雪时，应做好铺卷材的防护工作。卷材防水层的正常施工温度的范围为 5～35℃。

（2）雨期施工时，如突遇大雨，已施工还没有做保护层，防水层要用彩条布盖好，并应有畅通的排水措施，防止大雨浸泡防水层，损坏防水层造成材料浪费，污染环境；作业面上防水材料和施工用具等要及时收入仓库，垃圾及各种遗洒的材料都应及时清理干净。

五、成品保护

（1）卷材在运输及保管时立放木高于四层，不得横放、斜放，应避免雨淋、日晒、受潮，以防粘结变质。

（2）已铺贴好的卷材防水层，应及时采取保护措施。操作人员不得穿带钉鞋在底板上作业。

（3）穿墙和地面管道根部、地漏等，不得碰坏或造成变位。

（4）卷材铺贴完成后，要及时做好保护层。外防外贴法墙角留槎的卷材要妥加保护，防止断裂和损伤并及时砌好保护墙；各层卷材铺完后，其顶端应给予临时固定，并加以保护，或砌筑保护墙和进行回填土。

（5）排水口、地漏、变形缝等处应采取措施保护，保持口内、管内畅通。防止基层积水或污染而影响卷材铺贴质量。

六、质量常见问题及防治

（1）铺贴后的卷材甩槎被污损破坏，或立面临保护墙的卷材被撕破，层次不清，无法搭接。

防治措施：从混凝土底板下面甩出的卷材可刷油铺贴在水久保护墙上，但超出永久保护墙部位的卷材不刷油铺实，而用附加保护油毡包裹钉在木砖上，待完成主体结构、拆除临时保护墙时，撕去附加保护油毡，可使内部各层卷材完好无缺，如图 2—6 所示。

当采用聚氨酯代卷材作防水层时，其地下室底板与外墙防水处理如图 2—7 所示。

（2）地下工程主体结构施工后，转角部位或墙体出现渗漏。

防治措施：当转角部位出现粘结不牢、不实等现象时，应将该处卷材撕开，灌入玛蹄脂，用喷灯烘烤后，逐层补好。热熔型卷材则用火焰喷枪加热卷材与基层修补。

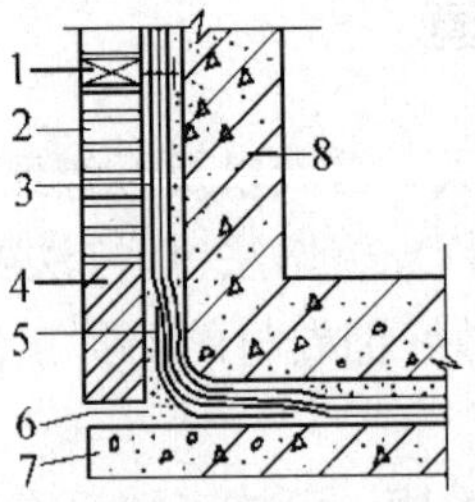

图 2—6　外贴法卷材搭接示意图

1-木砖；2-临时保护墙；3-卷材；4-永久保护墙；5-转角附加油毡；6-干铺油毡片；7-垫层；8-结构

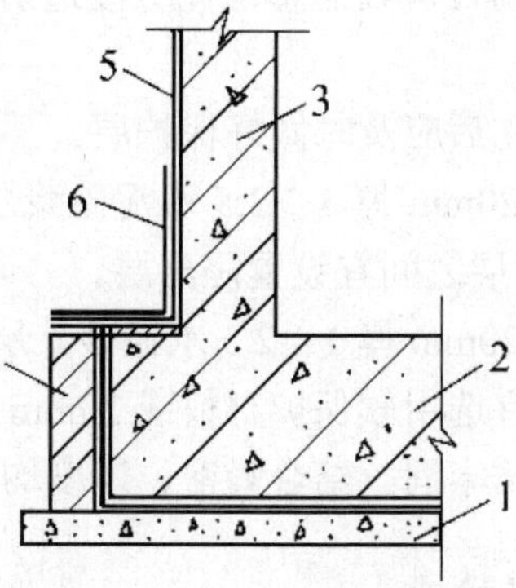

图 2—7　地下室底板与外墙防水处理

1-混凝土垫层；2-地下室底板；3-地下室外墙；4-砖侧墙；5-2mm 厚聚氨酯防水层；6-3mm 厚聚氨酯加筋附加层

第 4 讲　涂料防水

一、施工作业条件检查

（1）基层表面的气孔、凹凸不平、蜂窝、缝隙、起砂等，应用水泥砂浆找平或用聚合物水泥腻子填补刮平，基层必须干净、无浮浆、无水珠、不渗水。

（2）涂料施工前，基层阴阳角应做成圆弧形，阴角直径宜大于 50mm，阳角直径宜大于 10mm。

（3）涂料施工前应先对阴阳角、预埋件、穿墙等部位进行密封或加强处理。

（4）涂料的配制及施工，必须严格按涂料的技术要求进行。

（5）基层应干燥，含水率不得大于 9%，当含水率较高或环境湿度大于 85%时，应在基面涂刷一层潮湿隔离剂。

二、进场材料检验及复检

质量员在施工前应注意材料在运输及存储过程中是否发生影响施工质量的变化，对于易变质材料还要注意是否在有效期内。

三、过程质量控制与检查要点

（1）无机防水涂料基层表面应干净、平整、无浮浆和明显积水。

（2）有机防水涂料基层表面应基本干燥，不应有气孔、凹凸不平、蜂窝麻面等缺陷。

（3）防水涂料应分层刷涂或喷涂，涂层应均匀，不得漏刷漏涂；接槎宽度不应小于 100mm。

(4)铺贴胎体增强材料时，应使胎体层充分浸透防水涂料，不得有露槎及褶皱。

（5）保护层。

1）有机防水涂料施工完后应及时做好保护层。

2）底板、顶板应采用20mm厚1∶2.5水泥砂浆层和40～50mm厚的细石混凝土保护，顶板防水层与保护层之间宜设置隔离层。

3）侧墙背水面应采用20mm厚1∶2.5水泥砂浆层保护。

4）侧墙迎水面保护层宜选用软保护材料或20mm厚1∶2.5水泥砂浆层保护。

5）保护层与防水层粘结牢固、结合紧密、厚度均匀一致。

四、季节性施工质量检查

（1）防水涂料严禁在雨天、雪天、雾天、五级及其以上大风时施工。

（2）不得在施工环境低于5℃及高于35℃或烈日暴晒时施工。

（3）涂膜固化前如有降雨可能时，应及时做好已完涂层的保护工作。

五、成品保护

（1）穿过地面、墙面等处的管根、地漏，应防止碰损、变位。地漏、排水口等处应保持畅通，施工时应采取保护措施。

（2）涂膜防水层未固化前不允许上人作业；干燥固化后应及时做保护层，以防破坏涂膜防水层，造成渗漏。

（3）涂膜防水层施工时，应注意保护门窗、墙壁等成品，防止污染。

（4）严禁在已做好的防水层上堆放物品，尤其是金属物品。

第5讲　膨润土防水

一、进场材料检验及复检

质量员在施工前应注意材料在运输及存储过程中是否发生影响施工质量的变化，对于易变质材料还要注意是否在有效期内。

二、过程质量控制与检查要点

（1）基层应坚实、清洁，不得有明水和积水。平整度应符合规范的规定。

（2）膨润土防水材料应采用水泥钉和垫片固定。立面和斜面上的固定间距宜为400～500mm，平面上应在搭接缝处固定。

（3）膨润土防水毯的织布面应与结构外表面或底板垫层混凝土密贴；膨润土防水板的膨润土面应与结构外表面或底板垫层密贴。

（4）膨润土防水材料应采用搭接法连接，搭接宽度应大于 100mm。搭接部位的固定位置距搭接边缘的距离宜为 25～30mm，搭接处应涂膨润土密封膏。平面搭接缝可干撒膨润土颗粒，用量宜为 0.3～0.5kg/m。

（5）立面和斜面铺设膨润土防水材料时，应上层压着下层，卷材与基层、卷材与卷材之间应密贴，并应平整无褶皱。

（6）膨润土防水材料分段铺设时，应采取临时防护措施。

（7）甩槎与下幅防水材料连接时，应将收口压板、临时保护膜等去掉，并应将搭接部位清理干净，涂抹膨润土密封膏，然后搭接固定。

（8）膨润土防水材料的永久收口部位应用收口压条和水泥钉固定，并应用膨润土密封膏覆盖。

（9）膨润土防水材料与其他防水材料过渡时，过渡搭接宽度应大于 400mm，搭接范围内应涂抹膨润土密封膏或铺撒膨润土粉。

（10）破损部位应采用与防水层相同的材料进行修补，补丁边缘与破损部位边缘的距离不应小于 100mm；膨润土防水板表面膨润土颗粒损失严重时应涂抹膨润土密封膏。

第 6 讲　地下工程防水细部构造

一、施工作业条件检查

（1）基面修补完毕。

（2）整体沉降量达到 80%。

（3）在潮湿及有积水的部位，应在遇水膨胀橡胶止水条上涂刷缓凝剂。

二、进场材料检验及复检

质量员在施工前应注意材料在运输及存储过程中是否发生影响施工质量的变化，对于易变质材料还要注意是否在有效期内。

（1）止水带。止水带宽度和材质符合设计要求，且无裂缝和气泡。

（2）遇水膨胀橡胶。避免受潮湿和遭水浸。还应注意防止污染、沾上尘土或污物。

（3）腻子型止水条。是否在使用前受破坏或过早撕去隔离纸。

三、过程质量控制与检查要点

1.变形缝的防水。

（1）止水带接头应采用热接，不得叠接，接缝平整、牢固，不得有裂口和脱胶现象。

（2）止水带埋设位置应准确，其中间空心圆环应与变形缝的中心线重合，止水带不得穿孔或用铁钉固定。

（3）变形缝设置中埋式止水带时，混凝土浇筑前应校正止水带位置，表面清理干净，止水带损坏处应修补；顶、底板止水带的下侧混凝土应振捣密实，边墙止水带内外侧混凝土应均匀，保持止水带位置正确、平直、无卷曲现象。

（4）变形缝处增设的卷材或涂料防水层，应按设计要求施工。

2.施工缝的防水。

（1）水平施工缝浇筑混凝土前，应将其表面浮浆和杂物清除，铺水泥砂浆或涂刷混凝土界面处理剂并及时浇筑混凝土。

（2）垂直施工缝浇筑混凝土前，应将其表面清理干净，涂刷混凝土界面处理剂并及时浇筑混凝土。

（3）施工缝采用遇水膨胀橡胶腻子止水条时，应将止水条牢固地安装在缝表面预留槽内。

（4）施工缝采用中埋止水带时，应确保止水带位置准确、固定牢靠。

3.后浇带的防水。

（1）后浇带应在其两侧混凝土龄期达到42d后再施工。

（2）后浇带应采用补偿收缩混凝土，其强度等级不得低于两侧混凝土。

（3）后浇带混凝土养护时间不得少于28d。

4.穿墙管（盒）的防水。

（1）穿墙管止水环与主管或翼环与套管应连续满焊，并做好防腐处理。

（2）穿墙管处防水层施工前，应将套管内表面清理干净。

（3）套管内的管道安装完毕后，应在两管间嵌入内衬填料，端部用密封材料填缝。柔性穿墙时，穿墙内侧应用法兰压紧。

（4）穿墙管外侧防水层应铺设严密，不留接槎；增铺附加层时，应按设计要求施工。

（5）管与管的间距应大于300mm。

5.埋设件的防水。

（1）埋设件端部或预留孔（槽）底部的混凝土厚度不得小于250mm；当厚度小于250mm时，必须局部加厚或采取其他防水措施。

（2）预留地坑、孔洞、沟槽内的防水层，应与孔（槽）外的结构防水层保持连续。

（3）固定模板用的螺栓必须穿过混凝土结构时，螺栓或套管应满焊止水环或翼环；采用工具式螺栓或螺栓加堵头做法，拆模后应采取加强防水措施将留下的凹槽封堵密实。

6.密封材料的防水。

（1）检查粘结基层的干燥程度以及接缝的尺寸，接缝内部的杂物应清除干净。

（2）热灌法施工应自下向上进行并尽量减少接头，接头应采用斜槎；密封材料熬制及浇灌温度，应按有关材料要求严格控制。

（3）冷嵌法施工应分次将密封材料嵌填在缝内，压嵌密实并与缝壁粘结牢固，防止裹入空气。接头应采用斜槎。

（4）接缝处的密封材料底部应嵌填背衬材料，外露密封材料上应设置保护层，其宽度不得小于 100mm。

四、季节性施工质量检查

（1）不宜在气温低于 5℃的情况下施工。

（2）夏季施工混凝土要覆盖浇水养护。

五、成品保护

（1）保护好预埋穿墙管、电线管、电线盒、预埋铁件及止水片（带）的位置正确，并固定牢靠，防止振捣混凝土时碰动，造成位移、挤偏和表面铁件陷进混凝土内。

（2）在拆模和吊运其他物件时，应避免碰坏施工缝企口和损坏止水片（带）。

（3）后浇带混凝土施工前，后浇带部位和外贴式止水带应予以保护，严防落入杂物和损伤外贴式止水带。

（4）施工后应保护防水层不受振动和损坏。

第3部分

结构工程施工过程质量检查

第1单元　模板工程施工质量控制

第1讲　竹（木）胶合板模板安装

一、施工作业条件检查

（1）地面已整平夯实，混凝土的强度已达到规定值，足够承载模板重量。

（2）已根据图纸要求放好轴线和模板边线，定好水平控制标高。柱、墙模板底边水泥砂浆找平层已抹好，校正柱子模板的地锚已预埋。

（3）墙、柱钢筋绑扎完毕，水电管及预埋件已安装，钢筋保护层垫块已绑好，并办完隐蔽工程验收手续。

（4）各施工缝接槎处混凝土已处理并清理干净。墙、柱施工缝严格按墙柱外边线剔凿，不得超出外边线。

二、进场材料检验及复检

（1）质量员在施工前应注意材料在运输及存储过程中是否发生影响施工质量的变化，对于易变质材料还要注意是否在有效期内。

（2）竹（木）胶合板在运输、放置过程中应边角整齐、表面光滑、不得有脱胶空鼓现象。

三、过程质量控制与检查要点

（1）基础模板安装。

1）阶梯形独立基础。

①底层阶梯模板，要用斜撑和水平撑钉撑稳。

②检查拉杆是否稳固，基础模板几何尺寸和轴线位置应准确。

2）杯形独立基础。

①基础中心线位置及标高要准确。

②脚手板不得搁置在模板上。

③浇筑混凝土时，在芯模四周要对称均匀下料及振捣密实。

3）条形基础。

①模板应有足够的刚度、强度和稳定性，支模时垂直度要准确。

②模板上口应钉木带，以控制带形基础上口宽度，并拉水平通线，保证上口平直。

4）当基础模板采用竹（木）胶合板模板或木模板时，应先根据基础尺寸下料加工成形，木模板内侧应刨光。

（2）柱模板安装。

1）柱箍要求钉牢固。

2）成排柱模支模时，位置应准确。

3）四周斜撑要牢固。

4）竹（木）胶合板侧面应刨直、刨光，以保证柱四角拼缝严密。

5）柱上梁模板应连接牢固、严密。

（3）梁模板安装。

1）梁下支柱支撑在基土面上时，应对基土平整夯实，并加木垫板或混凝土垫板等有效措施，确保混凝土浇筑过程中不会发生支撑下沉。

2）梁侧模必须有压脚板、斜撑，拉线通直后将梁侧钉固。

3）混凝土浇筑前，应将模内清理干净，并浇水湿润。

（4）墙模板安装。

1）模板应垂直，穿墙螺栓要全部穿齐、拧紧。

2）模板清理干净，隔离剂涂刷均匀，拆模不能过早。

3）模板拼装时缝隙不可过大，连接措施应牢固。

4）门窗洞口模板的组装及固定要牢固，尺寸应准确，便于装拆。

5）墙体外侧模板（如外墙、电梯井、楼梯间等部位）下口宜包住下层混凝土100～200mm，以保证接槎平整、防止错台。

6）为了保证墙体的厚度正确，在两侧模板之间应设撑头。

7）为了防止浇筑混凝土时胀模，应用对拉螺栓固定两侧模板。

（5）楼面模板安装。

1）底层地面应夯实，并铺垫脚板。采用多层支架支模时，支柱应垂直，上下层支柱应在同一竖向中心线上。

2）支架应牢固，模板梁面、板面应清扫干净。

3）楼板模板厚度要一致，格栅木料要有足够的强度和刚度，格栅面要平整。

四、季节性施工质量检查

（1）模板保证支撑系统支在牢固坚实的基础上，必要时加通长垫木，并有排水措施，避免支撑下沉。柱及板墙模板留清扫口，以利排除杂物及积水。

（2）对各类模板加强防风紧固措施，尤其在临时停放时应考虑防止大风失稳。大风后要及时检查模板拉索是否紧固。

（3）涂刷水溶性脱模剂的模板防止脱模剂被雨水冲刷，保证顺利脱模和混凝土表面质量。

（4）冬施模板安装后应按冬施要求对模板进行保温。

五、成品保护

（1）模板应按配模图编号、分类码放，且保证模板不扭曲、变形。

（2）模板搬运时应轻拿轻放，不准碰撞柱、墙、梁、板等混凝土，以防模板变形和损坏结构。

（3）模板安装时不得随意在结构上开洞；穿墙螺栓通过模板时，应尽量避免在模板上钻孔；在砖墙上支圈梁模板时，防止剔凿梁底砖墙，以免造成松动；不得用重物冲击已安装好的模板及支撑。

（4）与混凝土接触的模板表面应认真涂刷脱模剂，不得漏涂，涂刷后如被雨淋，应补刷脱模剂。

（5）模板安装完毕后，应保持模内清洁，防止掉入砖头、砂浆、木屑等杂物。要防止在吊运其他材料的过程中发生遗撒或碰撞，造成模板内遗留杂物或导致其变形。

（6）在模板上进行钢筋、铁件等焊接工作时，必须用石棉板或薄钢板隔离。

六、质量常见问题及防治

模板间接缝不应有间隙，混凝土浇筑时产生漏浆，混凝土表面出现蜂窝，严重的出现孔洞、露筋。

防治措施：（1）严格控制木模板含水率，制作时拼缝要严密。

（2）木模板安装周期不宜过长，浇筑混凝土时，木模板要提前浇水湿润，使其胀开密缝。

（3）梁、柱交接部位支撑要牢靠，拼缝要严密（必要时缝间加双面胶纸），发生错位要校正好。

第 2 讲　定型组合钢模板安装

一、施工作业条件检查

参见本单元第 1 讲“竹（木）胶合板模板安装工程施工”相应内容。

二、进场材料检验及复检

（1）质量员在施工前应注意材料在运输及存储过程中是否发生影响施工质量的变化，对于易变质材料还要注意是否在有效期内。

（2）组合钢模板板面应保持平整不翘曲，边框应保持平直不弯折。

三、过程质量控制与检查要点

1.基础模板安装。

（1）基础施工时上部混凝土墙、柱结构的预留钢筋位置要准确。

（2）迎水面模板的保护层厚度必须符合设计要求。

2.柱模板安装。

（1）模板下面应与楼板上放线位置对准。梁板柱节点几何尺寸应准确。

（2）混凝土浇筑前柱模根部要用水泥砂浆堵严，防止跑浆。

（3）柱模板支撑要牢固，防治施工时偏位。模板垂直度应符合要求。

（4）柱模内应清理干净，封闭清理口。

3.梁模板安装。

（1）安装梁模板支柱前应先铺垫板，立柱支设在基土上时，垫通长脚手板。

（2）当四面无墙时，每一开间内支柱应加设一道双向剪刀撑，保证支撑体系的稳定性。

（3）支柱标高应符合设计要求。梁底模板拉线找直，模板位置应准确。

（4）两侧模板与梁底板固定牢固。

（5）梁侧模板根部要楔紧，防治胀模漏浆。

（6）梁中线、标高、断面尺寸应准确。安装后将梁模板内杂物清理干净。

4.墙模板安装。

（1）墙模板应对准地面放线位置。

（2）门窗洞口模板与墙模接合处应加海绵条防止漏浆。

（3）在组装模板时，要使两侧穿孔的模板对称放置，以致穿墙螺栓与墙模保持垂直。

（4）内外刚楞安装并交正垂直度后，再用支撑加固墙模板。

（5）一面墙体模板按位置线就位后，应清扫墙内杂物再安另一侧模板。保证模板垂直并拧紧穿墙螺栓。模板上口应加水平楞，以保证模板上口水平向的顺直。

（6）预留门窗洞口的模板应有锥度，安装要牢固，既不变形，又便于拆除。

（7）模板安装完毕后，检查模板扣件和螺栓是否紧固，模板拼缝是否严密。

（8）混凝土浇筑前墙模板下面应采用水泥砂浆或海绵条等材料堵缝防治漏浆。

5.楼梯模板安装。

（1）安装楼梯模板时要特别注意斜向支撑的固定，防治浇筑混凝土时模板移动。

（2）平台梁位置、标高及斜板坡度应符合设计要求。

（3）斜板侧面及踏步模板应支撑牢固，防止涨模造成上下层侧面不在一个平面或步高、步宽不均匀。

（4）楼梯上下层不得错位，梯间、斜板及梯梁应方正，否则影响装饰工程施工。梯步高度应均匀一致，装修后楼梯相邻踏步高度差不得大于 10mm。

6.楼板模板安装。

（1）楼板模板支柱采用多层支架支模时，支柱应垂直，上下层支柱应在同一竖向中心线上。

（2）大龙骨应找平，楼板跨度大于或等于 4m 时应按设计要求起拱，当设计无明确要求是，一般起拱高度为跨度的 0.1%～0.15%。

（3）大龙骨悬挑部分应尽量缩短，避免出现较大变形。面板模板不得有悬挑，凡有悬挑部分，板下应垫小龙骨。

（4）楼板模板铺完后，标高应准确，平整度应符合要求。

四、季节性施工质量检查

定型组合钢模板在特殊（环境）情况下施工，可参见本单元第 1 讲第 4 款相应内容。

五、成品保护

（1）定型组合钢模板安装工程的成品保护，可参见本单元第 1 讲第 5 款相应内容。

（2）对于经检查合格的预组装模板，平行叠放时应稳当妥贴，避免碰撞，每层之间应加设垫木，模板与垫木均应上下对齐；立放时，必须采取措施防止倾倒。

六、质量常见问题及防治

（1）出现柱身扭向超偏。

防治措施：柱模每边下口应采用两根定位筋，柱每边设两根拉杆（拉锚），浇筑完混凝土后，应再一次用线坠或经纬仪对柱子进行找直、找方，必要时进行微调。

（2）墙、柱模板出现胀模、厚度不匀。

防治措施：严格按照模板设计要求安装背楞、柱箍、对拉螺栓，柱截面较大时，应根据计算增设对拉螺栓，背楞宜采用整根杆件，接头应错开设置，搭接长度不应小于 200mm。

（3）非标板处漏浆、尺寸偏差过大。

防治措施：拼缝木板应与模板厚度一致，应过刨，在现场裁切，拼缝应严密、紧固，背后应设置附加龙骨和支撑。

（4）梁模板出现胀模、截面尺寸不准。

防治措施：应根据设计和计算增设对拉螺栓，并在梁内设置支模棍，模板上口设拉杆锁紧，下口采用锁口方木或定型卡具卡牢。防止梁模板出现胀模、截面尺寸不准。

（5）梁柱、梁板等节点漏浆。

防治措施：施工前对节点部位应重点设计，绘出节点图，相临面粘贴海绵条，接缝外侧宜使用封口方木。

第 3 讲　全钢大模板安装

一、施工作业条件检查

参见本单元第 1 讲“竹（木）胶合板模板安装工程施工”相应内容。

二、进场材料检验及复检

（1）质量员在施工前应注意材料在运输及存储过程中是否发生影响施工质量的变化，对于易变质材料还要注意是否在有效期内。

（2）按配模设计平面图及模板厂的出库清单逐一核对模板的规格型号及零部件的配置，对不符合设计要求及质量超标的模板应及时剔出，交供方处理。

（3）检查大模板的平整度、平直度应符合要求。

（4）全模前应检查模板截面范围内是否清理干净。

三、过程质量控制与检查要点

（1）大模板安装时根部和顶部要有固定措施。

（2）门窗洞口模板安装应按定位基准调整固定，保证混凝土浇筑时不位移。

（3）大模板支撑必须牢固、稳定，支撑点应设在坚固可靠处，不得与脚手架拉结。

（4）紧固对拉螺栓时应用力得当，不得使模板表面产生局部变形。

（5）模板间拼缝要平整、严密，不得漏浆。

（6）模板板面应清理干净，隔离剂涂刷应均匀，不得漏刷。

（7）内墙模板合模前，应检查墙体钢筋、水电管线、预埋件、门窗洞口模板和窗墙螺栓套管是否遗漏，位置是否准确，安装是否牢固，并清除模板内的杂物。

（8）内墙模板安装完毕后，应仔细检查扣件、螺栓是否紧固，模板拼缝是否严密，墙厚是否准确，角模与墙板拉接是否紧固。经检查合格后，方准浇筑混凝土。

（9）安装全现浇结构的悬挂外墙模板时，不得碰撞里模，以防止模板变位。

（10）安装外墙大模板之前，必须先安装好三角挂架和平台板。当螺栓在门窗洞口上侧穿过时，要防止碰坏已浇筑的混凝土。

四、季节性施工质量检查

（1）全钢大模板在特殊（环境）情况下施工，可参见第单元第1讲第4款相应内容。

（2）对于全钢大模板，应按冬施方案要求，对钢大模板采取保温措施，一般是采用嵌填50mm厚聚苯板。嵌填严密、固定牢固。

五、成品保护

（1）模板搬运时应轻拿轻放，不准碰撞柱、墙、梁、板等混凝土，以防模板变形和结构损坏。

（2）模板安装时不得随意在结构上开洞；穿墙螺栓通过模板时，应尽量避免在模板上钻孔；在砖墙上支圈梁模板时，防止剔凿梁底砖墙，以免造成松动；不得用重物冲击已安装好的模板及支撑。

（3）与混凝土接触的模板表面应认真涂刷脱模剂，不得漏涂，涂刷后如被雨淋，应补刷脱模剂。

（4）模板支好后，应保持模内清洁，防止掉入砖头、砂浆、木屑等杂物。

（5）搭设脚手架时，严禁与模板及支柱连接在一起。

（6）不准在吊模、桁架、水平拉杆上搭设跳板，以保证模板牢固稳定不变形。浇筑混凝土时，在芯模四周要均匀下料及振捣。

（7）不得在模板平台上行车和堆放大量材料和重物。

（8）大模板施工混凝土浇筑速度小于2m/h，在混凝土强度达到7.5MPa之前，不得提升平台到上一层。

模板提升时应保持水平、四点起吊，平台上严禁载人载物，起吊时，注意与墙体保持距离，以免碰坏墙体，损坏模板。

筒体混凝土初凝后即可提升筒模，防止停留时间过长造成拆模困难。

铰接式筒体模板需防止折页处漏浆影响其转动，故支模前应先用胶带粘贴于折页处，以保护折页角模。

（9）在模板上进行钢筋、铁件等焊接工作时，必须用石棉板或薄钢板隔离。

六、质量常见问题及防治

1.混凝土墙底烂根。

防治措施：模板下口缝隙用木条、海绵条塞严实，或抹砂浆找平层，切忌将其伸入混凝土墙体位置内。

2.墙面不平、粘连。

防治措施：墙体混凝土强度达到 1.2MPa 方可拆模板，清理大模板和涂刷隔离剂必须认真，要有专人检查验收，不合格的要重新刷涂。

3.墙体垂直偏差。

防治措施：支模时要反复用线坠吊靠，支模完毕经校正后，如遇较大的冲撞，应重新校正，变形严重的大模板不得继续使用。

4.墙面凸凹不平。

防治措施：加强模板的维修，每月应对模板检修一次。板面有缺陷时，应随时进行修理。不得用大锤或振捣器猛振大模板或用撬棍击打大模板。

5.墙体钢筋移位。

防治措施：使用钢筋撑铁。

6.墙体阴角不垂直，不方正。

防治措施：及时修理好模板，阴角处的钢板角模，支撑时要控制其垂直偏差，并且用顶铁加固，保证阴角模的每个翼缘必须有一个顶铁，阴角模的两侧边粘有海绵条，以防漏浆。

7.墙体外角不垂直。

防治措施：加工大角模，使角部线条顺直，棱角分明。

8.墙体厚度不一致。

防治措施：加工专用钢筋固定撑具，撑具内的短钢筋直接顶在大模板的竖向纵肋上。

第 4 讲　密肋楼板模壳安装

一、施工作业条件检查

参见本单元第 1 讲“竹（木）胶合板模板安装工程施工”相应内容。

二、进场材料检验及复检

（1）质量员在施工前应注意材料在运输及存储过程中是否发生影响施工质量的变化，对于易变质材料还要注意是否在有效期内。

（2）塑料模壳。模壳的底边与顶部应平整，不得翘曲变形。

（3）玻璃钢模壳。模壳四个底边的底部应平整，不得凹凸不平，以防止在使用中发生翘曲变形。

三、过程质量控制与检查要点

1.支撑系统安装。

（1）钢支柱的基底应平整坚固，柱底垫通长垫木，楔子楔紧，并用钉子固定。

（2）用螺栓将龙骨托座（或柱头板）安装在支柱顶板上。

（3）安装龙骨或桁架梁时应拉通线控制，以保证间距准确。

2.模壳安装。

（1）安装主龙骨时要拉通线，间距要准确，横平竖直。

（2）相邻模壳之间接缝处用胶带将缝隙粘贴封严，防止漏浆。

（3）模壳安装好以后应再涂刷一遍脱模剂。

四、成品保护

（1）吊运模壳、龙骨、钢筋时，不得碰撞已安装好的模壳，搬运模壳时必须轻拿轻放。冬期施工时的保温措施应周到有效。

（2）绑扎钢筋的过程中要注意保护模壳，不得磕碰损伤模壳。

（3）拆除模壳时禁止硬撬或用铁锤猛砸，以保护模壳和密肋混凝土完好。

（4）施工材料不应集中堆放，以免损坏模壳。

（5）模壳码放时要套叠成垛，码放高度应控制，不得因码放过高使模壳受损。垂直运送模壳、配件时， 应上下有人接应，严禁抛掷。

六、质量常见问题及防治

1.混凝土浇筑时密肋梁侧面胀出。

防治措施：模壳进场必须严格检查，其厚度和加劲肋的设置应符合要求，模壳应有足够的刚度。必要时现场可采取在模壳下端和侧面增设水平拉筋或侧向支撑的措施，以增强模壳的刚度。

2.浇筑混凝土后密肋楼板不顺直平整。

防治措施：模壳支撑系统应有足够的强度、刚度和稳定性；支柱下应加底座并铺设垫木；梁底龙骨要按设计和规范起拱，龙骨和模壳安装必须拉通线检查。

3.漏浆。

防治措施：对模壳安装缝隙应用腻子补严，超过 3mm 宽的缝隙应重新加工更换板条。

第 5 讲　模板拆除工程

一、施工现场检查要点

（1）模板拆除顺序应根据相邻模板搭接关系确定或按设计要求进行，遵循先支的模板后拆，后支的模板先拆。

（2）现浇混凝土结构模板及其支架拆除时，混凝土强度应符合设计或相应规定的要求。

（3）对于大洞口底模拆除，混凝土的强度应符合设计要求及规范规定。拆模后，应及时进行支顶。

（4）墙体模板拆除时，应先对模板进行临时固定，然后松开对拉螺栓螺母、斜撑，拆除模板下口固定木楔，拆除横楞，随后再拆除对拉螺栓，使模板向后倾斜，与墙体脱开。

（5）多层楼板支柱拆除。上层楼板正在浇注混凝土时，下一层楼板的模板支柱不得拆除，再下一层楼板模板的支柱，仅可拆除一部分；跨度为 4m 或 4m 以上的梁下均应保留支柱，支柱间距不得大于 3m。

（6）模壳拆除。

1）拆模时禁止硬砸硬撬，防止损坏模壳及损伤混凝土楼板。

2）已拆下的模壳应通过架子人工传递，禁止自高处往下扔。

3）拆下的模壳，应及时清理干净，整齐排放。

（7）拆除过程中，不能硬砸猛撬，模板坠落应采取缓冲措施，不应对楼层形成冲击荷载。

（8）拆除模板时严禁模板及其支架倾砸已浇筑混凝土，以免对其形成冲击荷载，造成混凝土表面出现裂缝等损伤。

（9）拆除过程中，注意保护定型模板和组合钢模板不变形。

二、季节性施工质量检查

1.冬期施工。

（1）模板和保温层在混凝土达到要求强度并冷却到 5℃后方可拆除。拆模时混凝土温度与环境温度差大于 20℃时，拆模后的混凝土表面应及时覆盖，使其缓慢冷却。

（2）检查混凝土表面是否受冻、拆模是否粘连、有无受冻表面结冰或收缩裂缝，拆模时混凝土边角是否脱落。施工缝处有无受冻痕迹。发现不符之处，及时增加覆盖和调整施工安排。

2.雨期施工。

拆模后的所有混凝土构件表面要及时进行保湿养护，防止水分蒸发过快产生裂缝和降低混凝土强度。

五、成品保护

（1）拆下的模板应及时清理干净，板面应涂刷隔离剂，以备下次使用。

（2）堆放已拆除模板的楼层混凝土应有足够的强度，拆除模板不应集中堆放，必要时应加临时支撑。

（3）对于拆下的模板，发现板面不平或边缘（肋边）损坏变形，应及时维修。模板侧边应补刷封口漆或补刷防锈漆。

（4）拆下的模板、支撑、加固件、连接材料分类堆放，并应控制码放高度。

第2单元　钢筋工程施工质量控制

第1讲　钢筋加工

一、施工作业条件检查

（1）钢筋进场并按批号进行检验，各项指标符合现行国家标准要求。

（2）钢筋配料单审核签字完毕。

（3）按现场平面图设置钢筋加工场，场地平整，运输道路畅通。钢筋加工场按要求搭设防护棚。

二、进场材料检验及复检

（1）质量员在施工前应注意材料在运输及存储过程中是否发生影响施工质量的变化，对于易变质材料还要注意是否在有效期内。

（2）钢筋应平直、无损伤，弯折钢筋不得敲直后作为受力钢筋使用。

三、过程质量控制与检查要点

1.除锈。

（1）钢筋的表面应洁净。油渍、漆污和用锤敲击时能剥落的浮皮、铁锈等应在使用前清除干净。在焊接前，焊点处的水锈应清除干净。

（2）在除锈过程中钢筋表面氧化铁皮鳞落现象严重并已损伤钢筋截面，或在除锈后钢筋表面有严重的麻坑、斑点锈蚀截面时，应将钢筋降级使用或剔除不用。

2.调直。钢筋应平直，无局部弯曲。

3.切断。

（1）在切断过程中，如发现钢筋有劈裂、缩头或严重的弯头等必须切除。

（2）用于在墙体模板内起顶模作用的顶棍，端头用无齿锯切割并刷防锈漆。

4.弯曲成型。钢筋成型形状要正确，平面上不应有翘曲不平现象；弯曲点处不能有裂缝。

四、季节性施工质量检查

（1）冬期施工。钢筋在运输和加工过程中应防止撞击和刻痕。

（2）雨期施工。连接套筒和锁母在运输、储存过程中均应妥善保护，避免雨淋、沾污、遭受机械损伤或散失。冷轧变形钢筋需入库存放或采取防止雨淋措施。

五、成品保护

（1）加工成型的钢筋或骨架应分别按结构部位、钢筋编号和规格等，挂牌标识、整齐堆放，并保持钢筋表面洁净，防止被油渍、泥土或其他杂物污染或压弯变形。

（2）预制成型的钢筋运到现场指定地点分构件规格垫平堆放，并避免淋雨。

第 2 讲　钢筋电渣压力焊接连接

一、施工作业条件检查

（1）检查现场电源是否满足机械施工要求。

（2）根据钢筋牌号、直径、接头型式和焊接位置，检查焊接参数是否符合要求。

二、进场材料检验及复检

（1）检查钢筋的直径、级别符合设计要求。

（2）钢筋应平直、无损伤，表面不得有裂纹、油污、颗粒状或片状老锈。

（3）焊剂型号正确。

（4）焊剂不得受潮，若受潮，使用前需经 250℃烘焙 2h。

三、过程质量控制与检查要点

（1）焊接夹具应有足够的刚度，在最大允许荷载下应移动灵活，操作方便。钢筋夹具的上下钳口应夹紧于上、下钢筋上；钢筋一经夹紧，不得晃动。

（2）焊剂筒的直径与所焊钢筋直径相适应，以防在焊接过程中烧坏。电压表、时间显示器应配备齐全，以便操作者准备掌握各项焊接参数；检查电源电压，当电源电压降大于 5%，则不宜进行焊接。

（3）接头焊毕，应停歇 20～30s 后，方可回收焊剂和卸下夹具，并敲去渣壳，四周焊包应均匀，凸出钢筋表面的高度应大于或等于 4mm。

（4）电渣压力焊接头质量要求。

1）四周焊包应均匀，凸出钢筋表面的高度不应小于 4mm。

2）钢筋与电极接触处，应无烧伤缺陷。

3）接头处钢筋轴线的偏移不得超过钢筋直径的 0.1 倍，且不得大于 2mm。

4）接头处的弯折角不得大于 3°。

四、季节性施工质量检查

（1）电渣压力焊可在负温条件下进行，但当环境温度低于-20℃时，则不宜进行施焊。

（2）雨天、雪天不宜进行施焊，必须施焊时，应采取有效的遮蔽措施。焊后未冷却的接头，应避免碰到冰雪。

（3）雨、雪、风力六级以上天气不得露天作业。雨、雪后应清除积水、积雪后方可作业。

五、成品保护

焊接后的钢筋过高时，应采取临时固定措施，以防钢筋弯折。

第 3 讲　钢筋闪光对焊连接

一、施工作业条件检查

同本节第二条第 1 款。

二、进场材料检验及复检

（1）检查钢筋的直径、级别符合设计要求。

（2）钢筋应平直、无损伤，表面不得有裂纹、油污、颗粒状或片状老锈。

三、过程质量控制与检查要点

（1）对焊前，应清除钢筋与电极表面的锈皮和污泥，使电极接触良好，以避免出现“打火”现象。

（2）不同直径的钢筋对焊时，其直径之比不宜大于 1.5；同时除应按大直径钢筋选择焊接参数处，并应减小大直径钢筋的调伸长度，或利用短料先将大直径钢筋预热，以使两者在焊接过程中加热均匀，保证焊接质量。

（3）一般闪光速度开始时近于 0，而后约 1mm/s，终止时约 1.5～2mm/s；顶锻速度开始的 0.1s 应将钢筋压缩 2～3mm，而后断电并以 6mm/s 的速度继续顶锻至结束；顶锻压力应足以将全部的熔化金属从接头内挤出。

（4）钢筋端头如有起弯或成马蹄形时不得进行焊接，必须调直或切除。

（5）钢筋端头 120mm 范围内的铁锈、油污，必须清除干净。

（6）焊接过程中，粘附在电极上的氧化铁要随时清除干净。

（7）接头处不得有横向裂纹。

（8）与电极接触处的钢筋表面，不得有明显烧伤。

（9）接头处的弯折角不得大于 3°。

（10）接头处的轴线偏移，不得大于钢筋直径的 0.1 倍，且不得大于 2mm。

四、季节性施工质量检查

闪光对焊可在负温条件下进行；但当环境温度低于-20℃时，不宜进行施焊。雨天、雪天不宜在现场进行施焊；必须施焊时，应采取有效遮蔽措施。焊后未冷却的接头不得碰到冰雪。在现场进行闪光对焊时，当风速超过 7.9m/s 时，应采取挡风措施。在环境温度低于-5℃的条件下进行闪光对焊时，宜采用预热闪光焊或闪光-预热-闪光焊工艺，焊接参数的选择，与常温焊接相比，可采取下列措施，进行调整：

（1）增加调伸长度。

（2）采用较低焊接变压器级数。

（3）增加预热次数和间歇时间。

第 4 讲　钢筋电弧焊接连接

一、施工作业条件检查

（1）检查现场电源是否满足机械施工要求，焊接地线应与钢筋接触良好。

（2）根据钢筋牌号、直径和焊接位置，检查焊接接头型式、焊条牌号及直径、焊机及工具、焊接参数、焊接工艺等是否符合要求。

（3）预埋件的钢材不得有裂缝、锈蚀、斑痕、变形。

二、进场材料检验及复检

（1）检查钢筋的直径、级别符合设计要求。

（2）钢筋应平直、无损伤，表面不得有裂纹、油污、颗粒状或片状老锈。

（3）焊条药皮应无裂缝、气孔、凹凸不平等缺陷，不得有肉眼可见的偏心度。

（4）焊条不得受潮，应按说明书要求烘干、保温后方可使用。

三、过程质量控制与检查要点

1.帮条焊。

（1）帮条焊时，两主筋端面的间隙应为 2～5mm。

（2）焊接地线与钢筋应接触紧密。

（3）帮条焊接头的焊缝厚度 h 不应小于主筋直径的 0.3 倍，焊缝宽度 b 不应小于主筋直径的 0.8 倍。

2.搭接焊。

（1）搭接焊时，焊接端钢筋应预弯，并应使两钢筋的轴线在一直线上。

（2）钢筋搭接焊接头的焊缝厚度、宽度要求同帮条焊。

3.预埋件 T 形接头电弧焊。

（1）钢板厚度 δ 不宜小于钢筋直径的 0.6 倍，且不应小于 6mm。

（2）施焊中，不得使钢筋咬边和烧伤。

4.坡口焊。

（1）坡口面应平顺，切口边缘不得有裂缝、钝边、缺棱。

（2）焊缝根部、坡口端面以及钢筋与钢板之间均应熔合。钢筋与钢垫板之间，应加焊 2～3 层侧面焊缝。

（3）当发现接头中有弧坑、气孔及咬边等缺陷时，应立即补焊。

5.焊缝表面应光滑，焊缝余高应平缓过渡，弧坑应填满。

6.焊接过程中应有足够的熔深。主焊缝与定位焊缝应结合良好，避免气孔、夹渣和烧伤缺陷，并防止产生裂缝。

7.电弧焊接头质量要求。

（1）焊接表面平整，不得有的凹陷或焊瘤。

（2）焊接接头区域内不得有肉眼可见裂纹。

（3）咬边深度、气孔、夹渣等缺陷允许值及接头尺寸的允许偏差，应符合检验标准规定。

（4）坡口焊接头的焊缝余高不得大于 3mm。

四、季节性施工质量检查

（1）在环境温度低于-5℃的条件下进行焊接时，为钢筋低温焊接。低温焊接时，除遵守常温焊接的有关规定外，应调整焊接工艺参数，使焊缝和热影响区缓慢冷却。风力超过四级以上时，应有挡风措施。当环境温度低于-20℃时，不宜进行各种焊接。

（2）钢筋负温帮条焊或搭接焊应符合下列要求。

1）帮条与主筋之间应用四点定位焊固定，搭接焊时应用两点固定。定位焊缝与帮条或搭接端部的距离应等于或大于 20mm。

2）帮条焊的引弧应在帮条钢筋的一端开始，收弧应在帮条钢筋端头上，弧坑应填满。

3）焊接时，第一层焊缝应具有足够的熔深，主焊缝或定位焊缝应熔合良好。

4）帮条接头或搭接接头的焊缝厚度不应小于钢筋直径的 0.3 倍，焊缝宽度应不小于钢筋直径的 0.7 倍。

（3）钢筋负温坡口焊应符合下列要求：焊缝根部、坡口端面以及钢筋与钢垫板之间应熔合良好，焊接过程中经常除渣；加强焊缝的宽度应超过 V 形坡口边缘 2～3mm，高度应超过 V 形坡口上下边缘 2～3mm，并应平缓过渡至钢筋表面；加强焊缝的焊接，应分两层控温施焊。

（4）HRB335、HRB400 钢筋电弧焊接头进行多层施焊时，采用"回火焊道施焊法"，即最后回火焊道的长度比前层焊道在两端各缩短 4～6mm，见图 3—1，以消除或减少前层焊道及过热区的碎硬组织，改善接头的性能。

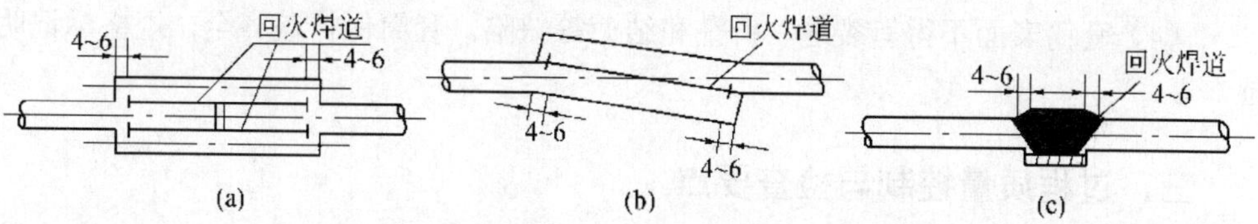

图 3—1　钢筋负温焊接回火焊道示意图

（a）帮条焊；（b）搭接焊；（c）坡口焊

五、成品保护

钢筋焊接时，应注意保护已绑扎成型的钢筋骨架，不得随意拆改。雨雪天施工时注意未冷却的接头，应避免碰到冰雪。

第 5 讲　带肋钢筋径向挤压连接

一、施工作业条件检查

（1）检查现场电源是否满足机械施工要求。

（2）根据钢筋牌号、直径，检查钢套筒的材质、规格以及压接设备、压模，确定压模变形量这一关键的工艺参数，包括压痕最小直径和压痕总宽度。

（3）挤压前应做好如下工作：

1）钢筋端部要平直，如有弯折，必须予以矫直；钢筋的连接端和套管内壁严禁有油污、铁锈、泥砂混入，套管接头外边不得有油脂。连接带肋钢筋不得砸平花纹。

2）钢套筒的几何尺寸及钢筋接头位置必须符合设计要求，套筒表面不得有裂缝、折叠、结疤等缺陷，以免影响压接质量。钢筋与套筒应进行试套，如钢筋有马蹄、弯折或纵肋尺寸过大者，应预先矫正或用砂轮打磨，对不同直径钢筋的套筒不得串用。

3）钢筋端部应划出明显定位标记与检查标记，定位标记与钢筋端头的距离为钢套筒长度的1/2，检查相当规模记与定位标记的距离一般为20mm。确保在挤压时和挤压后可按定位标记检查钢筋伸入套筒内的长度。

4）检查挤压设备情况，并进行试压，符合要求后方可作业。

二、进场材料检验及复检

（1）检查钢筋的直径、级别符合设计要求。

（2）钢筋应平直、无损伤，表面不得有裂纹、油污、颗粒状或片状老锈。

（3）检查套筒的几何尺寸符合要求。

（4）套筒表面不得有裂缝、折叠和结疤等缺陷。套筒保护盖齐全，规格标记明显。

三、过程质量控制与检查要点

（1）应按挤压标记检查钢筋插入套筒内深度，钢筋端头离套筒长度中点不宜超过10mm。

（2）挤压时挤压机与钢筋轴线应保持垂直。

（3）压接钳施压顺序由钢套筒中部顺次向端部进行。

（4）钢筋挤压连接宜先在地面上挤压一端套筒，在施工作业区插入待接钢筋后再挤压另端套筒。

（5）柱子钢筋接头要高出混凝土面1m，以利钢筋挤压连接有一定的操作空间。

四、成品保护

冷挤压套筒在运输和储存时，应按不同规格分别码放，不得露天堆放，防止锈蚀和污染。

第6讲　镦粗直螺纹钢筋套筒连接

一、施工作业条件检查

（1）检查现场电源是否满足机械施工要求。

（2）根据钢筋牌号、直径、冷镦机性能及镦粗后的外形效果，检查钢套筒的材质、规格，并应确定镦粗压力。

二、进场材料检验及复检

（1）检查钢筋的直径、级别符合设计要求。

（2）钢筋应平直、无损伤，表面不得有裂纹、油污、颗粒状或片状老锈。

（3）检查套筒的几何尺寸符合要求。

三、过程质量控制与检查要点

（1）钢筋下料。钢筋下料时，切口的端面应与轴线垂直，不得有马蹄形或挠曲。

（2）端头镦粗。操作中要保证镦粗头与钢筋轴线倾斜不得大于 3°，不得出现与钢筋轴线相垂直的横向裂缝。发现外观质量不符合要求时，应及时割除，重新镦粗。

（3）螺纹加工。钢筋螺纹应牙形饱满，无断牙、秃牙等缺陷。

（4）镦粗直螺纹连接。

1）钢筋连接时连接套规格与钢筋规格必须一致，外露丝扣不得超过一个完整扣。连接之前应检查钢筋螺纹及连接套螺纹是否完好无损。

2）镦粗头的基圆直径应大于丝头螺纹外径，长度应大于 1.2 倍套筒长度，过渡段坡度应不大于 1∶3。

3）镦粗头不得有与钢筋轴线相垂直的横向表面裂纹。

4）不合格的镦粗头，应切去后重新镦粗。不得对镦粗头进行二次镦粗。

5）单向拉伸试验应符合国家现行标准规定。

第 7 讲　钢筋滚压直螺纹套筒连接

一、施工作业条件检查

（1）检查现场电源是否满足机械施工要求。

（2）根据钢筋牌号、直径和滚压直螺纹成形方式，直螺纹套丝机、专用挤压机等机械设备经维修试用，力矩扳手经校验，满足施工要求。

（3）在正式施工前，完成工艺检验评定。

二、进场材料检验及复检

（1）检查钢筋的直径、级别符合设计要求。

（2）钢筋应平直、无损伤，表面不得有裂纹、油污、颗粒状或片状老锈。

（3）检查钢套筒的材质、规格，表面应用有规格标记。

（4）与钢筋及套筒相匹配的塑料保护帽齐全。

（5）水溶性冷却剂质量符合要求。

三、过程质量控制与检查要点

（1）连接钢筋时，钢筋规格和套筒规格必须一致，钢筋和套筒的丝扣应干净、完好无损。

（2）钢筋端头挤压部分的长度为套筒长度的 1/2＋2*P*（*P* 为螺距）。

（3）检查连接丝头定位标色及管钳旋合是否顶紧，外露丝扣牙数是否满足规定。

（4）连接水平钢筋时，必须将钢筋托平。

（5）钢筋接头处的混凝土保护层厚度应满足受力钢筋保护层最小厚度的要求，且不得小于 15mm。

（6）钢筋的弯折点与接头套筒端部距离不宜小于 200mm,且带长套丝接应应设置在弯起钢筋平直段上。

（7）被连接的两钢筋端面应处于连接套的中间位置，偏差不大于一个螺距，两钢筋端面应顶紧。

（8）用工作扳手抽检接头的拧紧程度，并加标记，如有不合格，应全数检查。

四、成品保护

（1）连接套丝扣质量检验合格后，两端用塑料密封盖保护。

（2）钢筋套丝后立即戴上塑料保护帽，确保丝扣不损坏。

（3）钢筋连接半成品应按规格分类堆放整齐，妥善保管。

第 8 讲　钢筋绑扎安装

一、施工作业条件检查

（1）钢筋绑扎前，应检查有无锈蚀，除锈之后再运至绑扎部位。

（2）根据弹好的外皮尺寸线，检查下层预留搭接钢筋的位置、数量、长度，如不符合要求时，应进行处理。

（3）根据标高检查下层伸出搭接筋处的混凝土表面标高（柱顶、墙顶）是否符合图纸要求，如有松散不实之处，要剔除并清理干净。

（4）模板安装完并办理预检，将模板内杂物清理干净。

（5）下层伸出的搭接筋，应将锈蚀、水泥砂浆等污垢清除干净。

二、进场材料检验及复检

（1）钢筋应平直、无损伤，表面不得有裂纹、油污、颗粒状或片状老锈。

（2）加工成形钢筋：必须符合配料单的规格、尺寸、形状、数量，外加工钢筋还应有半成品钢筋出厂合格证。

（3）保护层控制材料：混凝土垫块（用细石混凝土制作）、塑料卡等。

三、过程质量控制与检查要点

1.基础钢筋绑扎。

（1）钢筋网的绑扎。受力钢筋不得位移。双向主筋的钢筋网，须将全部钢筋相交点扎牢。相邻绑扎点的铁丝扣要成八字形，以免网片歪斜变形。

（2）钢筋的弯钩应朝上，不要倒向一边；双层钢筋网的上层钢筋弯钩应朝下。

（3）独立柱基础为双向弯曲，其底面短边的钢筋应放在长边钢筋的上面。

（4）现浇柱与基础连接用的插筋，其箍筋应比柱的箍筋缩小一个柱筋直径，插筋位置一定要固定牢靠，以免造成柱轴线偏移。

（5）施工中要保证钢筋保护层厚度准确，双排钢筋要保证上下两排筋的距离。

（6）钢筋接头位置及接头面积百分率要符合设计及施工验收规范要求。

（7）钢筋布放位置要准确，绑扎要牢固。

（8）大型设备基础钢筋安装。钢筋绑扎不得有错漏或间距不符、绑扎不牢等现象；基坑内积水、污泥、垃圾及沾在钢筋上的泥土，应清除干净。

2.框架结构钢筋绑扎。

（1）柱钢筋绑扎。

1）柱预留钢筋位置应符合设计要求。

2）采用绑扎形式立柱子钢筋，在搭接长度内，绑扣不少于 3 个，绑扣要向柱中心。

3）箍筋与主筋要垂直并紧密贴实，箍筋转角处与主筋交点均要绑扎，主筋与箍筋非转角部分的相交点成梅花形交错绑扎。

4）箍筋的弯钩叠合处应沿柱筋交错布置，并绑扎牢固。

5）钢筋保护层应符合设计要求，垫块应绑扎在柱筋外皮。

（2）梁钢筋绑扎。

1）框架梁上部纵向钢筋应贯穿中间节点，梁下部纵向钢筋伸入中间节点锚固长度、伸过中心线的长度及梁纵向钢筋在端节点的锚固长度应符合设计和规范要求。

2）箍筋在叠合处的弯钩，在梁中应交错绑扎，箍筋弯钩为 135°，平直部分长度为 $10d$，做成封闭箍时，单面焊缝长度为 $10d$。

3）在主次梁所有接头末端与钢筋弯折出的距离，不得小于钢筋直径的 10 倍。

（3）墙钢筋绑扎。

1）墙筋为双向受力钢筋，所有钢筋交叉点应逐点绑扎，其搭接长度及位置要符合要求。

2）应在门窗洞口竖筋上画出标高线，以保证门窗洞口标高位置准确。

3）剪力墙筋应逐点绑扎，双排钢筋之间应绑拉筋或支撑筋，

（4）板钢筋绑扎。

1）板为双层钢筋时，两层钢筋之间必须加钢筋马凳，以确保上部钢筋位置。负

弯矩钢筋每个相交点均要绑扎。

2）板的钢筋网绑扎应注意板上部的负筋，要防止被踩下；特别是雨篷、挑檐、阳台等悬臂板，要严格控制负筋位置，以免拆模后断裂。

3.剪力墙结构墙体钢筋绑扎。

（1）强筋为双向受力钢筋，所有钢筋交叉点应逐点绑扎，其锚固长度搭接长度及错开要求应符合工程一览表的要求。

（2）严格执行钢筋“七不绑”要求。

1）未放4条线（墙柱皮线、模板外、50mm控制线）不绑。

2）未清除混凝土接槎部位全部浮浆到露石子不绑。

3）未清理污筋不绑。

4）未检查偏位筋不绑。

5）偏位筋未按1∶6调正不绑。

6）甩槎筋长度、错开百分比、错开长度不合格不绑。

7）接头质量不合格不绑。

（3）钢筋保护层垫块不得绑在钢筋十字交叉点上。

4.砌筑工程构造柱、圈梁钢筋绑扎。

（1）构造柱钢筋绑扎。

1）放置竖筋时，柱脚始终朝一个方向，竖筋超过四根时，应错开放置。

2）箍筋与受力钢筋保持垂直；箍筋弯钩叠合处，应沿受力钢筋方向错开放置。箍筋绑扎应水平、稳固。

（2）圈梁钢筋绑扎。

1）箍筋弯钩叠合处，应沿圈梁主筋方向互相错开设置。

2）圈梁钢筋应互相交圈，在内外墙交接处、墙大角转角处的锚固长度均要符合设计和规范要求。

3）构造柱伸出筋与圈梁钢筋应绑扎牢固，伸出筋处应绑一道定位箍筋，以防止伸出钢筋位移。

5.冷轧带肋钢筋网安装。

（1）严格按布置图的网片编号进行安装，保证安装位置准确。

（2）楼板网片钢筋伸入支座处的锚固长度及两块钢筋网片的搭接长度必须符合设计要求及施工规范的规定。

（3）所有埋件不得和钢筋网片上的钢筋直接进行焊接。

（4）绑扎门窗洞口处加固筋，要求位置准确。

（5）钢筋网最外边钢筋上的交叉点不得开焊。钢筋表面应保持清洁。

四、成品保护

（1）柱子钢筋绑扎后，不准踩踏。

（2）楼板的弯起钢筋、负弯矩钢筋绑好后，不准在上面踩踏行走。浇筑混凝土时派钢筋工专门负责修理，保证负弯矩筋位置的正确性。

（3）绑扎钢筋时禁止碰动预埋件及洞口模板。

（4）钢模板内面涂隔离剂时不得污染钢筋。

（5）构造柱、圈梁及板缝钢筋如采用预制钢筋骨架时，应在现场指定地点垫平堆放。往楼板上临时吊放钢筋时，应清理好存放地点，垫平放置，以免变形。

五、质量常见问题及防治

（1）骨架外形尺寸不准，在模板外绑扎的钢筋骨架，入模时放不进去，或划刮模板。

防治措施：将导致骨架外形尺寸不准的个别钢筋松绑，重新整理安装绑扎。切忌用锤子敲击，以免骨架其他部位变形或松扣。

（2）绑好的钢筋网片在搬移、运输或安装过程中发生歪斜、扭曲。

防治措施：将斜扭网片正直过来，并加强绑扎，紧固结扣，增加绑点或加斜拉筋。

（3）同一连接区段内接头过多。

防治措施：在钢筋骨架未绑扎时，发现接头数量不符合规范要求，应立即通知配料人员重新考虑设置方案；如果已绑扎或安装完钢筋骨架后才发现，则根据具体情况处理，一般情况下应拆除骨架或抽出有问题的钢筋返工，如果返工影响工时或工期太长，则可采用加焊帮条（个别情况下，经过研究，也可以采用绑扎帮条）的方法解决，或将绑扎搭接改为电弧焊搭接。

（4）露筋。

防治措施：范围不大且轻微露筋可用灰浆堵抹；露筋部位附近混凝土出现麻点的，应沿周围敲开或凿掉，直至看不到孔眼为止，然后用砂浆抹平。为保证修复灰浆或砂浆与混凝土接合可靠，原混凝土面要用水冲洗并用铁刷子刷净，使表面没有粉层、砂粒或残渣，并在表面保持湿润的情况下补修。重要受力部位的露筋应经过技术鉴定后，根据露筋严重程度采取措施补救，以封闭钢筋表面（采用树脂之类材料涂刷）防止其锈蚀为前提，影响构件受力性能的应对构件进行专门加固。

（5）箍筋间距不一致。

防治措施：如箍筋已绑扎成钢筋骨架，则根据具体情况，适当增加一根或两根箍筋。

（6）绑扎搭接接头松脱。

防治措施：将松脱的接头再用铁丝绑紧。如条件允许，可用电弧焊焊上几点。

（7）梁箍筋被压弯。

防治措施：将箍筋被压弯的钢筋骨架临时支上，补充纵向构造钢筋和拉筋。

（8）钢筋遗漏。

防治措施：漏掉的钢筋要全部补上。对于构造简单的骨架，将所遗漏钢筋放进骨架，即可继续绑扎；对于构造比较复杂的骨架，则要拆除其内的部分钢筋才能补上。对于已浇筑混凝土的结构物或构件，如果发现某号钢筋遗漏，则要通过结构性能分析来确定处理方案。

（9）骨架歪斜。

防治措施：根据钢筋骨架歪斜状况和程度进行修复或加固。

第 3 单元　混凝土工程施工质量控制

第 1 讲　混凝土搅拌与运输

一、进场材料检验及复检

质量员在施工前应注意材料在运输及存储过程中是否发生影响施工质量的变化，对于易变质材料还要注意是否在有效期内。

（1）水泥外观和细度应符合要求，不得使用过期水泥。

（2）砂质洁净无污染，无草根草皮等杂物。

（3）石子要求石粉少，表面无石粉堆积。

（4）预拌混凝土使用前的坍落度应符合要求。

二、过程质量控制与检查要点

1.混凝土搅拌。

（1）每盘搅拌好的混凝土要卸净后再投入拌合料，搅拌下一盘混凝土，不得采取边出料边进料的方法进行搅拌。

（2）严格控制水灰比和坍落度。

（3）混凝土搅拌时的装料顺序是石子-水泥-砂。

（4）控制搅拌时间；观察拌合物的颜色是否一致，搅拌是否均匀；和易性和坍落度是否符合要求等。

（5）当用液体外加剂时，应经常搅拌，使其浓度均匀一致，防止沉淀。

2.混凝土运输。

（1）混凝土运输到浇筑地点，应符合混凝土浇筑时规定的坍落度。

（2）混凝土运至浇筑地点后，应不离析、不分层、组成成分不发生影响施工质量的变化，并保证混凝土施工所需要的工作性能。

（3）混凝土泵送。

1）不得采用人工拌制的混凝土进行泵送。

2）混凝土泵设置处，应场地平整、坚实，道路畅通，供料方便，距离浇筑地点近。

3）输送管应使用无龟裂、无凹凸损伤和无弯折的管段。

4）泵管内被清洗的混凝土禁止用于工程中。

三、季节性施工质量检查

（1）拌制混凝土所采用的骨料应清洁，不得含有冰、雪、冻块及其他冻裂物质。在掺用含钾、钠离子的防冻剂混凝土中，不得采用活性骨料或在骨料中混有这类物质的材料。

（2）掺用防冻剂的混凝土，当室外最低温度不低于-15℃时，混凝土受冻临界强度不得低于 4.0MPa；当室外最低气温为-15～-30℃时，混凝土受冻临界强度不得低于 5.0MPa。

（3）水泥不得直接加热，使用前宜运入暖棚内存放；砂加热应在开盘前进行，并应掌握各处加热均匀。

第 2 讲　混凝土浇筑

一、施工作业条件检查

（1）浇筑混凝土层、段的模板、钢筋、预埋件及管线等全部安装完毕，经验收符合设计要求，钢筋、预埋件及预留洞口已经作好隐蔽验收，标高、轴线、模板等已进行技术复核，并有完备的签字手续。

（2）检查并清理模板内残留杂物，用水冲净。浇筑混凝土用的架子及马道经检查合格。柱子模板的扫除口在清除杂物及积水后封闭完毕。

（3）模板内的垃圾、泥土等杂物及钢筋上的油污清除干净，钢筋的水泥砂浆垫块应已垫好。柱子模板的清扫口应在清除杂物及积水后再封闭。

（4）接槎部位松散混凝土和浮浆已全部剔除到露石子并冲洗干净不留明水。

二、过程质量控制与检查要点

1.基础混凝土浇筑。

（1）浇筑现浇柱基础应保证柱子插筋位置的准确，防止位移和倾斜。

（2）混凝土浇筑过程中，检查模板、支撑、管道和预留孔洞有无移动情况，当发现变形位移时，应立即停止浇筑，并应在已浇筑的混凝土凝结前修整完好，才能继续浇筑。

（3）混凝土浇筑完后表面应用木抹子压实搓平。

（4）设备基础一般要求一次连续浇筑完成。一般应分层浇筑，并保证上下层之间不留施工缝。

（5）在混凝土浇筑时应注意保证预留栓孔位置垂直正确。

2.框架结构混凝土浇筑。

（1）混凝土自吊斗口下落的自由倾落高度不应超过 2m。

（2）检查混凝土振捣情况，混凝土表面浆应出齐，不冒泡，不下沉，均匀振实。

（3）浇筑混凝土应连续进行。

（4）浇筑混凝土时应经常检查模板、钢筋、预留孔洞、预埋件和插筋等有无位移、变形或堵塞的情况，发现问题及时处理。

（5）柱的混凝土浇筑。

1）柱的混凝土应分层振捣，振捣棒不得震动钢筋和预埋件。

2）每段混凝土浇筑后将洞模板封闭严密，并用箍筋箍牢。

（6）梁板混凝土浇筑。

1）浇筑与振捣应紧密配合，每层均应充分捣实再下料。

2）施工缝处或有预埋件和插筋处用木抹子找平。

3）浇筑板混凝土时不得用振捣棒铺摊混凝土。

4）施工缝表面应与梁轴线或板面垂直，不得留斜槎。

（7）墙体混凝土浇筑。

1）浇筑墙体混凝土应连续进行，接槎振捣时间不应超过混凝土初凝时间。

2）门窗洞口两侧应同时下灰，同时振捣，以免模板变形。

（8）楼梯混凝土浇筑。

1）踏步上表面应抹平。

2）1/2 梁及梁端、板端应塞泡沫，以便清出支座搭头宽度。

3.剪力墙结构普通混凝土浇筑。

（1）墙体浇筑混凝土前，在底部接槎处先浇筑 50～100mm 厚与墙体混凝土成分相同的减石子水泥砂浆。

（2）分层浇筑振捣。混凝土下料应分散均匀布料。混凝土坍落度要严格控制，防止混凝土离析。

（3）墙体连续浇筑，保证混凝土初凝后，下层混凝土上覆盖完上层混凝土，并振捣完。

（4）采用平模时或留在内纵横墙交界处，墙应留垂直缝，支齿形模。留槎处应振捣密实。浇筑时随时清理落地灰。

（5）内外墙交界处加强振捣，保证密实。

（6）门窗洞口两侧构造柱要振捣密实，不得漏振，表面呈现浮浆，不沉落、不冒泡。

4.大体积混凝土浇筑。

（1）当基础底板厚度超过 1.3m 时，应采取分层浇筑。

（2）浇筑时，要在下一层混凝土初凝前浇筑上一层混凝土，避免产生冷缝。

（3）混凝土测温。在测温过程中，当发现混凝土内外温度差接近 25℃时，应按预案措施及时增加保温层厚度或延缓拆除保温材料，以防止混凝土产生温差应力和裂缝。

5.泵送混凝土浇筑。

（1）不允许留施工缝时，区域之间、上下层之间的混凝土浇筑间歇时间，不得超过混凝土初凝时间。

（2）浇筑水平结构混凝土时，不得在同一处连续布料，应在 2～3m 范围内移动布料，且宜垂直于模板。

（3）在浇筑竖向结构混凝土时，布料设备的出口离模板内侧面不应小于 50mm，并且不得向模板内侧直冲布料，也不得直冲钢筋骨架。

（4）在浇筑时应经常观察，当发现混凝土有不密实等现象时，应立即采取措施。

6.混凝土养护。

（1）应在浇筑完毕后的 12h 以内对混凝土加以覆盖并保湿养护；高强度混凝土浇筑完毕后，必须立即覆盖养护或立即喷洒或涂刷养护剂，以保持混凝土表面湿润。

（2）混凝土浇水养护的时间。对采用硅酸盐水泥、普通硅酸盐水泥或矿渣硅酸盐水泥拌制的混凝土，不得少于 7d；对掺用缓凝型外加剂或有抗渗要求的混凝土，不得少于 14d；当采用其他品种水泥时，混凝土的养护应根据所采用水泥的技术性能确定。

（3）浇水次数应能保持混凝土处于湿润状态；混凝土养护用水应与拌制用水相同。

（4）采用塑料布覆盖养护的混凝土，其全部表面应覆盖严密，并应保持塑料布内有凝结水。

（5）混凝土强度达到 1.2N/mm^2 前，不得在其上踩踏或安装模板及支架。

（6）大体积混凝土养护。大体积混凝土浇筑完毕后，应在 12h 内加以覆盖和浇水。普通硅酸盐水泥拌制的混凝土不得少于 14d；矿渣水泥、火山灰质水泥、大坝水泥、矿渣大坝水泥拌制的混凝土不得少于 21d。

三、季节性施工质量检查

1.冬期施工。

（1）冬期不得在强冻胀性地基土上浇筑混凝土。在弱冻胀性地基土上浇筑混凝土时，基土不得遭冻。

（2）混凝土在浇筑前，应清除模板和钢筋上的冰雪和污垢。运输和浇筑混凝土用的容器应有保温措施。混凝土出机温度不低于 10℃，入模温度不低于 5℃。

（3）分层浇筑厚大的整体式结构混凝土时，已浇筑层的混凝土温度在未被上一层混凝土覆盖前不得低于 2℃。采用加热养护时，养护前的温度不得低于 2℃。

（4）混凝土拌合物入模浇筑，必须经过振捣，使其内部密实，并能充分填满模板各个角落，制成符合设计要求的构件，木模板更适合混凝土的冬期施工。模板各棱角部位应注意做加强保温。

（5）当采用暖棚法施工时，棚内各测点温度不得低于 5℃，并应设专人检测混凝土及棚内温度。

（6）养护期间应测量棚内湿度，混凝土不得有失水现象。当有失水现象时，应及时采取增湿措施或在混凝土表面洒水养护。

（7）暖棚的出入口应采取防止棚内温度下降或引起风口处混凝土受冻的措施。

2.雨期施工。

（1）混凝土浇筑完毕后，进行覆盖，避免被雨水冲刷。

（2）大面积、大体积混凝土连续浇灌及采用原浆压面一次成活工艺施工时，应预先了解天气情况，并应避开雨天施工。

（3）浇筑前应做好防雨应急措施准备，遇雨时合理留置施工缝，混凝土浇筑完毕后，要及时进行覆盖，避免被雨水冲刷。

（4）大暴雨和连雨天，应检查脚手架、塔吊、施工用升降机的拉结锚固是否有松动变形、沉降移位等，以便及时进行必要的加固。

四、成品保护

（1）浇筑混凝土时，要保证钢筋和垫块的位置正确，防止踩踏楼板、楼梯弯起负筋、碰动插筋和预埋铁件，保证插筋、预埋铁件位置正确。

（2）混凝土浇筑、振捣至最后完工时，要保证留出钢筋的位置正确。

（3）应保护好预留洞口、预埋件及水电预埋管、盒等。

（4）混凝土浇筑完后，待其强度达到 1.2MPa 以上，方可在其上进行下一道工序施工和堆放少量物品。

（5）基础、地下室及大型设备基础浇筑完成后，应及时回填四周基坑土方，避免长期暴露出现干缩裂缝。

五、 质量常见问题及防治

（1）混凝土表面无水泥浆，露出石子深度大于 5mm,但小于保护层厚度的缺陷。

防治措施：先凿去蜂窝处薄弱松散的混凝土和突出的颗粒，用水洗刷干净后，用与原混凝土同成分的［或 1∶（2～2.5），水泥∶砂］水泥砂浆分层压实抹平。抹压砂浆前，表面应充分湿润（但无积水），并刷素水泥浆，一次抹压厚度不超过 10mm。第一遍抹压应用力将砂浆挤入和填满石子空隙，砂浆不应太稀，以防止收缩裂缝。待第一遍砂浆凝固（表面仍潮湿但手按无印痕）后，进行第二遍抹压。最后的表面层抹压时，应注意压平压光，与完好混凝土的交界处应刮平压光。待表层砂浆凝固后，用麻袋片包裹或覆盖保温养护。养护时间同混凝土要求。

（2）混凝土内主筋、分布筋和箍筋，没有被混凝土包裹而外露。

防治措施：对表面露筋，刷洗干净后，用 1∶2 或 1∶2.5 水泥砂浆压实抹平整，并认真养护；如露筋较深，应将薄弱混凝土和突出颗粒凿去，洗刷干净后，用比原来高一强度等级的细石混凝土填塞压实，并认真养护。

（3）混凝土结构内有空腔，局部没有混凝土的缺陷。

防治措施：应经过有关单位共同研究，制定修补或补强方案，经批准后方可处理。一般孔洞处理是将孔洞周围的松散混凝土凿除，用压力水冲洗，支设带托盒的模板，洒水充分湿润后，用比结构高一强度等级的半干硬性细石混凝土仔细分层浇筑，强力捣实，并养护。突出结构面的混凝土，须待达到 50% 强度后再凿去，表面用 1∶2 水泥砂浆抹光；对于面积大而深的孔洞，将孔洞周围的松散混凝土和软弱浆模凿除，用压力水冲洗后，在内部埋压浆管、排气管，填清洁的碎石（粒径 10～20mm），表面抹砂浆或浇筑薄层混凝土，然后用水泥压力灌浆方法进行处理，使之密实。

（4）施工缝处混凝土结合不好，有缝隙或夹有杂物，造成结构整体性不良的缺陷。

防治措施：缝隙夹层不深时，可将松散的混凝土凿去，洗刷干净后，用 1∶2 或 1∶2.5 水泥砂浆填嵌密实；较深时，应清除松散部分和内部夹杂物，用压力水冲洗干净后支模，强力灌细石混凝土捣实，或将表面封闭后进行压浆处理。

（5）混凝土结构由于漏振、离析、或漏浆造成混凝土局部无水泥浆，且深度超过蜂窝的缺陷。

防治措施：凿除疏松的混凝土，按孔洞处理方法进行处理。

（6）混凝土结构由于收缩、温度、沉降、表面干缩、超载或承载能力不足等原因造成混凝土表面出现 0.05mm 以上的裂缝。

防治措施：

1）对裂缝进行宽度和深度观测，分析裂缝产生的原因及危害性。

2）对于由于沉降、超载或承载能力不足引起的裂缝，应对裂缝发展进行观测。如裂缝继续开展，应立即查明原因，采取“结构加固或补强”措施。

3）对于室内正常环境、年平均相对湿度小于 60% 地区的受弯构件，裂缝最大宽度小于 0.4mm；室内正常环境、设计允许出现裂缝的构件，裂缝最大宽度小于 0.3mm；室内潮湿环境，非严寒和非寒冷地区的露天环境、与无侵蚀性的水或土壤直接接触的环境，使用除冰盐的环境，严寒和寒冷地区冬期水位变动的环境，滨海室外环境，设计允许出现裂缝的构件，裂缝最大宽度小于 0.2mm；设计允许出现裂缝的预应力钢筋混凝土构件，裂缝最大宽度小于 0.2mm 等。

属于上述情况之一的混凝土裂缝，经观察不再发展的，可不进行处理；属于上述情况之一的裂缝，但个别裂缝宽度超过了上述最大裂缝宽度值，经观察不再发展的，可采取“表面修补（封闭）法”处理。

4）对于有渗漏水的裂缝，应采用“内部修补法”进行处理。

第 4 单元　预应力混凝土工程

第 1 讲　预应力筋制作与安装

一、施工作业条件检查

（1）预应力筋的制作场地已平整，无积水。

（2）预应力筋在运输过程中应用油布遮盖，避免预应力筋腐蚀和锈蚀。存放时应架空堆放在有遮盖的棚内或仓库内。

二、进场材料检验及复检

质量员在施工前应注意材料在运输及存储过程中是否发生影响施工质量的变化，对于易变质材料还要注意是否在有效期内。

（1）预应力筋使用前应进行外观检查，其质量应符合下列要求：

1）有粘结筋展开后应平顺、不得有弯折，表面不应有裂纹、小刺、机械损伤、氧化铁皮和油污等。

2）无粘结预应力筋护套应光滑、无裂缝，无明显折皱。

（2）预应力混凝土用金属螺旋管在使用前应进行外观检查，其内外表面应清洁，无锈蚀，不应有油污、孔洞和不规则的折皱，咬口不应有开裂或脱扣。

三、过程质量控制与检查要点

1.预应力筋制作。

（1）预应力筋的下料长度应严格控制，以确保预加应力均匀一致。

（2）钢丝镦头尺寸应不小于规定值、头型应圆整端正；不允许裂纹长度延伸至钢丝母材或出现斜裂纹或水平裂纹。

（3）钢绞线压花锚成形时，表面应清洁、无油污，梨形头尺寸和直线段长度应符合设计要求。

2.后张法有粘结预应力筋安装。

（1）后张法有粘结预应力筋预留孔道。

1）孔道的尺寸与位置应正确，孔道应平顺，接头不漏浆，端部预埋钢板应垂直于孔道中心线等；孔径必须符合设计要求，其孔道位置偏差不得大于 3mm。

2）预留孔道的定位应牢固，浇筑混凝土时不应出现位移和变形。

3）成孔用管道应密封良好，接头应严密且不得漏浆。

（2）束形控制点的竖向位置偏差应符合要求。

（3）为避免模板隔离剂沾污预应力筋，影响预应力筋与混凝土的粘结力，施工时应选用非油脂类隔离剂。如预应力筋被污染应立即清洗干净。

（4）后张法有粘结预应力筋穿筋前，应检查预应力筋（或束）的规格、总长是否符合要求。穿筋时，预应力筋或钢丝束应按顺序编号，并套上穿束器。

3.后张法无粘结预应力筋铺设。

（1）无粘结筋绑扎前应检查预应力筋塑料护套有无损坏和线形是否顺直。

（2）当集束配置多根无粘结预应力筋时，应保持平行走向，防止相互扭绞。

（3）无粘结预应力筋定位应牢固，浇筑混凝土时不应出现位移和变形，端部预埋垫板应垂直与预应力筋，内埋式固定端垫板不应重叠，锚具与垫块应贴紧。

（4）无粘结预应力筋固定端，应绑扎牢固，不得相互重叠放置。

4.先张法预应力筋的铺设。长线台座的台面（或胎模）在铺放钢丝前应涂隔离剂。隔离剂不应沾污钢丝，以免影响钢丝与混凝土的粘结。

四、成品保护

（1）预应力筋的制作场地应平整、无积水，避免污染或损坏预应力筋。

（2）预应力筋应按不同规格分类成捆、成盘挂牌堆放整齐。露天堆放时，需覆盖雨布，下面应加垫木。

（3）预应力筋在储存、运输和安装过程中，应采取防止锈蚀及损坏措施。供现场张拉使用的锚夹具，需涂油包封在室内存放，严防锈蚀。

（4）预应力筋安装后，要避免踏踩，以免变形和位移。

五、质量常见问题及防治

预应力混凝土结构施工阶段裂缝。

防治措施：（1）预应力混凝土大梁的模板支撑如在张拉前被误拆或已松动，应迅速重新支撑或顶紧。对楼面活载较小，每层施工速度较快的预应力混凝土楼盖结构，应经过施工验算，必要时在下层增设二次支撑。对地面活载特大的大面积预应力混凝土平板，因施工流水及多跨预应力筋交叉布置需要，经施工验算，也可先张拉部分预应力筋后拆除模板及支撑。

（2）对高预应力度的混凝土梁，首批张拉时应测定反拱值，并检查该梁及周围构件的裂缝情况。如多跨预应力混凝土连续梁张拉锚固后，发现梁的反拱比常规大，梁支座处侧面下部出现多条裂缝，应重新验算，降低张拉力，以保安全。

（3）对于预应力混凝土结构施工阶段已产生的裂缝，凡裂缝宽度超过 0.1mm，都要进行修补。

第 2 讲　张拉与放张

一、施工作业条件检查

（1）预应力筋张拉或放张时混凝土强度应达到设计要求。

（2）预应力筋加工、配置已完成。

（3）如后张法构件为了搬运等需要，提前施加一部分预应力，使梁体建立较低的预压应力，以承受自重荷载，则混凝土的立方体强度不应低于设计强度等级的60%。

二、进场材料检验及复检

构件端部预埋钢板与锚具接触处的焊渣、毛刺、混凝土残渣等已清除干净。

三、过程质量控制与检查要点

（1）预应力筋采用先张法张拉时要确保台座稳定性，不得倾覆和滑动。铺放预应力筋时，应防止隔离剂沾污预应力筋。

（2）安装张拉设备时，直线预应力筋，应使张拉力的作用线与孔道中心线重合；曲线预应力筋，应使张拉力作用线与孔道中心线末端的切线重合。

（3）有粘结预应力筋张拉时应整束张拉，使其各根预应力筋同步受力、应力均匀。

（4）预应力筋张拉和放张时，混凝土强度应符合设计要求，当设计无要求时，不应低于设计的混凝土立方体抗压强度标准值的75%。

（5）张拉过程中预应力钢材（钢丝、钢筋或钢绞线）断裂或滑脱的数量，对后张法构件，严禁超过结构同一截面预应力钢材总根数的3%，且一束钢丝只允许一根；对先张法构件，严禁超过结构同一截面预应力钢材总根数的5%，且严禁相邻两根断裂或滑脱，浇筑混凝土前，发生断裂或滑脱的预应力钢材必须更换。

（6）先张法预应力筋张拉后与设计位置的偏差不得大于 5mm，且不得大于构件截面最短边长的4%。

四、成品保护

预应力筋张拉锚固后，及时地进行灌浆或封端，确保封闭严密，防止水汽侵入而使锚具及预应力筋锈蚀。

五、质量常见问题及防治

（1）预应力粗钢筋的断筋处理（举例说明）。

某大桥连续箱梁竖向预应力粗钢筋两端用滚丝机轧出螺纹。其下端用螺母锚固在箱梁底部。在施工过程中，有少数预应力钢筋自上部螺纹处断裂，无法再用螺母锚固。

防治措施：在断筋处凿出深约 10cm 的坑，安装一个专门制作的带外螺纹的夹片锚具，利用带撑脚的 YC60 型千斤顶用连接套筒拧的锚具上进行张拉，然后用开口垫片锚固，为了增加预应力粗钢筋与夹片的摩擦力，将粗钢筋套上丝扣。

（2）钢绞线束张拉时的滑丝处理（举例说明）。

某厂房双跨预应力混凝土大梁配置 4 束 7 S15.24 钢绞线束，采用群锚体系锚固。一端张拉，另端补拉。其中有一束张拉力达到 50%以上时，听到响声，经检查无异常现象，继续张拉至 100%力并进行锚固，但张拉伸长值偏大，再到固定端检查发现有 1 根钢绞线缩进，几乎无力。

防治措施：

1）张拉端拉力已在 100%，即 6 根钢绞线承担 7 根钢绞线拉力，$\sigma_{con}=0.816f_{ptk}$，略超上限。

2）固定端补拉时，更换所滑钢绞线的夹片，并用前卡式千斤顶单根张拉，其拉力适当减少（为安全考虑）；然后用群锚千斤顶张拉 6 根钢绞线，其拉力适当增大，使总张拉力达到等值要求。

（3）无粘结钢绞线内埋式固定端滑丝处理（举例说明）。

某工程看台悬臂梁内埋式固定端采用多根夹片锚具，张拉时固定端钢绞线滑丝。原因是夹片锚具在浇筑混凝土时由于振动器的振动会使夹片松动，导致水泥浆渗入，无法将钢绞线夹紧。

防治措施：在内埋式固定端的梁腹上开孔，取出锚具洗净后，重新安装；对已滑至锚板后的钢绞线采用千斤顶反推法，使其恢复到原来的设计位置；然后用前卡式千斤顶单根张拉到位。最后，对凿掉部分用细石混凝土封补。

第 3 讲　灌浆与封锚

一、施工作业条件检查

（1）预应力筋张拉已完成，并检验。

（2）灌浆与封锚工作已作技术交底和水泥浆或混凝土已做配合比试验。

二、过程质量控制与检查要点

（1）后张法有粘结预应力混凝土，预应力筋张拉后，孔道应尽早灌浆，孔道内水泥浆应饱满、密实。当采用电热法时，孔道灌浆应在钢筋冷却后进行。

（2）用连接器连接的多跨连续预应力筋的孔道灌浆，应张拉完一跨随即灌注一跨，不得在全部张拉完毕后，一次连续灌注。

（3）灌浆前孔道应湿润洁净；灌浆应缓慢均匀进行，不得中断，并应排气通顺。

（4）预应力张拉后，其端部锚具经防腐处理后，宜在此处用加有微膨胀剂的水泥砂浆封堵。

三、成品保护

封锚混凝土应采取措施保证其正常硬化，防止损坏。

四、质量常见问题及防治

（1）金属波纹管孔道漏浆。浇筑混凝土时，金属波纹管（螺旋管）孔道漏进水泥浆。轻则减小孔道截面面积，增加摩阻力；重则堵孔，使穿束困难，甚至无法穿入。当采用先穿束工艺时，一旦漏入浆液将钢束铸固，造成无法张拉。

防治措施：

1）对后穿束的孔道，在浇筑混凝土过程中及混凝土凝固前，可用通孔器通孔或用水冲孔，及时将漏进孔道的水泥浆散开或冲出。

2）对先穿束的孔道，应在混凝土终凝前，用捯链拉动孔道内的预应力束，以免水泥浆堵孔。

3）如金属波纹管孔道堵塞，应查明堵塞位置，凿开疏通。对后穿束的孔道，可采用细钢筋插入孔道探出堵塞位置。对先穿束的孔道，细钢筋不易插入，可改用张拉千斤顶从一端试拉，利用实测伸长值推算堵塞位置。试拉时，另端预应力筋要用千斤顶楔紧，防止堵塞砂浆被拉裂后，张拉端千斤顶飞出。

（2）无粘结预应力筋承压钢板凹陷。

防治措施：

1）张拉力已足而钢板凹陷仅 1～2mm，可不作处理。

2）张拉力低于 60%时，如钢板开始凹陷，则应将该钢板拆除，重新修补后再张拉。

3）张拉力等于或高于 60%时，如钢板开始凹陷，则应停止张拉，不足部分可通过其他预应力筋增加张拉力来补足。

4）张拉过程中，如遇到内埋式钢板滑移，张拉力下降，则应将该处混凝土凿开，重新摆正钢板位置，再将混凝土填塞密实。

5）无粘结预应力筋没有达到全密封要求。

防治措施：

1）无粘结预应力筋在装卸与铺设过程中如有破损，应及时用粘胶带修补。

2）无粘结预应力筋与端埋件组装时，不得裸露，必须用塑料套管或粘胶带严密包缠，防止水分进入护套。

3）在张拉后的锚具夹片和无粘结筋端部，应涂满防腐油脂，并罩上塑料帽达到全密封的要求。锚头封闭后的凹口应采用微膨胀细石混凝土密封。

第 4 讲　装配式结构工程

一、施工作业条件检查

（1）构件安装前，应在构件上标注中心线。支承结构的尺寸、标高、平面位置和承载能力均应符合设计要求；应用仪器校核支承结构和预埋件的标高及平面位置，并在支承结构上划出中心线和标高，根据需要尚应标出轴线位置，并做好记录。

（2）检查构件的型号、数量、规格、外形尺寸、预埋件位置和尺寸、吊环的规格和位置、混凝土强度等性能是否符合质量要求。

（3）起吊大型构件或薄壁构件前，应采取避免构件变形或损伤的临时加固措施。

二、进场材料检验及复检

质量员在施工前应注意材料在运输及存储过程中是否发生影响施工质量的变化，对于易变质材料还要注意是否在有效期内。

（1）构件的表面应平顺光滑，不露砂眼。

（2）构件安装前按设计图纸核对型号，并检查预制构件质量，有变形、断裂、损坏现象，不得使用。

（3）预制构件不应有影响结构性能和安装、使用功能的尺寸偏差。

（4）安装楼板前应检查是否有裂纹或其他缺陷。

三、过程质量控制与检查要点

1.构件安装一般要求

（1）构件安装就位后，应采取保证构件稳定性的临时固定措施，并应根据水准点和轴线检查其位置是否准确。

（2）安装就位的构件，必须经过校正后方准焊接或浇筑接头混凝土，根据需要焊后再进行一次复查。

（3）装配式结构中承受内力的接头和接缝的混凝土，在浇筑过程中，必须捣实，并应采取必要的养护措施。

2.预制柱安装

（1）绑扎柱子时要在吊索与柱之间垫以柔性材料，避免起吊时吊索磨损构件表面。

（2）柱子起吊应慢速起升，起吊索绷紧离地 300mm 高时停止上升，检查无误后方可起吊。

（3）用两台经纬仪从柱子互相垂直的两个面检查柱的安装中线垂直度，其允许误差：当柱高≤5m 时，为 8mm；柱高＞5m 时，为 10mm。

（4）柱子固定。

1）柱子中心线要准确，并使相对两面中心线在同一平面上。吊装前对杯口十字线及杯口尺寸要进行预检，防止柱子实际轴线偏离标准轴线。

2）杯口与柱身之间空隙太大时，应增加楔块厚度，不得将几个楔块叠合使用，并且不准随意拆掉楔块。

3）杯口与柱脚之间空隙灌筑混凝土时，不得碰动楔块，灌筑过程中，还应对柱子的垂直度进行观测，发现偏差及时处理。

3.预制梁（屋架）安装

（1）吊车梁安装。

1）吊车梁的安装，必须在柱子杯口第二次灌筑混凝土强度达到 70%以后进行。

2）吊车梁梁端安装中心线应与牛腿顶面安装中心线对准。吊车梁就位时，用垫铁垫平方可脱钩。

3）吊车梁的标高、平面位置及垂直度应符合要求。

（2）屋架安装。

1）重叠制作的屋架，当粘结力较大时，可采用撬杠撬动或使用捯链、千斤顶使屋架脱离，防止扶直时出现裂缝。

2）屋架就位时为直立状态，两端支座处用方木垫牢，两侧加斜撑固定。

3）屋架的垂直度应符合要求。

4.预制板安装

（1）圆孔板安装之前先将墙顶或梁顶清扫干净，检查标高及轴线尺寸，按设计要求抹水泥砂浆找平层，厚度一般为 15～20mm，配合比为 1∶3。

（2）安装预制板采用硬架支模方法时：木方承托板底的上面要平直，钢管或木支柱下边垫通长脚手板，保证板底标高准确。

（3）吊装楼板。起吊时要求各吊点均匀受力，板面保持水平，避免扭翘使板开裂。

（4）绑扎或焊接锚固筋。严禁将锚固筋上弯 90°或压在板下，弯锚固筋时用套管缓弯，防止弯断。

（5）板安装就位要准确，使板两端搭接长度相等，安装就位后不得随意撬动板。

（6）安装前按设计图纸要求划出缝宽位置线；就位后不得随意撬动板。

（7）扣板前应检查墙体标高，抹好砂浆找平层，扣板时浇水泥素浆，防止楼板与支座处搭接不实。

（8）安装前应检查板端的圆孔是否堵好，砂浆块距板端距离为 60mm。对预应力短向圆孔板板端锚固筋（胡子筋），应当用套管理顺，不能弯成死弯，防止断裂。

四、季节性施工质量检查

1.构件的吊装

（1）吊车行走或桅杆移动的场地应平整，并应采取防滑措施。起吊的支撑点地基必须坚实。

（2）地锚应具有稳定性，回填冻土的重量应符合设计要求，活动地锚应设防滑措施。

（3）构件在正式起吊前，应先松动、后起吊。

（4）凡使用滑行法起吊的构件，应采取控制定向滑行的措施，并防止偏离滑行方向。

（5）多层框架结构的吊装，接头混凝土强度未达到设计要求前，应加设缆风绳，防止整体倾斜。

2.构件连接与校正

（1）装配整浇式结构接头的冬期施工应根据混凝土体积小，表面系数大，配筋密等特点，应采取相应的保证质量措施。

（2）构件接头采用湿法连接时应符合下列规定：

1）接头部位的积雪、冰霜等应清除干净。

2）承受内力接头的混凝土，在受冻前当设计无要求时，其强度不应低于设计强度标准值的 70%。

（3）混凝土构件预埋连结板的焊接，应分段连接，防止累积变形过大影响安装质量。

（4）混凝土柱、屋架及框架冬期安装，在阳光照射下校正时，应计入温差的影响，各固定支撑校正后，应立即固定。

五、成品保护

（1）现场平卧生产的大型构件（包括柱、屋架、薄腹梁、天窗架等），在扶直时，必须采用旋转法（即以下弦或柱脚为轴，边起钩边转动把杆，在扶直为直立状态时在吊离地面），防止在扶直过程中，使构件拖拉发生碰撞和晃动破坏。

（2）圆孔板锚固筋要妥善保护，不得反弯或折断。

（3）铺完板后，如施工荷载超过设计活荷载，板底跨中应加一道支撑，保证施工安全及安装质量。

六、质量常见问题及防治

安装的构件实际轴线与标准轴线偏差超过允许值（轴线位移）。

防治措施：

（1）多层放线吊装，必须从标准桩点上引，误差均在本层中消除。

（2）已偏位的构件应校正，不应连接钢筋或在预埋件上焊接构件接头。

第5单元　砌体工程过程质量控制

第1讲　砖砌体工程施工质量控制

一、施工作业条件检查

1.基础砌筑前检查

（1）基槽或基础垫层以完成，并验收，办完隐检手续。

（2）设置龙门板或龙门桩，标出建筑物主要轴线，标出基础及墙身轴线和标高；并弹出基础轴线和边线。

（3）砌筑部位的灰渣、杂物应清除干净，基层浇水湿润。

（4）基槽安全防护已完成，无积水。

2.墙体砌筑前检查

（1）基础及防潮层应经验收合格，基础顶面弹好墙身轴线、墙边线，根据进场砖的实码规格尺寸弹出门窗洞口和柱子的位置线。

（2）办完地基、基础工程隐检手续。

（3）回填完基础两侧及房心土方，安装好暖气沟盖板。

（4）砌筑部位（基础或楼板等）的灰渣杂物清除干净，并浇水湿润。

（5）砂浆由实验室做好试配，准备好砂浆试模（6块为一组）。

（6）框架外墙施工时，外防护脚手架应随楼层搭设完毕，墙体距外架间的间隙应水平防护，防治高空坠物。内墙已准备好工具式脚手架。

二、进场材料检验及复检

质量员在施工前应注意材料在运输及存储过程中是否发生影响施工质量的变化，对于易变质材料还要注意是否在有效期内。

（1）水质必须符合要求，严禁使用基坑积水。

（2）砌筑用砖应无缺棱掉角、弯曲、裂缝等现象。

三、过程质量控制与检查要点

1.基础砌筑施工

（1）放线。

1）砌筑前，基础及防潮层应经验收合格，基础顶面弹好墙身线、轴线、门窗洞口位置线，并必须用钢尺校核尺寸。

2）砌筑基础前，校核放线尺寸，允许偏差应符合下列要求：

①长度（或宽度）不大于30m，允许偏差为±5mm。

②长度（或宽度）大于 30m 并且小于等于 60m，允许偏差为±10mm。

③长度（或宽度）大于 60m 并且小于等于 90m，允许偏差为±15mm。

④长度（或宽度）大于 90m，允许偏差为±20mm。

（2）立皮数杆。

1）立皮数杆时，抄平放线要准确，立皮数杆要牢固；施工中要注意保护皮数杆，确保皮数杆标高正确。

2）根据皮数杆最下面一层砖的标高检查基础基层、表面标高是否合适。

（3）砖浇水湿润。

1）砖应在砌筑前 1～2 天浇水湿润，不得随浇随砌。

2）现场检查砖含水率的简易方法采用断砖法，当砖截面四周融水深度为 15～20mm 时，视为含水率符合要求。

3）常温施工不得用干砖，不得使用含水率达到饱和状态的砖。

（4）排砖撂底。

1）在排砖中要把转角、墙垛、洞口、交接处等不同部位排得既合砖的模数，又合乎设计的模数。

2）对撂底的要求，一是不能使排好的砖的位置发生移动，要一铲灰一块砖的砌筑；二是必须严格按皮数杆标准砌筑。

3）基础大放脚的撂底尺寸及收退方法必须符合设计图纸规定。

4）大放脚的转角处，应按规定放七分头，其数量为一砖墙放两块、一砖半厚墙放三块、二砖墙放四块，依此类推。

（5）基础盘角。

1）每次盘角高度不应超过五层，随盘随靠平，吊直。

2）盘角时灰缝要掌握均匀。

（6）基础挂线。应挂通线，24cm 墙外手挂线，37cm 墙以上应双面挂线。

（7）砂浆拌制、使用。

1）水泥砂浆应采用机械搅拌，搅拌时间不少于 2min。水泥粉煤灰砂浆和掺用外加剂的砂浆搅拌时间不得少于 3min，掺用有机塑化剂的砂浆，应为 3～5min。

2）砂浆应随拌随用，水泥砂浆和水泥混合砂浆必须在拌成后 3h 和 4h 内使用完毕，当施工期间最高温度超过 30℃时，应分别在拌成后 2h 和 3h 内使用完毕。超过上述时间的砂浆，不得使用，也不得再次搅拌后使用。

（8）基础砌筑。

1）砖基础砌筑前，基础垫层表面清扫干净，洒水湿润。

2）保持砌体通顺、平直，防止砌成“螺丝”墙。

2.墙体砌筑施工

（1）放线、立皮数杆、砂浆拌制、砖浇水湿润参见“基础砌筑”相关内容。

（2）排砖撂底。

1）排砖时必须把立缝排匀，由底往上所有七分头的长度应保持一致。

2）留设上层窗口必须同下层窗口保持垂直。

3）窗间墙应排成好活，把破活排在中间或不明显位置。门窗口上边的砖墙合拢时不得出现破活。

（3）墙体盘角。

1）每次盘角不应超过五层，新盘大角及时进行吊、靠。

2）盘角时水平灰逢要均匀一致，平整度和垂直度须完全符合要求。

（4）墙体挂线。

1）超过 10m 的长墙，中间应设支线点。

2）空斗墙应单面挂线，并要整砖砌筑。

（5）墙体砌筑。

1）砌砖时必须先拉准线，准线要拉紧。

2）砖砌体应上下错缝，内外搭砌。

3）基底标高不同时应从低处砌起，并有高处向低处搭接。

4）每层承重墙的最上一皮砖、砖砌体的阶台平面上以及挑出层应用整砖丁砌。

5）砌体临时间断处的高度差，不得超过一步脚手架的高度。

6）相邻工作段的高度差，不得超过一个楼层的高度，且不得大于 4m。

7）搁置预置梁板的平面应找平，并且安装时应坐浆。

8）清水墙不允许有三分头，不得在上部任意变活、乱缝。

9）有防水要求的楼面，墙底部应浇注高度不小于 120mm 的混凝土坎。

10）有眠空斗墙中，眠砖层与丁砖层接触处除两段外，其余部分不应填充砂浆。

11）多孔砖墙的孔洞应垂直于受压面。

12）多孔砖墙不够整砖砌筑的部位，应用烧结普通砖补砌，不得将砍过的多孔砖填补。

13）方形多孔砖墙的转角处，应加砌配砖（半砖），配砖位于砖墙外角。

（6）墙体留槎。

1）除构造柱外，砖墙的转角处和交接处应同时砌筑。对不能同时砌筑必须留槎时，应砌成斜槎，斜槎投影长度不应小于高度的 2/3，槎子必须平直通顺。

2）施工洞口可留直槎，但直槎必须砌成凸槎，并加设拉结筋。

（7）墙体接槎。砖砌体施工临时间断处补砌时，必须将接槎处表面清理干净，浇水润湿，并填实砂浆，保持灰缝平直。

（8）墙体灰缝。

1）砖砌体的灰缝应横平竖直，薄厚均匀。水平灰逢厚度和竖直灰缝宽度在 8～12mm 之间。

2）水平灰逢砂浆饱满度应不低于 80%，垂直灰缝不得出现透明缝、瞎缝和假缝。

3）混水墙应随砌随将舌头灰刮尽。

（9）清水墙勾缝。

1）勾缝前应清除墙面和脚手眼粘结的砂浆、泥浆和杂物，并洒水湿润。脚手眼应用与原墙相同的砖补砌严密。

2）墙面勾缝应采用加浆勾缝，砖内墙也可采用原浆勾缝，但必须随砌随勾缝，并使灰缝光滑密实。

3）墙面勾缝应横平竖直，深浅一致，搭接平整并压实抹光，不得有丢缝、开裂和粘结不牢现象。

4）勾缝完毕，应清扫墙面。

（10）构造柱。构造柱砖墙必须砌成大马牙槎，设置好拉结筋，构造柱内的落地灰、砖渣杂物必须清理干净，防治混凝土内夹渣。

（11）预埋件。

1）砌体中的预埋件应作防腐处理。

2）混凝土砖、木砖预埋：

①木砖预埋时应小头在外，大头在内。

②洞口高在 1.2m 以内，每边放 2 块；高 1.2～2m,每边放 3 块；高 2～3m，每边放 4 块。

③预埋砖的部位一般在洞口上边或下边四皮砖，中间均匀分布。

（12）墙体拉结筋。

1）留直槎处应加设拉结筋。

2）墙体拉结筋的型号、位置、数量符合设计要求，严禁错放、漏放。

（13）预留孔洞。

1）钢门窗安装的预留孔、硬架支撑、暖卫管道均应按设计要求预留，不得事后凿墙。

2）在墙上留置临时施工洞口，其侧边离交接处墙面不应小于 500mm,洞口净宽度不应超过 1m。

3）不得在下列墙体或部位设置脚手眼：

①120mm 厚墙和独立柱；过梁上与过梁成 60°角的三角形范围及过梁净跨度 1/2 的高度范围内。

②宽度小于 1m 的窗间墙；砌体门窗洞口两侧 200mm 和转角处 450mm 范围内。

③梁和梁垫下及其左右 450mm 范围内；设计不允许设置脚手眼的部位。

3.砖柱、砖跺砌筑施工

（1）砖柱。砖柱不得采用先砌四周后填心的包心砌法。

（2）砖垛。

1）墙与垛应同时砌筑。

2）砖垛隔皮与砖墙搭砌长度应不小于 1/4 砖长，砖垛外表面上下皮垂直灰缝应相互错开 1/2 砖长。

4.砖拱砌筑施工

（1）砖拱。

1）砖平拱的拱脚下面应伸入墙内不小于 20mm。

2）砖平拱的灰缝应砌成楔形。灰缝的宽度，在平拱的底面不应小于 5mm；在平拱的顶面不应大于 15mm。

（2）过梁

1）过梁标高，位置及型号必须符合设计要求。

2）坐灰饱满。

四、季节性施工质量检查

1.冬期施工

（1）当室外平均气温连续5天稳定低于5℃时，砌体工程应采取冬期施工措施。冬期施工期限以外，当日最低气温低于0℃时，也应采取冬期施工措施。

（2）冬期使用的砖，要求在砌筑前清除冰霜。普通砖、多孔砖和空心砖在气温高于0℃条件下砌筑时，应浇水湿润。在气温不高于0℃条件下砌筑时，可不浇水，但必须增大砂浆稠度。

（3）砂中不得含有大于10mm的冻块，石灰膏要防冻，掺合料应有防冻措施，如已受冻要融化后方能使用。

（4）材料加热时，水加热不超过80℃,砂加热不超过40℃。应采用两步投料法，即先拌和水泥和砂，再加水拌和。

（5）砂浆使用温度不应低于5℃。

2.雨期施工

（1）雨期施工应防止基槽灌水和雨水冲刷砂浆，砂浆稠度应适当减小。

（2）每日砌筑高度不宜超过1.2m。

（3）收工时应覆盖砌体表面。

3.抗震施工

抗震设防烈度为9度的建筑物，普通砖、多孔砖和空心砖无法浇水湿润时，如无特殊措施，不得砌筑。

4.大风天气施工

尚未安装楼板或屋面的墙和柱，当可能遇到大风时，其允许自由高度不得超过表3—1规定。

表3—1 墙和柱的允许自由高度 （单位：mm）

墙（柱）厚/mm	砌体密度>1600（kg/m^3）			砌体密度1300~1600（kg/m^3）		
	风载（kN/m^2）			风载（kN/m^2）		
	0.3（约7级风）	0.4（约8级风）	0.5（约9级风）	0.3（约7级风）	0.4（约8级风）	0.5（约9级风）
190	–	–	–	1.4	1.1	0.7
240	2.8	2.1	1.4	2.2	1.7	1.1
370	5.2	3.9	2.6	4.2	3.2	2.1
490	8.6	6.5	4.3	7.0	5.2	3.5
620	14.0	10.5	7.0	11.4	8.6	5.7

注：①本表适用于施工处相对标高（H）在10 m<H≤15m，15m<H≤20m时，表中的允许自由高度应分别乘以0.9、0.8的系数；如H>20m时，应通过抗倾覆验算确定其允许自由高度。

②当所砌筑的墙有横墙或其他结构与其连接，而且间距小于表列限值的2倍时，砌筑高度可不受本表的限制。

如超出上表规定，必须采取临时支撑等有效措施以保证墙或柱的稳定性。

五、成品保护

（1）砌筑过程中或砌筑完毕后，未经有关质量管理人员复查之前，对轴线桩、水平桩或龙门板应注意保护，不得碰撞或拆除。

（2）基础墙回填土，应两侧同时进行，暖气沟墙未填土的一侧应加支撑，防止回填时挤歪挤裂。回填土应分层夯实，不允许向槽内灌水取代夯实。回填土运输时，先将墙顶保护好，不得在墙上推车，损坏墙顶和碰撞墙体。

（3）墙体拉结筋、抗震构造柱钢筋、大模板混凝土墙体钢筋及各种预埋件，暖、卫、电气管线及套管等，均应注意保护，不得任意拆改、弯折或损坏。

（4）砂浆稠度应适宜，砌筑过程中要及时清理，防止砂浆溅脏墙面。

（5）尚未安装楼板或屋面板的墙和柱，当可能遇到大风时，应采取临时支撑等措施，以保证施工中墙体的稳定性。

六、质量常见问题及防治

（1）基础砖撂底要正确，收退大放角两边要相等，退到墙身之前要检查轴线和边线是否正确，如偏差较小可在基础部位纠正，不得在防潮层以上退台或出沿，以免基础墙与上部墙错台。

（2）排砖时必须把立缝排匀，砌完一步架高度，每隔 2m 间距在丁砖立楞处用托线板吊直弹线，二步架往上继续吊直弹线，由底往上所有七分头的长度应保持一致，上层分窗口位置时必须同下窗口保持竖直线，以避免出现清水墙游丁走缝。

（3）立皮数杆要保证标高一致，盘角时灰缝要掌握均匀，砌砖时小线要拉紧，每层松紧度要一致，防止一层线松，一层线紧，造成灰缝大小不匀。

（4）清水墙排砖时，为了使窗间墙、垛排成好活，把破活排在中间或不明显位置，在砌过梁上第一皮砖时，不得随意变活。

（5）砌墙遇有风时，挂线应绷直，不能成弧，以免墙随线走，造成砖墙鼓胀。

（6）砌筑中，应注意将半头砖分散使用在较大的墙体面上；砌首层或楼层的第一皮砖要核对皮数杆的标高及层高；一砖厚墙应外手挂线；舌头灰应及时刮尽等，以避免砌成螺丝墙及混水墙粗糙的现象。

（7）构造柱外砖墙应砌成马牙槎并应正确设置拉结筋。从柱脚砌砖开始，两侧都应先退后进，当马牙槎深 120mm 时，宜第一皮进 60mm，再上一皮进 120mm，以保证混凝土浇筑时角部密实。构造柱内的落地灰、砖渣等杂物必须清理干净，防止混凝土内夹渣。

第 2 讲 混凝土小型砌块施工质量控制

一、施工作业条件检查

（1）必须做完地基，办完隐检预检手续。

（2）混凝土小型空心砌块基层杂物清扫干净。

（3）放好混凝土小型空心砌块砌体纵横墙轴线、边线、门窗洞口位置线及其他尺寸线，并经验线符合设计图纸要求，预检合格。

二、进场材料检验及复检

质量员在施工前应注意材料在运输及存储过程中是否发生影响施工质量的变化，对于易变质材料还要注意是否在有效期内。

三、过程质量控制与检查要点

（1）放线。

砌筑前应在基础面或楼面上定出各层的轴线位置和标高，并用 1∶2 水泥砂浆或 C15 细石混凝土找平。

（2）皮数杆。

1）在房屋四角或楼梯间转角处设立皮数杆，皮数杆间距不得超过 15m。根据砌块高度和灰缝厚度计算皮数杆和排数，皮数杆上应画出各皮小砌块的高度及灰缝厚度。在皮数杆上相对小砌块上边线之间拉准线，小砌块依准线砌筑。

2）绘制小型空心砌块排列图。

（3）砂浆拌制及使用。

参见第 5 单元第 1 讲“砖砌体工程施工”相关内容。

（4）砌筑。

1）第一皮砌块底铺砂浆厚度应均匀。

2）小砌块砌筑前不需浇水湿润，但在天气干燥炎热的情况下，可提前洒水湿润小砌块。

3）小砌块砌筑墙体应将底面朝上反砌于墙上。

4）砌体错缝符合设计和规范规定，不得出现竖向通缝。

5）水平缝应平直，竖缝凹槽部位应用砂浆填实，不得出现瞎缝、透明缝。

6）不得采用小砌块与烧结普通砖等其他块体材料混合砌筑。

7）常温条件下的日砌筑高度控制。

①普通混凝土小砌块控制在 1.8m 内。

②轻骨料混凝土小砌块控制在 2.4m 内。

8）砌体相邻工作段高差不得大于一个楼层或 4m。

9）伸缩缝、沉降缝及防震缝中夹杂的落灰与杂物应清除。

10）雨天砌筑应有防雨措施，砌筑完毕对砌体进行遮盖。

（5）留槎。临时间断处应砌成斜槎，斜槎必须符合规范标准要求。

（6）拉结筋。砌块墙与后砌隔墙交接处焊接钢筋网片设置必须符合设计要求。

（7）灰缝。小砌块砌体的水平灰缝厚度和竖向灰缝宽度宜为 10mm，但不应小于 8mm，也不应大于 12mm。

（8）预留洞、预埋件。

1）参见第 5 单元第 1 讲“砖砌体工程施工”。

2）小砌块砌体中不得预留水平沟槽。

3）临时施工洞口留置要求。

①洞口侧边离交接处墙面不应小于 500mm，洞口净宽度不应超过 1m。

②洞口两侧应沿墙高每 3 皮砌块设 2Φ 4 拉结钢筋网片，锚入墙内的长度不小于 1000mm。

4）下列部位不得设置脚手眼。

①过梁上部，与过梁成 60° 角的三角形及过梁跨度 1/2 范围内。

②宽度不大于 800mm 的窗间墙。

③梁和梁垫下及左右各 500mm 范围内。

④门窗洞口两侧 200mm 内和砌体交接处 400mm 的范围内。

⑤设计规定不允许设脚手眼的部位。

（9）芯柱。

1）芯柱应沿房屋的全高贯通，并与各层圈梁整体现浇。

2）检查芯柱竖筋要放位置及其接头连接质量。

3）浇灌芯柱混凝土，应遵守下列规定：

①清除孔洞内的砂浆等杂物，并用水冲洗。

②砌筑砂浆强度大于 1MPa 时，方可浇灌芯柱混凝土。

③在浇灌芯柱混凝土前应先注入适量与芯柱混凝土相同的去石水泥砂浆，再浇灌混凝土。

四、季节性施工质量检查

1.冬期施工

（1）当室外平均气温连续 5 天稳定低于 5℃时，砌体工程应采取冬期施工措施；冬期施工期限以外，当日最低气温低于 0℃时，也应采取冬期施工措施。

（2）拌制砂浆用砂，使用前应进行过筛，不得含有冰块和大于 10mm 的冻结块。

（3）冬期砌筑不得使用无水泥拌制的砂浆。

（4）基土无冻胀时，基础可在冻结的地基上砌筑；基土有冻胀时，应在未冻的地基上砌筑。在施工期间和回填土前，均应防止地基遭受冻结。

（5）砂浆使用温度应符合下列规定：

1）采用掺外加剂法、氯盐砂浆法及暖棚法时，不应低于 5℃。

2）采用冻结法当室外空气温度分别为 0～-10℃、-11～-25℃、-25℃以下时，砂浆使用最低温度分别为 10℃、15℃、20℃。

（6）采用暖棚法施工，块材在砌筑时的温度不应低于 5℃，距离所砌的结构底面 0.5m 处的暖棚温度也不应低于 5℃。

（7）冻结法施工。

1）冻结法施工的解冻期间内，应经常对砌体进行观测和检查，如发现裂缝、不均匀下沉等情况应立即采取加固措施。

2）采用冻结法砌筑的墙，与已沉降的墙体交接处，应留沉降缝。

（8）氯盐砂浆砌体施工时，每日砌筑高度不宜超过 1.2m，墙体留置洞口距交接墙处不应小于 50cm。

（9）冬期施工中，每日砌筑后应及时在砌筑表面覆盖保温材料，砌筑表面不得留有砂浆。

2.雨期施工

（1）不得使用含水率过高的砌块，以免砂浆流淌，影响砌体质量。

（2）雨后继续施工时，应复核砌体垂直度、平整度和标高，确保砌体质量。

（3）控制砌筑高度每天在 1.2m 以内，以免砌体结构不稳定甚至出现倒塌现象。

（4）砌体相邻砌筑分段的高度差不得超过一个楼层的高度，且不宜大于 4m。砌体临时间断处的高差不得超过一步脚手架高度。

（5）混凝土空心小砌块砌体。

1）雨期施工应有防雨措施。下雨时必须停止砌筑，并对新砌筑的墙体采取遮雨措施，以防雨水进入砖体和芯孔内。

2）雨水冲淋的砌块晾干后方可使用。

3.高温期及台风季节施工

（1）铺灰时铺灰面不要摊的太大，避免砂浆变硬无法使用。

（2）在特别干燥炎热时期，每天砌筑后，可在砂浆已初步凝固的条件下，向砌好的墙上适当浇水。

（3）台风时期墙体砌筑的高度控制在一步架为宜；在砌筑时尽量四周墙同时砌，保证砌体的整体性和稳定性。

（4）不宜砌单独无联系的墙体、无横向支撑的独立山墙、窗间墙、高的独立柱子等，如必须砌筑，应在砌好后加支撑。

五、成品保护

（1）装卸小砌块时，严禁倾卸丢掷，并应堆放整齐。

（2）在砌体砌块上，不宜拉锚缆风绳，不宜吊挂重物，也不宜作为其他施工临时设施、支撑的支承点，如果确实需要时，应采取有效的构造措施。

（3）砌块和楼板吊装就位时，避免冲击已完墙体。

（4）其他成品保护参见第5单元第1讲“砖砌体工程施工”相关内容。

六、质量常见问题及防治

（1）砌体粘结不牢：原因是砌块浇水、清理不好，砌块砌筑时一次铺砂浆的面积过大，校正不及时；砌块在砌筑使用的前一天，应充分浇水湿润，随吊运随将砌块表面清理干净；砌块就位后应及时校正，紧跟着用砂浆（或细石混凝土）灌竖缝。

（2）第一皮砌块底铺砂浆厚度不均匀：原因是基底未事先用细石混凝土找平标高，必然造成砌筑时灰缝厚度不一，应注意砌筑基底找平。

（3）拉结钢筋或压砌钢筋网片不符合设计要求：应按设计和规范的规定，设置拉结带和拉结钢筋及压砌钢筋网片。

（4）砌体错缝不符合设计和规范的规定：未按砌块排列组砌图施工。应注意砌块的规格并正确的组砌。

（5）砌体偏差超规定：控制每皮砌块高度不准确。应严格按皮数杆高度控制，掌握铺灰厚度。

第3讲　填充墙砌体施工质量控制

一、施工作业条件检查

（1）主体结构中承重结构已施工完毕，已经有关部门验收合格。

（2）填充墙施工前，承重结构已施工完毕，并隐蔽验收合格。

（3）弹出轴线、墙身线、门窗洞口线，并经过技术核验，办理预检手续。

（4）填充墙拉结钢筋已经按要求预埋，并经过隐蔽验收。

二、进场材料检验及复检

（1）质量员在施工前应注意材料在运输及存储过程中是否发生影响施工质量的变化，对于易变质材料还要注意是否在有效期内。

（2）小砌块的产品龄期不应小于28d，不宜小于35d。

三、过程质量控制与检查要点

1.空心砖、轻骨料混凝土小型空心砌体

（1）放线。楼面上的轴线位置及柱上标高符合设计要求。

（2）皮数杆。

1）皮数杆位置及间距符合规范要求。

2）皮数杆上注明的门窗洞口、木砖、拉结筋、圈梁、过梁的尺寸标高符合设计要求。

3）皮数杆应垂直、牢固、标高一致。

（3）排列空心砖。不足整块的空心砖尺寸不得小于空心砖长度的1/3。

（4）砂浆拌制。搅拌加料顺序和时间要达到规定的要求。先加砂、掺合料和水泥干拌 1min，再加水湿拌。总的搅拌时间不得少于 4min。若加外加剂，则在湿拌 1min 后加入。

（5）砂浆使用。砂浆应随拌随用，水泥砂浆和水泥混合砂浆应分别在 3h 和 4h 内使用完毕（注：对掺用缓凝剂的砂浆，其使用时间可根据具体情况延长）。

（6）砖浇水湿润。空心砖应提前 2d 浇水湿润。

（7）砌筑。

1）空心砖孔洞垂直方向砌筑时，不得将砂浆掉入孔洞内部。

2）不得用砍凿方法将砖打断，宜用无齿锯加工制作非整砖块。

3）需要移动已砌好的砌块或对被撞动的砌块进行修整时，应清除原有砂浆后，再重新铺浆砌筑。

4）在封砌施工洞口及外墙井架洞口时，应严格控制，不能一次到顶。

（8）留槎。空心砖墙砌筑不得留斜槎或直槎。

（9）灰缝。

1）补砌时灰缝砂浆应饱满。

2）空心砖砌体的水平、竖向灰缝厚度应为 8～12mm。

3）空心砖砌体水平灰缝砂浆饱满度应小于 80%；竖向灰缝应填满砂浆，并不得有透明缝、瞎缝或假缝。

（10）勾缝。灰缝与空心砖面要平整密实、不得出现丢缝、瞎缝、开裂和粘结不牢等现象。

（11）拉结筋、抗震拉结措施。

1）拉结筋伸入墙内的长度应符合设计要求。

2）当设计未具体要求时抗震拉结措施为：非抗震设防及抗震设防烈度为 6 度、7 度时，不应小于墙长的 1/5 且不小于 700mm；8 度、9 度时宜沿墙全长贯通。

（12）预留洞、预埋件。参见第 5 单元第 1 讲“砖砌体工程施工”相关内容。

2.蒸压加气混凝土砌块墙

（1）蒸压加气混凝土砌块砌体施工放线、立皮数杆、排列砌块、拉线、砂浆拌制及勾缝参见第 1 讲“空心砖、轻骨料混凝土小型空心砌体”相关内容。

（2）砌筑。

1）按砌块排列图进行砌筑。

2）蒸压加气混凝土砌块砌筑面应适量浇水湿润。

3）蒸压加气混凝土砌块墙转角处纵横墙砌块的搭接应符合设计要求。

4）每一楼层内的砌块墙体应连续砌筑，否则应留成斜槎或在门窗洞口侧边间断。

5）砌筑时，蒸压加气混凝土砌块错缝搭接长度不小于砌块长度的 1/3，不能满足要求时，应在水平灰缝中设置钢筋加强。

6)蒸压加气混凝土砌块的水平灰缝厚度宜为 15mm，竖向灰缝宽度宜为 20mm。

7）蒸压加气混凝土砌块水平灰缝砂浆饱满度应不小于 80%，竖向灰缝不应小于 80%，并不得有透明、瞎缝、假缝。

8）蒸压加气混凝土砌块砌筑时应采取措施防止雨淋。

9）蒸压加气混凝土砌块墙如无切实有效的措施，不得用于下列部位：

①建筑物室内地面标高以下部位。

②长期浸水或经常受干湿交替部位。

③受化学环境侵蚀（如强酸、强碱）或高浓度二氧化碳等环境。

10）蒸压加气混凝土砌块墙上不得留设脚手眼。

（3）拉结筋、抗震拉结措施参见第 1 讲“空心砖、轻骨料混凝土小型空心砌体”相关内容。

（4）预留洞、预埋件。参见第 5 单元第 1 讲“砖砌体工程施工”相关内容。砌块表面经常处于 80℃以上的高温环境。

3.粉煤灰小型空心砌块墙

（1）粉煤灰小型空心砌块砌体施工放线、立皮数杆、排列砌块、拉线、砂浆拌制及勾缝参见第 1 讲“空心砖、轻骨料混凝土小型空心砌体”相关内容。

（2）砌筑。

1）按粉煤灰小型空心砌块排列图进行砌筑。

2）粉煤灰小型空心砌块的砌筑面应适量浇水。

3）粉煤灰小型空心砌块上下皮垂直灰缝错开长度应不小于砌块长度的 1/3。

4）粉煤灰小型空心砌块墙端面应锯平灌浆槽。

5）灰缝厚度和宽度应正确。

6）拉结钢筋或网片的位置与粉煤灰小型空心砌体皮数相符合，且其埋置长度应符合设计要求。

7）粉煤灰小型空心砌块外墙不得留脚手眼。

8）每一楼层内的砌块墙应连续砌完，否则应留斜槎或门窗洞口侧边间断。

9）粉煤灰墙砌至接近梁、板底时应留一定空隙，待填充墙砌筑完并应至少间隔 7d 后，再将其补砌挤紧。

四、季节性施工质量检查

1.冬期施工

（1）冬期施工所用材料应符合下列规定：

1）石灰膏、电石膏应防止受冻，如遭冻结，应经融化后使用。

2）拌制砂浆用砂，使用前应进行过筛，不得含有冰块和大于 10mm 的冻结块。

3）砌体用砖或其他块材不得遭水浸冻。

（2）普通砖、多孔砖和空心砖在气温高于 0℃条件下砌筑时，应浇水湿润。在气温不高于 0℃条件下砌筑时，可不浇水，但必须增大砂浆稠度。

2.雨期施工

参见第 5 单元第 1 讲“砖砌体工程施工”相关内容。

3.高温期及台风季节施工

（1）砖在使用前应提前浇水，浇水程度以把砖断开观察，其周边的水浸痕应达 20mm 左右为宜。

（2）其余内容参见第 5 单元第 1 讲“砖砌体工程施工”相关内容。

五、成品保护

（1）砌体砌筑完成后，未经有关人员的检查验收，轴线桩、水准桩、皮数杆应加以保护，不得碰坏拆除。

（2）砌块运输和堆放时，应轻吊轻放，堆放高度不得超过 1.6m，堆垛之间应保持适当的通道。

（3）水电和室内设备安装时，应注意保护墙体，不得随意凿洞。填充墙上设备洞、槽应在砌筑时同时留设，漏埋或未预留时，应使用切割机切槽，埋设完毕后用 C15 混凝土灌实。

（4）不得使用砌块做脚手架的支撑，拆除脚手架时，应注意保护墙体及门窗口角。

（5）墙体拉结筋、抗震构造柱钢筋，暖、卫、电气管线及套管等，均应注意保护，不得任意拆改、弯折或损坏。

（6）砂浆稠度应适宜，砌筑过程中要及时清理，防止砂浆溅脏墙面。

六、质量常见问题及防治

（1）填充墙与柱、梁、墙连接处出现裂缝，严重的受冲撞时倒塌。

防治措施：

1）柱、梁、板或承重墙内漏放拉结筋时，可在拉接筋部位将混凝土保护层凿除，将拉接筋按规范要求的搭接倍数焊接在柱、梁、板或承重墙钢筋上。

2）柱、梁、板或承重墙与填充墙之间出现裂缝，可凿除原有嵌缝砂浆，重新嵌缝。

（2）墙体沿灰缝产生裂缝或在外力作用下造成墙片损坏，影响墙片的整体性。

防治措施：

1）粉刷前，发现灰缝中有细裂缝时，可将灰缝砂浆表面清理干净后，重新用水泥砂浆嵌缝。裂缝严重的要拆除重砌。

2）压碎和损坏的墙体，应拆除重砌。

（3）室内外抹面随砌体灰缝中裂缝和柱、梁、板、承重墙结合处裂缝而出现相应的裂缝；墙面抹灰出现干缩裂缝和起壳，严重的引起墙面渗漏。

防治措施：

1)对于因结构问题引起墙面抹灰起壳、裂缝和渗水的，应先对结构采取措施后，再对抹灰进行处理。处理时，一般应铲除起壳部分，清理、湿润后重新分层抹灰。对于抹灰层裂缝一般应沿裂缝凿成 V 形槽，清洗后用水泥砂浆分层嵌补或用油膏嵌缝，然后分层修补抹灰层。

2）因砌块本身材料问题而引起的渗漏，应铲除该部位抹灰层，然后将砌块酥松或裂缝部分凿除，用水泥砂浆修补，达到一定强度后重新抹灰。

3）因抹灰层太薄而造成渗水的墙面，可在表面凿毛，认真清理、湿润以后，加做一层抹灰。有条件时，可在抹灰层外涂防水层，如憎水剂等。

（4）其他参见第 5 单元第 1 讲 “砖砌体工程施工”相关内容。

第 4 讲　配筋砌体工程

一、施工作业条件检查

（1）弹好轴线、墙身线，弹出门窗口位置线。

（2）砂浆、混凝土按试验室做好试配，准确好砂浆、混凝土试模，材料准备到位。

（3）施工现场安全防护已完成，并通过质量员的验收。

二、进场材料检验及复检

质量员在施工前应注意材料在运输及存储过程中是否发生影响施工质量的变化，对于易变质材料还要注意是否在有效期内。

（1）水泥。水泥在保持期内，且无结块。

（2）石灰膏。严禁使用冻结和脱水硬化的石灰膏。

三、过程质量控制与检查要点

1.网状配筋砖砌体

（1）放线、立皮数杆、盘角、挂线、留槎和砂浆拌制，参见第 5 单元第 1 讲“砖砌体工程施工”相关内容。

（2）留置临时施工洞口。临时施工洞口侧边离交接处墙面不应小于 500mm，洞口净宽度不应超过 1m，抗震设防烈度为 9 度的地区建筑物的临时施工洞口位置，应会同设计单位确定。临时洞口应做好补砌。

（3）脚手眼的设置。参见第 5 单元第 1 讲 “砖砌体工程施工”相关内容。

（4）木砖预留孔洞和墙体拉结筋。木砖预埋时应小头在外，大头在内，数量按洞口高度决定。预埋木砖的部位一般在洞口上边或下边四皮砖，中间均匀分布。木砖要提前做好防腐处理。

钢门窗安装的预留孔，硬架支模、暖卫管道，均应按设计要求预留。不得事后剔凿。墙体拉结筋的位置、规格、数量、间距均应按设计要求留置，不应错放、漏放。

（5）安装过梁、梁垫。安装过梁、梁垫时，其标高、位置及型号必须正确，坐浆饱满，如坐浆厚度超过 2mm 时，要用细石混凝土铺垫。过梁安装时，两端支承点的长度应一致。

（6）钢筋网片制作。钢筋网制作应符合设计图纸要求。

（7）砖墙、砖柱砌筑。参见第 5 单元第 1 讲“砖砌体工程施工”相关内容，烧结普通砖强度等级不应低于 MU10，砂浆强度等级不应低于 M7.5。

（8）钢筋网设置。在配置钢筋网的水平灰缝中，应先铺一半厚的砂浆层，放入钢筋网后再铺一半厚砂浆层，使钢筋网居于砂浆层厚度中间，并保证配有钢筋网的水平灰缝应上下至少各有 2mm 的砂浆层。钢筋网四周应有砂浆保护层，钢筋网边缘的钢筋的砂浆保护层应不小于 15mm。钢筋网的间距不应大于 5 皮砖，并不应大于 400mm。

2.面层和砖组合砌体

（1）放线、立皮数杆、盘角、挂线、留槎、砂浆拌制、留置临时施工洞口和脚手眼的设置参见第 5 单元第 1 讲“砖砌体工程施工”相关内容。

（2）钢筋设置。受力钢筋的选用符合设计要求，钢筋设置应在砌筑同时，按照箍筋或拉结筋的竖向间距，在砌体的水平灰缝内放置箍筋或拉结钢筋。

（3）钢筋绑扎。纵向受力钢筋与箍筋绑扎牢固，在组合砖墙中，纵向受力钢筋与拉结钢筋绑扎牢固，水平分布钢筋与纵向受力钢筋绑扎牢固。

（4）混凝土或砂浆准备。面层混凝土强度等级符合设计要求。面层水泥砂浆强度等级不得低于 M7.5，砂浆面层的厚度要符合要求。

（5）混凝土或砂浆浇筑。面层施工前，应清除面层底部杂物，浇水湿润模板及砖砌体面。分层浇灌混凝土或砂浆，并用振捣棒捣实。

（6）拆模和面层养护。面层混凝土或砂浆的强度达到要求时，方可拆除模板。模板拆除后，应及时对有缺陷的部位进行修整，并浇水养护。

3.构造柱和砖组合砌体

（1）放线、立皮数杆、盘角、挂线、留槎、砂浆拌制、留置临时施工洞口和脚手眼的设置参见第 5 单元第 1 讲“砖砌体工程施工”相关内容。

（2）构造柱钢筋绑扎。

1）钢筋的采用符合设计要求，竖向钢筋绑扎前必须做除锈、调直处理。钢筋末端应作弯钩。

2）底层构造柱的竖向受力钢筋与基础圈梁（或混凝土底脚）的锚固长度不应小于 35 倍竖向钢筋直径，并保证钢筋位置正确。

3）构造柱应沿整个建筑物高度对正贯通，严禁层与层之间构造柱相互错位。

（3）砖砌体砌筑。

1）参见第 5 单元第 1 讲“砖砌体工程施工”相关内容。

2）烧结普通砖墙所用砖的强度等级和砌筑砂浆的强度等级符合设计要求。

3）保证构造柱脚为大断面砖墙与构造柱的连接处应砌成马牙槎，拉结钢筋设置要符合要求。

（4）构造柱支模。

1）在每层砖墙及其马牙槎砌好后，应立即支设模板，模板必须与所在墙的两侧严密贴紧，支撑牢固，防止模板缝漏浆。

2）在逐层安装模板之前，必须根据构造柱轴线校正竖向钢筋位置和垂直度。

3）箍筋间距应准确，并分别与构造柱的竖筋和圈梁的纵筋相垂直，绑扎牢靠。

4）构造柱钢筋的混凝土保护层厚度不得小于 15mm。

5）模板内的杂物清理干净。

（5）混凝土浇筑。

1）在构造柱浇筑混凝土前，必须将马牙槎部位和模板浇水湿润（钢模板面不浇水，刷隔离剂），将模板内的砂浆残块、砖渣等杂物清理干净。并在接合面处注入适量与构造柱混凝土相同的去石水泥砂浆。

2）浇筑构造柱的混凝土的坍落度符合设计要求，保证浇筑密实。混凝土应随拌随用。

3）浇捣构造柱混凝土时，振捣棒随振随拔，每次振捣层的厚度不得超过振捣棒有效长度的 1.25 倍，振捣棒应避免直接触碰钢筋和砖墙，严禁通过砖墙传振，以免砖墙鼓肚和灰缝开裂。

4）新老混凝土接槎处，须先用水冲洗、湿润，铺 10～20mm 厚的水泥砂浆（用原混凝土配合比去掉石子），方可继续浇筑混凝土。

5）在砌完一层墙后和浇筑该层构造柱混凝土前，及时对已砌好的独立墙体加稳定支撑，必须在该层构造柱混凝土浇捣完毕后，才能进行上一层的施工。

4.配筋砌块砌体

（1）放线、立皮数杆、砂浆拌制参见第 1 讲 “混凝土小型空心砌块工程施工” 相关内容。

（2）配筋砌体剪力墙构造配筋。

1）剪力墙钢筋的选用、放置符合设计要求。

2）剪力墙沿竖向和水平方向的构造配筋率均不宜小于 0.07%。

（3）配筋砌块柱构造配筋要点。

1）当纵向受力钢筋的配筋率大于 0.25%时，且柱承受的轴向力大于受压承载力设计值的 25%时，柱应设箍筋；当配筋率小于等于 0.25%时，或柱承受的轴向力小于受压承载力设计值的 25%时，柱中可不设箍筋。

2）箍筋直径不宜小于 6mm,箍筋的间距不应大于 16 倍的纵向钢筋直径、48 倍箍筋直径及柱截面短边尺寸中较小者。

3）箍筋应做成封闭状，端部应有弯钩，设置在水平灰缝或灌孔混凝土中。

（4）砌块的砌筑。配筋砌块砌体施工前，应按设计要求，将所配置钢筋加工成型，堆置于配筋部位的近旁。砌块的砌筑应与钢筋设置相互配合。

（5）钢筋设置。

1）钢筋的接头：钢筋直径大于 22mm 时宜采用机械连接接头，其他直径的钢筋可采用搭接接头。

2）水平受力钢筋（网片）的锚固和搭接长度：

①在凹槽砌块混凝土带中钢筋的锚固长度不宜小于 $30d$，且其水平或垂直弯折段的长度不宜小于 $15d$ 或 200mm;钢筋的搭接长度不宜小于 $35d$。

②在砌体水平灰缝中，钢筋的锚固长度不宜小于 $50d$,且其水平或垂直弯折段的长度不宜小于 $20d$ 或 150mm；钢筋的搭接长度不宜小于 55d。

③在隔皮或错缝搭接的灰缝中为 $50d+2h$（d 为灰缝受力钢筋直径，h 为水平灰缝的间距）。

3）钢筋的最小保护层厚度：

①灰缝中钢筋外露砂浆保护层不宜小于 15mm。

②位于砌块孔槽中的钢筋保护层，在室内正常环境不宜小于 20mm；在室外或潮湿环境中不宜小于 30mm。

③对安全等级为一级或设计使用年限大于 50 年的配筋砌体，钢筋保护层厚度应比上述规定至少增加 5mm。

4）钢筋的弯钩：钢筋骨架中的受力光面钢筋，应在钢筋末端作弯钩，弯钩应为 180°。在焊接骨架、焊接网以及受压构件中，可不做弯钩；绑扎骨架中的受力变形钢筋，在钢筋的末端可不作弯钩。

5）钢筋的间距：

①两平行钢筋间的净距不应小于 25mm。

②柱和壁柱中的竖向钢筋的净距不宜小于 40mm（包括接头处钢筋间的净距）。

四、季节性施工质量检查

（1）砂浆、混凝土宜用普通硅酸盐水泥拌制，石灰膏等掺合料应有防冻措施；如遭冻，必须融化后方可使用。砂中不得含有大于 10mm 的冻块。

（2）砂应清除冰霜，冬期不浇水，应适当增大砂浆的稠度。

（3）砌砖一般采用掺盐砂浆，其掺盐量、材料加热温度均按冬期施工方案规定执行。砂浆使用时的温度不应低于 5℃。

（4）当气温在 5℃以下，混凝土搅拌用水应适当加热，并掺加适用的早强抗冻剂，使混凝土浇灌入模温度不低于 5℃，模板及混凝土表面应用塑料薄膜和草袋、草垫进行严密覆盖保温，不得浇水养护。

（5）雨季施工时，应防止雨水冲刷砂浆；砂浆的稠度应适当减小。每天砌筑高度不宜超过 1.2m，收工时覆盖砌体上表面。

五、成品保护

（1）在砖墙上支设圈梁模板时，防止碰动最上一皮砖。模板支设应保证钢筋不受扰动。

（2）避免踩踏、碰动已绑扎好的钢筋；绑扎构造柱和圈梁钢筋时，不得将砖墙和梁底砖碰松动。

（3）砂浆稠度应适宜，砌墙时应防止砂浆溅脏墙面。浇筑混凝土时，防止漏浆掉灰污染清水墙面。散落在楼板上的混凝土应及时清理干净。

（4）当浇筑构造柱混凝土时，振捣棒应避免直接碰触砖墙，并不得碰动钢筋、埋件，防止位移。

（5）墙体拉结筋、抗震构造柱钢筋、大模板混凝土墙体钢筋及各种预埋件、水暖、电气管线均应注意保护，不得任意拆改或损坏。

（6）各类混凝土浇筑完毕后，要加强养护，一般不小于 7d，保持混凝土表面湿润即可。

六、质量常见问题及防治

配筋砌体抗压强度低。墙面出现裂缝和局部压碎现象，严重的造成房屋倒塌。

防治措施：对已砌筑于砌体中的不合格砌块，如条件许可时，应拆除重砌。特别是在受力部位，即使上部结构已经完成，但砌的数量不多，面积不大时，一般应在做好临时支撑以后，将不合格砌块拆除，重新砌筑；待砌体达到一定强度以后，方能撤去临时支撑。如果砌体中已砌进较多的不合格砌块或分布面较广，又难于拆除时，需要在结构验算后，进行加固补强。

第 6 单元　屋面工程

第 1 讲　找平层

一、施工作业条件检查

（1）找平层施工前，检查屋面保温层或结构层的质量，屋面板安装，屋面板灌缝，排水坡度，天沟、水落口标高，管道、预埋件等施工和安装质量，并经隐蔽工程检查验收合格后，才可施工找平层。对于结构误差较大的应作适当处理，如局部剔凿，局部增加细石混凝土找平等。

（2）核对各种材料的见证取样，送检，检测是否符合要求。

二、进场材料检验及复检

质量员在施工前应注意材料在运输及存储过程中是否发生影响施工质量的变化，对于易变质材料还要注意是否在有效期内。

（1） 水泥：强度等级不低于42.5的普通硅酸盐水泥或矿渣硅酸盐水泥。

（2） 砂：宜用中砂，含泥量不大于3%，不含有机杂质，级配要良好。

（3） 沥青砂浆：沥青砂浆可采用60号甲、60号乙的道路石油沥青或75号普通石油

沥青，骨料最好选用与砂同类性质的矿物粉料，也可用矿渣、页岩粉、滑石粉等，但不得用

石灰及黏土粉等，含泥量及有机杂质要求同砂的要求。

（4） 所用材料的质量、技术性能、配合比必须符合设计要求和相关施工规范的规定。

三、过程质量控制与检查要点

（1）找平层采用装配式钢筋混凝土为基层的要求。

1）板端、侧缝应用细石混凝土灌缝，其强度等级不应低于C20。

2）板缝宽度大于40mm或上窄下宽时，板缝内应设置构造钢筋。

3）板端缝应进行密封处理。

（2）屋面结构层为整体现浇混凝土时找平层铺设要求。屋面结构层为整体现浇混凝土时，可直接铺抹水泥砂浆找平层，水泥砂浆抹平收水后要二次压光，待找平层终凝后要采用浇水、蓄水、喷涂养护剂、涂刷冷底子油等方法进行充分养护，要求找平层必须平整、清洁、坚实、干燥，且不得有酥松、毛刺、起砂、开裂和空鼓等缺陷，找平层的平整度可用2m直尺检查，面层与直尺间的空隙仅允许平缓变化，最大空隙不得超过5mm，且每米长度内不多于一处。

（3）找平层的细部要求。基层与突出屋面结构（女儿墙、立墙、天窗壁、变形缝、烟囱等）的连接处，以及基层的转角处（水落口、檐口、天沟、檐沟、屋脊等），均应做成圆弧。内部排水的水浇口周围应做成略低的凹坑。

所有穿过屋面的管道、预埋件、楼板吊环、拖拉绳、外沿装饰用的吊架子固定点等处基层已经处理好，并用水泥砂浆修抹平整。

（4）卷材屋面的坡度要求。

1）卷材屋面的坡度不宜超过25%，否则必须采取防止卷材下滑的措施。

2）对于屋面坡度在25%以内的屋面，平屋面宜由结构找坡，结构找坡宜为3%，当用材料找坡时，可用轻质材料或保温材料找坡，材料找坡宜为2%。

3）对于天构、檐沟的纵向坡度不宜小于1%，沟底水落差不得超过200mm，天沟、檐沟排水路径不得流经变形缝和防火墙。

4）要求屋面找坡准确，不得有积水现象。

（5）找平层分格缝的留置。屋面找平层宜留设分格缝，对于大面积的找平层、装配式钢筋混凝土板和加气混凝土板材轻型屋面的找平层宜留置分格缝，缝宽宜为20mm，间距见表3—2，待基层充分干燥后，缝槽内嵌填密封材料。

表 3—2　分格缝纵横向最大间距

找平层种类	最大间距/m
水泥砂浆或细石混凝土	≤6
沥青砂浆	≤4

四、季节性施工质量检查

（1）冬季施工时，操作环境温度不应低于 5℃。

（2）冬期制作水泥砂浆及细石混凝土找平层时，应依据气温和养护温度要求掺入防冻剂，具体由试验确定。

（3）雨天不得进行找平层施工。

（4）冬期施工时，应准备覆盖材料，密切关注环境温度的变化，当环境温度有可能降到 5℃以下时，应及时进行覆盖保温，避免冻坏砂浆或混凝土产生废弃物污染环境。

（5）禁止在五级以上大风时施工，现场在有风的情况下搅拌混凝土或砂浆，搅拌机周围应有围挡防风，避免扬尘污染大气。

五、成品保护

（1）找平层养护少于 4h 及未达到 1.2MPa 时，不得踩踏。用小车运输时，应铺脚手板车道，防止破坏找平层。

（2）水落口、内排水口及排汽道等部位应采取临时保护措施，防止杂物进入，造成堵塞。

（3）找平层未达到铺贴卷材的强度要求时，不得进行下道工序作业；下道工序施工时材料应分散堆放，防止找平层被压破坏。

六、质量常见问题及防治

1.找平层起砂

（1）　原因。

① 砂浆拌和过稀，砂浆拌和配合比不准。

② 水泥标号不符，水泥强度等级不够或不稳定。

③ 抹压程度不足，养护过早、过晚，过早上人踩踏等均能引起找平层起砂。

（2）　预防措施。

应加强计量监督，制定养护制度，加强成品保护。

2.找平层空鼓、开裂

（1）　原因。

① 所用砂子过细，基层表面清理不干净或过分干燥，施工前未浇水或浇水养护

不够。

② 基底厚薄不均匀或施工中局部抹压不实。

③ 屋面的转角处，出屋面管根和埋件周围抹压不实或操作不够认真。

（2） 预防措施。

① 选用中粗砂做找平层，基层应适当洒水湿润，做找平层之前应先找坡做塌饼试件。

② 对于过厚的部位，应先用水泥砂浆垫铺其他部位的找平层。

3.找平层倒泛水

（1） 原因。

① 冲筋时泛水坡没有找准确。

② 在铺灰时未用木杠找出泛水，铺灰厚度没按冲筋方向刮平顺，使泛水失去作用。

③ 局部找平层超厚，造成相对干缩量过大。

（2） 预防措施。

① 塌饼间距应控制在 1.2 m 以内。

② 对较厚部位应提前垫上细石混凝土。

4.注意事项

找平层的材料质量和配合比是保证找平层质量的基础，材料不合格或不按配合比施工，就不可能达到设计规定的质量要求，所以首先必须有合格的材料，这里的材料还包括各种掺和料和各种掺入的材料质量以及掺入量的准确性。检查材料质量，先要查材料合格证，质量检验报告，当然现场还要进行目测检查包装完整性、出厂日期、批号等，有怀疑时应抽样送检。配合比是否准确，应在施工过程中进行抽样，另外检查计量措施、计量工具准确性、计量执行情况等。

第 2 讲　保温层

一、施工作业条件检查

（1）铺设保温层的屋面基层施工完毕，并经检验办理交接验收手续。屋面上的吊钩及其他露出物应清除，残留的灰浆应铲平，屋面应清理干净。

（2）屋面保温隔热工程施工环境气温要求：

1）粘结保温板：有机胶粘剂不低于-10℃；无机胶粘剂不低于 5 ℃；

2）现喷硬泡聚氨酯：15℃～30℃。

（3）有隔汽层的屋面，应先将基层清扫干净，使表面平整、干燥，不得有酥松、起砂、起皮等情况，并按设计要求铺设隔汽层。

（4）现喷硬泡聚氨酯保温层施工前应对喷涂设备进行调试，喷涂试块进行材料性能检测。

二、进场材料检验及复检

（1）对材料的品种、规格、包装、外观和尺寸等进行检查验收，并应经监理工程师（建设单位代表）确认，形成相应质量验收记录。

（2）屋面工程使用的材料应符合国家现行有关标准对材料有害物质限量的规定，不得对周围环境造成污染。

（3）屋面各构造层的所有组成材料的材性应彼此相容，并不得相互腐蚀。

（4）保温材料堆放应有防雨措施，不得雨淋；对正在施工或施工完的保温层，应做好防雨措施。

（5）胶粘剂应与板状保温材料材性相容，并应贴严、粘牢。

三、过程质量控制与检查要点

（1）排湿措施。当保温层干燥有困难时，应采取以下排湿措施：

1）在保温层及找平层上留设排汽道，排汽道间距宜为6m，并纵横贯通。

2）在保温层的排汽道中可填入透气性好的材料；排汽道应与大气相连。

3）在纵横排汽道交叉处或檐口侧面应设排汽孔，并与排汽道连通。

4）排汽孔应固定牢靠，并做防水处理。

（2）保温层设置在防水层之上时，应符合下列要求：

1）保温层施工前，防水层应经蓄水或淋水检验，并确认防水层无渗漏现象。

2）保温层应采用吸水率小、长期浸水不腐烂的保温材料。

3）板状保温材料应铺平垫稳，拼缝严密。

4）保温层上应做卵石或水泥砂浆、混凝土保护层。

5）保护层与保温层之间应设置隔离层。

6）檐沟、水落口部位，应做好排水处理。

（3）纤维毡体保温层施工。

1）应先在基层上铺设木质或金属龙骨，填充纤维毡体，再在龙骨上铺钉水泥加压板。木龙骨应经防腐处理；金属龙骨和固定件应经防锈处理，龙骨下面与基层之间应铺设隔热垫。

2）纤维毡体填充后，不得上人踩踏。

3）纤维毡体应按平面拼接和分层铺设；平面拼接缝应贴紧，上下层拼接缝应相互错开。

4）纤维毡体宜用塑料袋包装。干铺的纤维毡体应紧靠在需保温的基层表面；屋面坡度较大时，应在基层上粘结塑料钉将纤维毡体固定。

（4）板状材料保温层施工。

1）干铺法施工。

①板状保温材料应紧靠在需保温的基层表面上，铺平垫稳。

②相邻板块应错缝拼接，分层铺设的板块上下层接缝应相互错开；板间缝隙应

采用同类材料的碎屑嵌填密实。

③对保温层与基层连接部位，应按表面形状修整保温层。

2）粘贴法施工。

①胶粘剂应与板状保温材料材性相容，并应贴严、粘牢。

②板状保温材料粘贴后，在胶粘剂固化前不得上人踩踏。

（5）现喷硬泡聚氨酯保温层。

1）喷涂作业，喷嘴与施工基面的间距宜为800～1200mm。

2）根据设计厚度，一个作业面应分遍喷涂完成，每遍厚度不宜大于15mm。硬泡聚氨酯喷涂后20min内严禁上人。

3）突出屋面结构的交接处以及基层的转角处，均应做成圆弧形，圆弧半径不应小于50mm。

（6）保温层的细部要求。

1）天沟、檐沟与屋面交接处保温层的铺设：铺设天沟、檐沟与屋面交接处的保温层时，保温材料要铺设至不小于墙厚的1／2处，防止出现冷桥断层。

2）排气管道埋设：对于铺有保温层的屋面。

四、季节性施工质量检查

（1）冬期施工采用的屋面保温材料应符合设计要求，并不得含有冰雪、冻块和杂质。

（2）干铺的保温层可在负温度下施工，采用沥青胶结的整体保温层和用有机胶粘剂粘贴的板状保温层应在气温不低于-10℃时施工，采用水泥、石灰或乳化沥青胶结的整体保温层和板状保温层应在气温不低于5℃时施工。当气温低于上述要求时，应采取保温、防冻措施。

（3）采用水泥砂浆粘贴板状保温材料以及处理板间缝隙，可采用掺有防冻剂的保温砂浆，防冻剂掺量应通过试验确定。

（4）干铺的板状保温材料在负温施工时，板材应在基层表面铺平垫稳，分层铺设。板块上下层缝应相互错开，缝间隙应采用同类材料的碎屑填嵌密实。

（5）雨雪天或五级风及以上的天气不得施工。当施工中途下雨、下雪时，应采取遮盖措施。

（6）雨期施工时，如突遇大雨，已施工还没有做保护层或防水层的松散保温材料要用彩条布盖好，并应有畅通的排水措施，作业面上还没有使用的保温材料和施工用具要及时收入仓库，垃圾应及时清理干净。

五、成品保护

（1）保温材料运到现场，应堆放在平整坚实场地上分别保管、遮盖，防止雨淋、受潮或破损、污染。

（2）在已铺完的保温层上行走胶轮车，应垫脚手板保护。

（3）保温层施工完成后，应及时铺抹找平层，以减少受潮和雨水进入，使含水率增大。

六、质量常见问题及防治

(1)板状保温材料使用前,应严格按照有关标准进行选择,并加强保管和处理,板状保温材料的质量指标应符合要求，对不符合要求的材料不得使用。

（2）应注意避免保温层边角处质量问题（如边角不直、边槎不齐整），以免影响找坡、找平和排水。

(3)施工应严格按照要求操作,严格验收管理,以避免板状保温材料铺贴不实,影响保温、防水效果，造成找平层裂缝。

(4)施工时应将基层清理干净,以免聚氨酯硬泡体保温层从基层上拱起或脱离。

（5）应注意避免保温层边角处的质量问题（如边角不直、边槎不齐整），以免影响找坡、找平和排水。

（6）屋面与山墙、女儿墙、天沟、檐沟以及突出屋面结构的连接处，整体保温层的细部构造应符合设计要求，以免形成防水薄弱点。

第 3 讲　卷材防水屋面

一、施工作业条件检查

（1）铺贴卷材的基层应进行检查，并办理交接验收手续。基层表面应平整、坚实、干燥、清洁，并不得有酥松、起砂和起皮等缺陷；其平整度用 2m 直尺检查，空隙不大于 5mm。

（2）屋面找平层的泛水坡度，应符合设计要求，不得出现积水现象。

（3）基层和突出屋面结构（女儿墙、天窗壁、变形缝、伸缩缝、阴阳角、烟囱、管道等）连接部位以及基层转角处（檐口、天沟、斜沟、落水口、屋脊等）均应做成圆弧形。

（4）屋面保温层干燥有困难时，可采用排汽屋面的做法，应在找平层上事先做好排汽道和排汽孔等。

（5）所有穿过屋面的管道、埋设件、屋面板吊钩、拖拉绳等应做好基层处理。

二、进场材料检验及复检

质量员在施工前应注意材料在运输及存储过程中是否发生影响施工质量的变化，对于易变质材料还要注意是否在有效期内。

所选用的基层处理剂、接缝胶粘剂、密封材料等配套材料：选择的品种应与铺贴的卷材材性相容，并且都在有效期内。

三、过程质量控制与检查要点

（1）基层处理。铺设屋面隔汽层和防水层前，基层必须干净、干燥。

（2）冷底子油涂刷。

1）冷底子油的干燥时间应视其用途定为：

①在水泥基层上涂刷的慢挥发性冷底子油为 12～48h。

②在水泥基层上涂刷的快挥发性冷底子油为 5～10h。

2）在熬好的沥青中加入慢挥发性溶剂时，沥青的温度不得超过 140℃，如加入快挥发性溶剂，则沥青温度不应超过 110℃。

3）涂刷冷底子油的找平层表面，要求平整、干净、干燥。如个别地方较潮湿，可用喷灯烘烤干燥。

4）涂刷冷底子油的品种应视铺贴的卷材而定，不可错用。焦油沥青低温油毡，应用焦油沥青冷底子油。

5）涂刷冷底子油要薄而匀，无漏刷、麻点、气泡。

（3）卷材铺贴方向要求。上下层卷材不得相互垂直铺贴。

（4）卷材反搭接宽度要求。铺贴卷材采用搭接法时，上下层及相邻两幅卷材的搭接缝应错开。各种卷材搭接宽度见表 3—3。

表 3—3　卷材搭接宽度　（单位：mm）

铺贴方法 卷材种类		短边搭接		长边搭接	
		满粘法	空铺、点粘、条粘法	满粘法	空铺、点粘、条粘法
沥青防水卷材		100	150	70	100
高聚物改性沥青防水卷材		80	100	80	100
合成高分子防水卷材	胶粘剂	80	100	80	100
	胶粘带	50	60	50	60
	单缝焊	60，有效焊接宽度不小于 25			
	双缝焊	80，有效焊接宽度 10×2＋空腔宽			

（5）冷粘法铺贴卷材。

1）胶粘剂涂刷应均匀，不露底，不堆积。

2）根据胶粘剂的性能，应控制胶粘剂涂刷与卷材铺贴的间隔时间。

3）铺贴的卷材下面的空气应排尽，并辊压粘结牢固。

4）铺贴卷材应平整顺直，搭接尺寸准确，不得扭曲、皱折。

5）接缝口应用密封材料封严，宽度不应小于 10mm。

（6）热熔法铺贴卷材。

1）火焰加热器加热卷材应均匀，不得过分加热或烧穿卷材；厚度小于 3mm 的高聚物改性沥青防水卷材严禁采用热熔法施工。

2）卷材表面热熔后应立即滚铺卷材，卷材下面的空气应排尽，并辊压粘结牢固，不得空鼓。

3）卷材接缝部位必须溢出热熔的改性沥青胶。

4）铺贴的卷材应平整顺直，搭接尺寸准确，不得扭曲、皱折。

（7）自粘法铺粘卷材。

1）铺贴卷材前基层表面应均匀涂刷基层处理剂，干燥后应及时铺贴卷材。

2）铺贴卷材时，应将自粘胶底面的隔离纸全部撕净。

3）卷材下面的空气应排尽，并辊压粘结牢固。

4）铺贴的卷材应平整顺直，搭接尺寸准确，不得扭曲、皱折。搭接部位宜采用热风加热，随即粘贴牢固。

5）接缝口应用密封材料封严，宽度不应小于10mm。

（8）卷材热风焊接。

1）焊接前卷材的铺设应平整顺直，搭接尺寸准确，不得扭曲、皱折。

2）卷材的焊接面应清扫干净，无水滴、油污及附着物。

3）焊接时应先焊长边搭接缝，后焊短边搭接缝。

4）控制热风加热温度和时间，焊接处不得有漏焊、跳焊、焊焦或焊接不牢现象。

5）焊接时不得损害非焊接部位的卷材。

（9）沥青玛蹄脂的配制和使用。

1）施工中应按确定的配合比严格配料，每工作班应检查软化点和柔韧性。

2）热沥青玛蹄脂的加热温度不应高于240℃，使用温度不应低于190℃。

3）冷沥青玛蹄脂使用时应搅匀，稠度太大时可加少量溶剂稀释搅匀。

4）沥青玛蹄脂应涂刮均匀，不得过厚或堆积。

（10）天沟、檐沟、檐口、泛水和立面卷材收头的处理。天沟、檐沟、檐口、泛水和立面卷材收头的端部应裁齐，塞入预留凹槽内，用金属压条钉压固定，最大钉距不应大于900mm，并用密封材料嵌填封严。

（11）保护层。卷材防水层完工并经验收合格后，应做好成品保护。保护层的施工应符合下列规定：

1）绿豆砂应清洁、预热、铺撒均匀，并使其与沥青玛蹄脂粘结牢固，不得残留未粘结的绿豆砂。

2）云母或蛭石保护层不得有粉料，撒铺应均匀，不得露底，多余的云母或蛭石应清除。

3）水泥砂浆保护层的表面应抹平压光，并设表面分格缝，分格面积宜为$1m^2$。

4）块体材料保护层应留设分格缝，分格面积不宜大于$100m^2$，分格缝宽度不宜小于20mm。

5）细石混凝土保护层，混凝土应密实，表面抹平压光，并留设分格缝，分格面积不大于$36m^2$。

6）浅色涂料保护层应与卷材粘结牢固，厚薄均匀，不得漏涂。

7）水泥砂浆、块材或细石混凝土保护层与防水层之间应设置隔离层。

8）刚性保护层与女儿墙、山墙之间应预留宽度为30mm的缝隙，并用密封材料嵌填严密。

四、季节性施工质量检查

沥青防水卷材严禁在雨天、雪天施工，五级风及其以上时不得施工，环境气温低于 5℃时不宜施工；气温高于 35℃时，施工应尽量避开中午施工，热熔法施工温度不应低于-10℃；冷粘法施工温度不宜低于 5℃；其他卷材施工气温不宜低于 0℃。中途下雨时，应做好已铺卷材周边的防护工作。

五、成品保护

（1）已做好的保温层、找平层应妥善保护，卷材铺设完后应及时做好保护；操作人员在其上行走，不得穿有钉的鞋；手推胶轮车在屋面运输材料，支腿应用麻袋包扎，或在屋面上铺板，防止将卷材划破。

（2）伸出屋面管道、地漏、变形缝、盖板等，不得碰坏或不得使其变形、变位。

（3）当高跨屋面为无组织排水时，低跨屋面受水冲刷的部位应加铺一层整幅卷材，再铺设 300～500mm 宽的板材加强保护；当有组织排水时，水落管下应加设钢筋混凝土水簸箕。

（4）卷材屋面竣工后，禁止在其上凿眼、打洞或做安装、焊接等操作，以防破坏卷材造成漏水。

（5）施工时，严格防止基层处理剂、各种胶粘剂和着色剂污染已完工的墙壁、檐口、饰面层等。

六、质量常见问题及防治

1.沥青卷材防水屋面。

（1）卷材屋面开裂：一种情况是装配式结构屋面上出现的有规则横向裂缝。当屋面无保温层时，这种横向裂缝往往是通长和笔直的，位置正对屋面板支座的上端；当屋面有保温层时，裂缝往往是断续的、弯曲的，位于屋面板支座两边 10～50cm 的范围内。这种有规则裂缝一般在屋面完工后 1～4 年的冬季出现，开始细如发丝，以后逐渐加剧，一直发展到 1～2mm 以至更宽。另一种情况是无规则裂缝，其位置、形状、长度各不相同，出现的时间也无规律，一般贴补后不再裂开。

防治措施：

对有规则裂缝，应先清除缝内杂物及裂缝两侧面层的浮灰，并喷涂基层处理剂，然后在裂缝内嵌填密封材料，缝上单边点粘宽度不小于 100mm 卷材隔离层，面层应用宽度大于 300mm 的卷材粘贴覆盖（在隔离层处应空铺），且与原防水层的有效粘结宽度不应小于 100mm（图 3—2）。

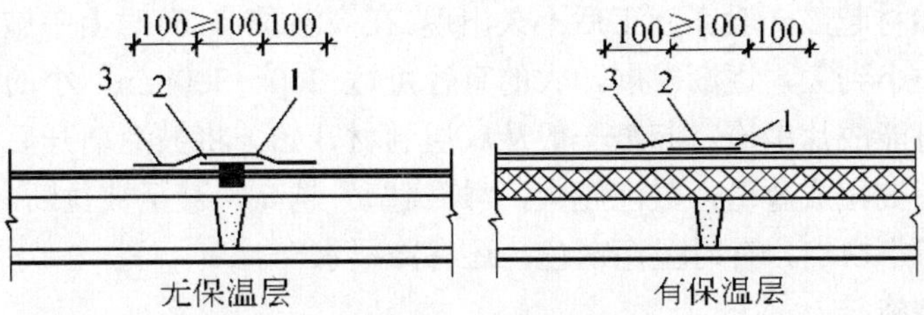

图 3—2　嵌缝、贴缝治理裂缝

1-密封材料；2-卷材隔离层；3-防水卷材

(2)无规则裂缝的位置、形状、长度各不相同，宜沿裂缝铺贴宽度不小于 250mm 的卷材，或涂刷带有脂体增强材料的涂膜防水层，其厚度宜为 1.5mm。治理前，应先将裂缝处杂物及面层浮灰清除干净，待干燥后再按上述方法满粘或满涂，贴实封严。

2.流淌：

（1）严重流淌：流淌面积占屋面 50%以上，大部分流淌长度超过卷材搭接长度。卷材大多折皱成团，垂直面卷材拉开脱空，卷材横向搭接有严重错动。在一些脱空和拉断处，产生漏水。

（2）中等流淌：流淌面积占屋面 20%～50%，大部分流淌长度在卷材搭接长度范围之内，屋面有轻微折皱，垂直面卷材被拉开 100mm 左右，只有无沟卷材脱空耸肩。

（3）轻微流淌：流淌面积占屋面 20%以下，流淌长度仅 20～30mm，在屋架端坡处有轻微折皱。

防治措施：严重流淌的卷材防水层可考虑拆除重铺。轻微流淌如不发生渗漏，一般可不予治理。中等流淌可采用下列方法治理。

1）切割法：对于天沟卷材耸肩脱空等部位，可先清除绿豆砂，切开已脱空的卷材，刮除卷材底下积存的旧玛蹄脂，待内部冷凝水晒干后，将下部已脱开的卷材用新的玛蹄脂粘贴好，然后再加铺一层卷材，最后将上部卷材粘结盖上。

2）局部切除重铺：对于天沟处折皱成团的卷材（图 3—3a），先予以切除，仅保存原有卷材较为平整的部分，使之沿天沟纵向成直线（也可用喷灯烘烤玛蹄脂后，将卷材剥离）；然后按图 3—3b 所示处理。新旧卷材的搭接应按接槎法或搭槎法进行。

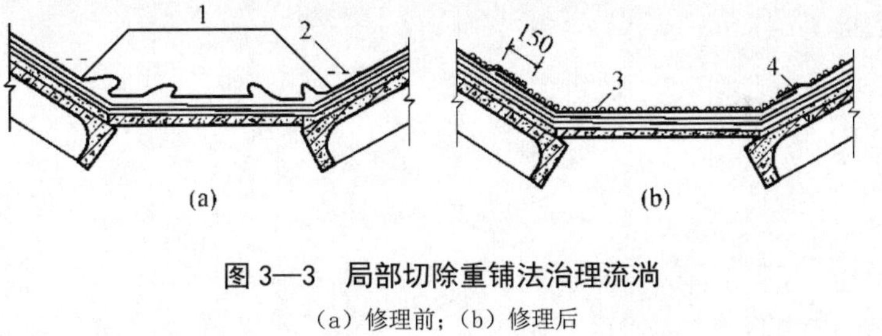

图 3—3　局部切除重铺法治理流淌

（a）修理前；（b）修理后

1-此处局部切开；2-虚线所示揭开 150mm；3-新铺天沟卷材；4-盖上原有卷材

（3）卷材起鼓一般在施工后不久出现。在高温季节，有时上午施工下午就起鼓。鼓泡一般由小到大，逐渐发展，大的直径可达 200～300mm，小的约数十毫米，大小鼓泡还可能成片串连。起鼓一般从底层卷材开始。将鼓泡剖开后可见内部呈蜂窝状，玛蹄脂被拉成薄壁，鼓泡越大，“蜂窝壁”越高，甚至被拉断。“蜂窝孔”的基层，有时带小白点，有时呈深灰色，还有冷凝水珠。

防治措施：

1）直径 100mm 以下的中、小鼓泡可用抽气灌油法治理。此时先在鼓泡的两端用铁钻子钻眼，然后在孔眼中各插入一支兽医用的针管，其中一支抽出鼓泡内部的气体，另一支灌入纯 10 号建筑石油沥青稀液，边抽边灌。灌满后拔出针管，用力把卷材压平贴牢，用热沥青封闭针眼，并压上几块砖，几天后再将砖移去即成。

2）直径 100～300mm 的鼓泡可用“开西瓜”法治理。先按图 3—4（a）铲除鼓泡处的绿豆砂，用刀将鼓泡按斜十字形割开，放出鼓泡内气体，擦干水分，清除旧玛蹄脂，再用喷灯把卷材内部烘干。随后按图 3—4（b）编号 1～3 的顺序把旧卷材分片重新粘贴好，再新贴一块方形卷材“4”（其边长比开刀范围大出 50～60mm），压入卷材“5”下，最后粘贴覆盖好卷材“5”，四边搭接处用铁熨斗加热抹压平整后，重做绿豆砂保护层。上述分片铺贴顺序是按屋面流水方向先下再左右后上。

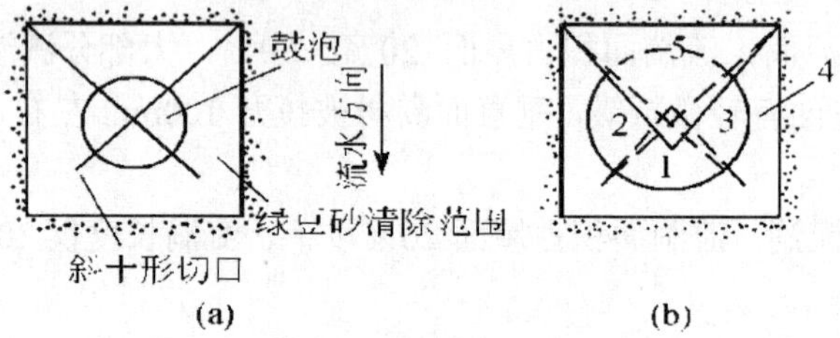

图 3—4 “开西瓜”法治理鼓泡

3）直径更大的鼓泡用割补法治理。先按图 3—5 用刀把鼓泡卷材割除，按上一作法进行基层清理，再用喷灯烘烤旧卷材槎口，并分层剥开，除去旧玛蹄脂后，依次粘贴好旧卷材“1～3”，上铺一层新卷材（四周与旧卷材搭接不小于 50mm），然后贴上旧卷材“4”。再依次粘贴旧卷材“5～7”，上面覆盖第二层新卷材，最后粘贴卷材“8”，周边熨平压实,重做绿豆砂保护层。

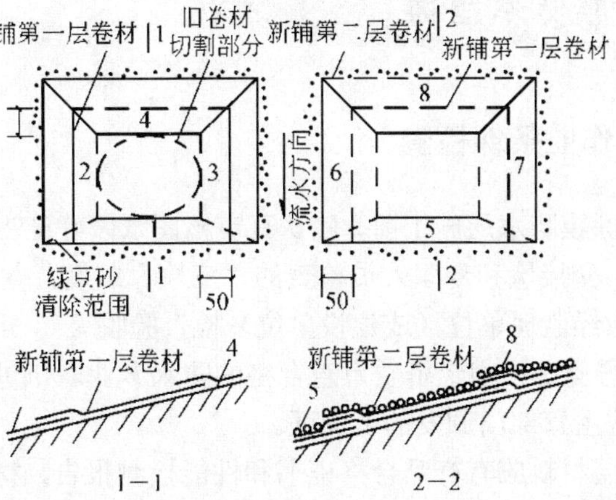

图3—5　割补法治理鼓泡

2.合成高分子防水卷材屋面。

(1)合成高分子防水卷材采用冷粘法铺贴工艺，在施工后卷材屋面易产生规则、分散状众多裂缝，并引起渗漏。

防治措施：对于大面积裂缝，可满涂聚合物水泥防水涂料（俗称JS复合涂料），厚度为2mm。

（2）屋面遇雨水时发生渗漏水。

防治措施：

1）檐口、女儿墙、屋脊、伸缩缝、天沟、水落口、阴阳角（转角）及各种伸出屋面设施的周围等部位，统称为细部构造。这些部位如设计不当，以及卷材收头时封闭不严，都会成为渗漏水的通路。对于细部构造，在大面积铺贴卷材前，必须用合成高分子防水涂料或常温自硫化型的自粘性密封胶带作附加防水层，进行增强处理。

2）立面或大坡面铺贴合成高分子防水卷材应采用满粘法工艺，并宜减少短边搭接。另外，立面卷材收头的端部应裁齐，压实预留的凹槽内，并用压条或垫片钉压固定；最大钉距不应大于900mm，上口需用密封材料封死。

3）屋面基层必须平整，并按设计坡度施工。铺贴卷材时如发现局部有积水,此时可用聚合物砂浆填补平整，以免卷材浸水引起腐烂。

3）在铺贴卷材前，事先要在屋面上弹出基准线，并进行试铺。铺贴时卷材应按屋面长度方向配置，尽量减少接头数量；并要按顺流水坡度方向，由低处向高处顺序铺贴（即顺水接槎），逐渐顺压至屋脊，最后用一条卷材封脊铺贴平整、美观，并使两幅卷材之间接缝宽度达到均匀一致。

（3）卷材铺贴后，目测有起鼓现象。经敲击出现空鼓声。

防治措施：当卷材防水层局部起鼓时，应用针扎眼抽出空气（或溶剂），然后将内部杂物清理干净，并把已割破的卷材周围仔细磨平，最后再铺贴比损伤部位外径大100mm以上的卷材。

第 4 讲　涂膜防水屋面

一、施工作业条件检查

（1）屋面涂膜防水层施工前，应认真审核图纸做好施工方案并经审批。各道工序应建立自检、交接检和专职人员检查的“三检”制度，并有完善的检查记录。防水层施工前，应经监理单位（或建设单位）检查验收。

（2）防水层施工应由经资质审查合格的防水专业队伍进行施工。作业人员应持有当地建设行政主管部门颁发的上岗证。

（3）防水层材料应有产品合格证书和性能检测报告，材料的品种、规格、性能等应符合现行国家产品标准和设计要求，并经抽样复试合格。

（4）涂刷防水层的基层表面，应将尘土、杂物彻底清扫干净；表面残留的灰浆硬块及突出部分应清除干净，不得有空鼓、开裂及起砂、脱皮等缺陷。设备预埋件已安装好。

（5）伸出屋面的管道、设备或预埋件等，应在防水层施工前安设完毕。屋面防水层完工后，不得在其上凿孔打洞，避免重物冲击。

（6）防水层施工严禁在雨天、雪天和五级风及其以上时施工。溶剂型防水涂料施工时环境气温不得低于-5℃，水溶型防水涂料施工时环境气温不得低于-10℃。

（7）基层坡度应符合设计要求，在坡度大于 25%的屋面上施工时，应采取固定措施。固定点应密封严密。

（8）基层表面应保持干燥，并要平整、牢固，阴阳角转角处应做成圆弧或钝角。采用聚合物水泥防水涂料施工可在潮湿环境下施工，但基层不得有积水。

二、进场材料检验及复检

质量员在施工前应注意材料在运输及存储过程中是否发生影响施工质量的变化，对于易变质材料还要注意是否在有效期内。

（1）高聚物改性沥青防水涂料。检查其是否包装完好无损，无沉淀、凝胶、分层等现象；并保证在有效期范围内。

（2）合成高分子防水涂料、聚合物水泥防水涂料。检查其包装是否完好无损，并保证在有效期范围内。

（3）胎体增强材料。检查是否无团状、无折皱等现象。

三、过程质量控制与检查要点

（1）基层处理。

1）涂膜防水层的基层，应符合表中水泥砂浆或细石混凝土找平层的规定。找平层应设分格缝，分格缝应嵌填密封材料。涂膜防水层的基层表面必需平整、清洁（用微潮的棉丝将找平层擦净）、坚固、干燥（含水率不大于 9%），且不得有起砂、开裂和空鼓等缺陷，屋面阴阳角、女儿墙、烟囱根、天窗壁、变形缝和伸缩缝等处均已做成半径为 50mm 的圆弧。

2）涂膜防水层是满粘于找平层的，因此涂膜防水层的找平层应有足够的强度，尽可能不出现裂缝，如出现裂缝应作修补。

3）当屋面结构层采用装配式钢筋混凝土板时，板缝内应浇灌细石混凝土，其强度等级不应小于 C20；灌缝的细石混凝土中宜掺微膨胀剂。宽度大于 40mm 的板缝或上窄下宽的板缝中，应加设构造钢筋。板端缝应进行柔性密封处理。非保温屋面的板缝上应预留凹槽，并嵌填密封材料。

（2）防水涂膜涂刷要求。

1）涂膜应根据防水涂料的品种分层分遍涂布，不得一次涂成。

2）应待先涂的涂层干燥成膜后，方可涂后一遍涂料。

3）需铺设胎体增强材料，屋面坡度小于 15%时可平行屋脊铺设，屋面坡度大于 15%时应垂直于屋脊铺设。

4）胎体长边搭接宽度不应小于 50mm；短边搭接宽度不应小于 70mm。

5）采用二层胎体增强材料时，上下层不得相互垂直铺设，搭接缝应错开，其间距不应小于幅宽的 1/3。

（3）卷材与涂膜的搭接。

在天沟、檐口、泛水或其他基层采用卷材防水时，卷材与涂膜的接缝应顺流水方向搭接，搭接宽度不应小于 100mm。

（4）涂膜的厚度要求（表 3—4）。

表 3—4　涂膜厚度选用

序号	屋面防水等级	设防道数	高聚物改性沥青防水涂料	合成高分子防水涂料
1	Ⅰ级	三道或三道以上设防	–	不应小于 1.5mm
2	Ⅱ级	二道设防	不应小于 3mm	不应小于 1.5mm
3	Ⅲ级	一道设防	不应小于 3mm	不应小于 2mm
4	Ⅳ级	一道设防	不应小于 2mm	–

（5）隔汽层铺设。

1）设置隔汽层时，在屋面与墙面连接处，隔汽层应沿墙面向上连续铺设，高出保温层上表面不得小于 150mm。

2）隔汽层采用卷材时，卷材搭接宽度不得小于 70mm；采用沥青防水涂料时，其耐热度应比室内或室外的最高温度高出 20～25℃。

（6）保护层。参见第 3 讲“卷材防水层工程施工”相关内容。

（7）高聚物改性沥青防水涂膜。

1）屋面板缝的处理。

①板缝应清理干净；细石混凝土应浇捣密实。板端缝中嵌填的密封材料应粘结

牢固、封闭严密。

②抹找平层时，分格缝应与板端缝对齐，均匀顺直，并嵌填密封材料。

③涂层施工时，板端缝部位空铺的附加层，每边距板缝边缘不得小于80mm。

2）高聚物改性沥青防水涂膜涂刷要求。

①最上层涂层的涂刷不应小于两遍，其厚度不应小于1mm。

②防水涂膜应由两层及以上涂层组成。

③涂层应厚薄均匀、表面平整。

④涂层中夹铺胎体增强材料时，宜边涂边铺胎体；胎体应刮平排除气泡，并与涂料粘牢。在胎体上涂布涂料时，应使涂料浸透胎体，覆盖完全，不得有胎体外露现象。

⑤施工顺序应先作节点、附加层，然后再进行大面积涂布。

⑥屋面转角及立面的涂层，应薄涂多遍，不得有流淌、堆积现象。

（9）合成高分子防水涂膜涂刷。

除应符合“高聚物改性沥青防水涂膜”相关要求外，还应符合下列要求：

①多组分涂料应按配合比准确计量，搅拌均匀，已配成的多组分涂料应及时使用。配料时可加入适量的缓凝剂或促凝剂来调节固化时间，但不得混入已固化的涂料。

②在涂层中夹铺胎体增强材料时，位于胎体下面的涂层厚度不宜小于1mm；最上层的涂层不应少于两遍。

四、季节性施工质量检查

（1）在雨、雪天，五级风及以上时不得施工。

（2）施工环境温度和湿度应与涂料的要求相符，一般以5～25℃为宜，相对湿度以50%～75%为宜。施工环境温度太高或太低，湿度过大，涂料干燥太慢。涂膜会出流淌、鼓泡、露胎体，皱折等缺陷。

五、成品保护

（1）施工人员必须穿软鞋底在屋面操作，并避免在施工完的涂层上走动，以免鞋底及尖硬物将涂层划破。

（2）防水涂层干燥固化后，应及时做保护层，减少不必要的返修。

（3）涂膜防水层施工时，防水涂料不得污染已做好饰面的墙壁和门窗等。

（4）严禁在已施工好的防水层上堆放物品，特别是钢结构件。

（5）穿过屋面的管道应加以保护，施工过程中不得碰坏；地漏、水落口等处施工中应采取措施保持畅通，防止堵塞。

六、质量常见问题及防治

1.屋面遇雨水出现渗漏。

防治措施：

（1）当发现涂膜防水层有渗漏时，应先查明原因，并根据渗漏程度和范围，制定相应的技术措施，恢复其防水功能。

（2）制订修补方案时，尚应考虑屋面结构的安全性（即不超过原屋面结构的设计允许外荷载）；同时还应兼顾屋面的分水与排水走向，不应造成屋面积水。

（3）如屋面结构出现裂缝时，应先对裂缝进行治理或采取堵漏；待结构稳定后，方可治理防水层。

（4）治理屋面渗漏时，宜采取多道设防、多种防水材料复合使用的技术方案；对于新旧搭接缝部位，还应采取密封处理和增设保护层措施。修复范围应比原有渗漏的周边各扩大150mm，修复的防水材料及其防水层的厚度，应与原设计标准相当，并要加铺胎体增强材料，适当增加涂刷次数，且在新旧防水层的界面处，须用密封材料封严。

（5）维修部位的基层和新旧搭接缝部位，均应达到干净、干燥和平整的要求。如个别部位达不到干燥要求时，可采取“喷火法”进行烘烤，确保修复部位粘结牢固。

2.涂膜与基层粘结不牢，起皮、起灰。

防治措施：先将与基层粘结不牢的涂膜铲除并清理干净，再用与原防水层材料性能相当的涂膜（加胎体增强材料）进行覆盖，具体方法参见“屋面渗漏”的处理方法。

3.保护层材料破碎脱落、缺棱掉角。

防治措施：

（1）粒料保护层脱落时，应先将基面清理干净，重新涂刷粘结材料；边涂刷边抛撒粒料进行修补，待粘结材料干燥后，扫除未粘结的粒料。

（2）浅色涂料保护层脱落时，应先将基层清理干净，干燥后重新涂刷保护层材料。

（3）刚性保护层脱落时，应将破碎的刚性材料清理干净，再将四周酥松部分凿除，用水充分湿润后，浇筑掺有微膨胀剂的砂浆或混凝土，并抹平压光。

第5讲　屋面密封材料嵌缝

一、施工作业条件检查

（1）装配式结构的屋面灌缝、找平，有保温层的屋面找平均已完工，含水率符合要求。

（2）基层清理干净，已洒水冲洗、湿润，在女儿墙面四周弹好水平控制线，找好泛水及标高。

（3）伸出屋面的水管、风管等已安装，并在四周预留分格缝，以便嵌缝；管根部位应用细石混凝土填塞密实，将管根部固定。

二、过程质量控制与检查要点

1.基层的检查与修补。

（1）密封防水施工前，应首先进行接缝尺寸和基面平整性、密封性的检查。如接缝宽度不符合要求，应进行调整；基层出现缺陷时，也可用聚合物水泥砂浆修补。

（2）对基层上沾污的灰尘、砂粒、油污等均应作清扫、擦洗；接缝处浮浆可用钢丝刷刷除，然后宜采用高压吹风器吹净。保证基层应牢固、表面应平整、密实，不得有蜂窝麻布、起皮和起砂现象。

2.填塞背衬材料。

（1）填塞时，圆形的背衬材料应大于接缝宽度1～2mm；方形背衬材料应与接缝宽度相同或略大，以保证背衬材料与接缝两侧紧密接触；如果接缝较浅时，可用扁平的片状背衬材料隔离。

（2）背衬材料的填塞应在涂刷基层处理剂前进行，以免损坏基层处理剂，削弱其作用。

（3）填塞的高度以保证设计要求的最小接缝深度为准。

3.涂刷基层处理剂。

（1）涂刷基层处理剂前，必须对接缝作全面的严格检查，待全部符合要求后方可施工。

（2）基层处理剂有单组分与双组分之分，单组分基层处理剂要摇匀后使用。基层处理剂干燥后应立即嵌填密封材料，干燥时间一般为20～60min。

（3）涂刷有露白处或涂刷后间隔时间超过24h，应重新涂刷一次。

（4）基层处理剂容器要密封，用后即加盖，以防溶剂挥发。

（5）不得使用过期、凝聚的基层处理剂。

4.密封材料的配制。严格按照说明书配制。人工搅拌时用搅拌棒充分混合均匀，搅拌过程中，应防止空气混入；搅拌混合是否均匀，可用腻子刀刮薄后检查，如色泽均匀一致，没有不同颜色的斑点、条纹，则为混合均匀。采用机械搅拌时避免卷入空气。机械搅拌的搅拌时间为10min左右，达到均匀混合为止。

5.热灌法。

（1）塑化或加热到规定温度后，应立即运至现场进行浇灌，灌缝时温度不宜低于110℃，若运输距离过长应采用保温桶运输。

（2）灌缝应从最低标高处开始向上连续进行，尽量减少接头。一般先灌垂直屋脊的板缝，后灌平行屋脊的板缝，纵横交叉处，在灌垂直屋脊时，应平行屋脊缝两侧延伸150mm,并留成斜槎，灌缝应饱满，略高出板缝，并浇出板缝两侧各20mm左右。灌垂直屋脊板缝时，应对准缝中部浇灌，灌平行屋脊板缝时，应靠近高侧浇灌。

（3）灌缝时漫出两侧的多余材料，可切除回收利用，与容器内清理出来的密封材料一起，在加热过程中加入重新使用，但一次加入量不能超过新材料的 10%。

（4）灌缝完毕后，应立即检查密封材料与缝两侧面的粘结是否良好，是否有气泡，若发现有脱开现象和气泡存在，应用喷灯或电烙铁烘烤后压实。

6.冷嵌法。

（1）用腻子刀嵌填时应注意不让气泡混入密封材料中，并要嵌填密实饱满，接缝用斜槎。

（2）密封材料衔接部位的嵌填，应在密封材料固化前进行。嵌填时应保证衔接部位的密实饱满。

（3）保证接缝端部密封材料与基层粘结牢固。

（4）为了保证密封材料的嵌填质量，应在嵌填完的密封材料表面干燥前，用刮刀压平与修整。压平一结束，即用刮刀朝压平的反方向缓慢刮压一遍，使密封材料表面平滑。

7.固化、养护。已嵌填施工完成的密封材料，应养护 2～3d，当下一道工序施工时，必须对接缝部位的密封材料采取临时性或永久性的保护措施（如施工现场清扫，找平层、保温隔热层施工时，对已嵌填的密封材料宜用卷材或木板条保护），以防污染及碰损。嵌填的密封材料固化前尚未具备足够的弹性时，不得踩踏。踩踏后易发生塑性变形，从而导致其构造尺寸不符合设计要求。

8.保护层施工。保护层必须待密封材料表面干燥后才能进行。

三、季节性施工质量检查

雨季施工时，应尽量安排在晴天施工，施工时环境温度应在 5～35℃之间，避免在负温度或烈日曝晒下施工。

密封材料严禁在雨天或雪天施工；五级风及以上时不得施工；施工环境气温，改性石油沥青密封材料合成高分子溶剂型密封材料宜为 0～35℃，合成高分子乳胶型密封材料宜为 5～35℃。

四、成品保护

（1）细部构造的防水嵌缝、勾缝及装配结构屋面的灌缝未干燥或未达到设计强度时，不得在其面上行走，搬运材料及用具，更不得有较大振动。

（2）屋面施工完毕后，不得在其上搬运较重物体，也不应发生较大振动以防损伤防水层。

（3）严禁油漆、涂料或水泥砂浆等撒落在水泥屋面上，并防止重物撞击屋面。

（4）密封材料嵌填完成后不得碰损及污染，固化前不得踩踏。

第 6 讲　瓦屋面工程

一、平瓦屋面

1.施工作业条件检查。

（1）有保温层的屋面保温层已完工，含水率符合要求。木基层或钢筋混凝土基层的屋面，檩条已安装完毕。

（2）屋面的安全设施，如围护栏杆、安全网等及消防设施均齐全，经检查符合要求。

（3）弹好水平控制线，找好坡度及标高。

（4）穿过屋面结构层的管根部位，应用豆石混凝土填塞密实，将管根固定。

2.进场材料检验及复检。

质量员在施工前应注意材料在运输及存储过程中是否发生影响施工质量的变化，对于易变质材料还要注意是否在有效期内。

3.过程质量控制与检查要点。

（1）屋面基层施工。

1）屋面檩条、椽条安装的间距、标高、坡度应符合设计要求，檩条应拉通线调直、并镶嵌牢固。

2）挂瓦条的要求：

①檐口第一根挂瓦条，要保证瓦头出檐（或出封檐板外）50～70mm；上下排平瓦的瓦头和瓦尾的搭扣长度 50～70mm；屋脊处两个坡面上最上两根挂瓦条，要保证挂瓦后，两个瓦尾的间距在搭盖脊瓦时，脊瓦搭接瓦尾的宽度每边不小于 40mm。

②挂瓦条必须平直（特别是保证瓦条上边口的平直），接头在椽条上，钉置牢固，不得漏钉，接头要错开，同一椽条上不得连续超过三个接头；钉置檐口（或封檐板）时，要比挂瓦条高 20～30mm，以保证檐口第一块瓦的平直；钉置时，要随时校核瓦条间距尺寸的一致。

3）木板基层上加铺油毡层：油毡应平行屋脊自下而上的铺钉；檐口油毡应盖过封檐板上边口 10～20mm；油毡长边搭接不小于 100mm，短边搭接不小于 150mm，搭边要钉住，不得翘边；上下两层短边搭接缝要错开 500mm 以上；油毡用压毡条（可用灰板条）垂直屋脊方向钉住，间距不大于 500mm；要求油毡铺平铺直，压毡条钉置牢靠，钉子不得直接在油毡上随意乱钉；油毡的毡面必须完整，不得有缺边破洞。

4）混凝土基层的要求：

①檐口、屋脊、坡度应符合设计要求。

②基层经泼水检查无渗漏。

③找平层无龟裂，平整度偏差不大于 10mm。

④水泥砂浆挂瓦条和基层粘结牢固，无脱壳、断裂，且符合木基层中有关施工要求。

⑤当平瓦设置防脱落拉结措施时，拉结构造必须和基层连接牢固。

（2）平瓦铺挂。

1）堆瓦：平瓦运输堆放应避免多次倒运。堆放、运瓦时，要稳拿轻放。

2）选瓦：可按平瓦质量等级要求挑选。砂眼、裂缝、掉角、缺边、少爪等不符合质量要求规定的不宜使用，但半边瓦和掉角、缺边的平瓦可用于山墙檐边、斜沟或斜脊处，其使用部分的表面不得有缺损或裂缝。

3）上瓦：待基层检验合格后，方可上瓦。上瓦时，应特别注意安全，在屋架承重的屋面上，上瓦必须前后两坡同时同一方向进行，以免屋架不均匀受力而变形。

4）摆瓦：均匀错开，摆置稳妥。

5）屋面、檐口瓦的挂瓦顺序应从檐口由下到上，自左到右的方向进行。檐口瓦要挑出檐口 50～70mm，瓦后爪均应挂在瓦条上，与左边下面两块瓦落槽密合，随时注意瓦面、瓦楞平直，不符合质量要求的瓦不能铺挂。在草泥基层上铺平瓦时，要掌握泥层的干湿度。应达到瓦沟顺直，整齐美观。

6）斜脊、斜沟瓦：沟瓦要求搭盖泛水宽度不小于 150mm，保证脊瓦搭盖平瓦每边不小于 40mm。屋脊和斜脊应平直，无起伏现象。

7）脊瓦：挂平脊、斜脊脊瓦时，应拉统长麻线，铺平挂直。脊瓦搭口和脊瓦与平瓦间的缝隙处，要用掺有纤维的混合砂浆嵌严刮平，脊瓦与平瓦的搭接每边不少于 40mm；平脊的接头口要顺主导风向；斜脊的接头口向下（即由下向上铺设），平脊与斜脊的交接处要用掺有纤维的混合砂浆填实抹平。

8）在混凝土基层上铺设平瓦时，防水层应铺设在找平层上；当设有保温层时，保温层应铺设在防水层上。

（3）平瓦屋面的有关尺寸要求。

1）脊瓦在两坡面瓦上的搭盖宽度，每边不小于 40mm。

2）瓦伸入天沟、檐沟的长度为 50～70mm。

3）天沟、檐沟的防水层伸入瓦内宽度不小于 150mm。

4）瓦头挑出封檐板的长度为 50～70mm。

5）突出屋面的墙或烟囱的侧面瓦伸入泛水宽度不小于 50mm。

4.季节性施工质量检查。

瓦屋面严禁在雨天、雪天施工，五级风及其以上时，不得施工。冬期施工要有防滑措施，屋面有霜雪时必须清扫干净。

5.成品保护。

（1）瓦屋面防水层刚铺设完工后，应避免屋面受物体冲击，严禁任意上人行走踩踏或堆放物体。必须上平瓦屋面时，应踩在平瓦瓦头处，不得踩在平瓦的中间部位。

（2）在金属板材咬缝或点焊、滚焊时，应采取措施保护屋面，操作时要注意防止机具扎穿或砸伤屋面。

（3）在屋面上固定防水板、嵌密封胶等后期工序操作时，应穿软底鞋，以防踏伤屋面。

二、油毡瓦屋面

1.施工作业条件检查。

（1）基层应平整。

（2）其他参见本条第一款“平瓦屋面”相关内容。

2.进场材料检验及复检。

质量员在施工前应注意材料在运输及存储过程中是否发生影响施工质量的变化，对于易变质材料还要注意是否在有效期内。

油毡瓦：外观边缘整齐，切槽清晰，厚薄均匀，表面无孔洞、硌伤、裂纹、折皱及起泡。

3.过程质量控制与检查要点。

（1）油毡瓦铺设基层的控制要点。油毡瓦基层要平整，在木基层上、混凝土基层上都要先铺一层防水卷材垫毡，从檐口往上用油毡钉铺钉，钉帽必须盖在垫毡下面，垫毡搭接宽度不小于50mm，并要顺水接槎。

（2）油毡瓦的固定。为防止大风将油毡掀起，必须将油毡紧贴基层，以使瓦面平整。

（3）油毡瓦的铺设。

1）油毡瓦要自檐口向上（屋脊）铺设，要按照层层搭盖的方法进行铺钉，以防止瓦片错动或因爬水而引起渗漏。

2）油毡瓦之间的对缝，上下层不得重合。

（4）油毡钉的数量控制要点。为保证油毡瓦与基层贴紧，每片油毡瓦用油毡钉固定的数量不应少于4个；当屋面坡度大于150%时，要适当增加油毡钉固定，以防止下滑。

（5）屋面与突出屋面结构连接处的铺贴。屋面与突出屋面结构的连接处是防水的关键部位，屋面与突出屋面的烟囱、管道、出气孔、出入口等阴阳角的连接处，要先做二毡三油垫层，然后将油毡瓦铺贴于立面，其高度不小于250mm。

（6）泛水处理。在女儿墙泛水处，油毡瓦和镀锌薄钢板的防水上口与墙间的缝隙要用密封材料封严。

4.季节性施工质量检查。

参见本讲第一条“平瓦屋面”相关内容。

5.成品保护。

参见本讲第一条“平瓦屋面”相关内容。

三、金属板材屋面

（1）施工作业条件检查。参见本讲第一条“平瓦屋面”相关内容。

（2）进场材料检验及复检。质量员在施工前应注意材料在运输及存储过程中是否发生影响施工质量的变化，对于易变质材料还要注意是否在有效期内。

1）金属板材。应边缘整齐，表面光滑，色泽均匀，外形规则，不得有扭翘、脱膜和锈蚀等缺陷。

2）滚压、成型的不锈钢型材。应边缘整齐，尺寸规格精确，两肋宽窄一致，完整无损，不得有扭翘、变形、孔洞等缺陷。

3）密封材料。在有效期范围内。

（3）过程质量控制与检查要点。

1）檩条施工。檩条的上表面必须与屋面坡度一致，每一坡面上的檩条必须在同一（斜）平面上，固定牢固、坡度准确一致。

2）天沟、檐沟制作安装。金属天沟板应伸入屋面金属板材下不小于 100mm；当有檐沟时，屋面金属板材应伸入檐沟内，其长度不应小于 50mm。天沟、檐沟的安装坡度应符合设计要求。

3）金属板材吊装。金属板材应采用专用吊具，吊装时，吊点距离不宜大于 5m，吊装时不得损伤金属板材。

4）金属板材安装。

①金属板材应采用带防水垫圈的镀锌螺栓（螺钉）固定，固定点应设在波峰上。所有外露的螺栓（螺钉），均应涂抹密封材料保护。

②铺设金属板材屋面时，相邻两块板应顺年最大频率风向搭接；上下两排板的搭接长度，应根据板型和屋面坡长确定，并应符合板型的要求，搭接部位用密封材料封严；对接拼缝与外露钉帽应做密封处理。

5）檐口、泛水处理

①金属板材屋面檐口应用异型金属板材的堵头封檐板；山墙应用异型金属板材的包角板和固定支架封严。

②金属板材屋面脊部应用金属屋脊盖板，并在屋面板端头设置泛水挡水板和泛水堵头板。

③每块泛水板的长度不宜大于 2m,泛水板的安装应顺直；泛水板与金属板材的搭接宽度，应符合不同板型的要求。

（4）季节性施工质量检查。参见本讲第一条“平瓦屋面”相关内容。

（5）成品保护。

1）金属板材屋面施工时，应穿软底鞋，防止损坏金属板表面。

2）不得在金属板材屋面上堆放重物和对金属板材产生污染和损害的材料。当空中吊物经过屋面时，应防止坠落和滴漏。

3）当屋脊、天沟、檐口、女儿墙、泛水等处施工采用油漆涂料类、接缝密封防水类材料时，应防止对屋面产生污染。如不慎产生污染时，则应立即采取有效措施清洗干净。

第 7 讲 隔热屋面工程

一、架空屋面

（1）施工作业条件检查。屋面防水层、保护层已施工完毕并经验收合格，屋面清洗干净。

（2）进场材料检验及复检。质量员在施工前应注意材料在运输及存储过程中是否发生影响施工质量的变化，对于易变质材料还要注意是否在有效期内。

1）砖。不得采用有裂缝、缺棱掉角及非整砖。

2）水泥。检查水泥是否在有效使用期范围内，不得有受潮结块现象。

3）架空板。是否完整，不得有缺棱掉角等现象。

（3）过程质量控制与检查要点。

1）基层的要求。架穿隔热层施工前，要先将屋面清扫干净，并根据架空板的尺寸，弹出支座中线。铺设架空板时，要将灰浆刮平，并随时扫掉在屋面防水层上的落灰、杂物等，以保证架穿隔热层气流畅通。

2）支座底部防水层加强处理。在支座部位作附加防水层增强处理，加强的宽度要大于支座底面边线 250mm，以免支座底部的卷材或涂膜柔性防水层承受支座的重压而损坏。支座要坐稳。

3）架空板与四周女儿墙之间的距离不宜少于 250mm，但不宜太宽，以防止降低隔热效果，也不宜太窄，以防止堵塞和便于清理杂物。

4）架空板铺设要平整、稳固，缝隙宜用水泥砂浆或水泥混合砂浆嵌填，并按设计要求留变形缝。

（4）季节性施工质量检查。五级以上大风或大雨应避免施工。

（5）成品保护。

1）施工中，应认真保护已完工的架空层，防止各种施工机具及人员碰、踏架空层。

2）作业人员要求。卷材、涂膜外露防水层极易损坏，施工人员要穿软底鞋在防水层上操作，施工机具和建筑材料要轻拿轻放，严禁在防水层上拖动，不得损坏已完工的防水层。

3）施工中，做到工完场清，防止二次清理及杂物堵塞架空层间隙。

二、蓄水屋面

（1）施工作业条件检查。参见本讲第一条“架空屋面”相关内容。

（2）进场材料检验及复检。质量员在施工前应注意材料在运输及存储过程中是否发生影响施工质量的变化，对于易变质材料还要注意是否在有效期内。

1）水泥。检查水泥是否在有效使用期范围内，不得有受潮结块现象。

2）防水剂。在有效期范围内。

（3）过程质量控制与检查要点。

1）基层要求。

①基层必须干净、平整、干燥。

②防水层施工后，管道、洞口不得移位安装和重新设置。

2）防水层和分仓墙的设置。

①蓄水屋面的防水层应为混凝土防水层或混凝土保护层。

②蓄水屋面坡度不宜大于 0.5%，并应划分为若干蓄水区，每区的边长不宜大于 10m；在变形缝两侧，应分成两个互不连通的蓄水区；长度超过 40m 的蓄水屋面，应做横向伸缩一道，分区隔墙可为混凝土，也可用砖砌抹面，同时兼作人行通道。

③蓄水屋面的溢水口的上部高度应距分仓墙顶面 100mm；过水孔应设在分仓墙底部，排水管应与水落管连通；分仓缝内应嵌填沥青麻丝，上部用卷材封盖，然后加扣混凝土盖板。

④蓄水屋面泛水的防水层高度应高出溢水口 100mm。

⑤蓄水屋面应设排水管、溢水口和给水管，排水管应与水落管连通。

⑥蓄水屋面应设置人行通道。

3）养护。

①蓄水屋面刚性防水层完工要在终凝时洒水养护，养护好后方可蓄水，蓄水后不得断水，以防刚性防水层产生裂缝。

②蓄水屋面要求各部位的水位大致相等，使屋面结构层均匀受力，所以要求屋面坡度较平缓，一般不宜大于 0.5%。

（4）季节性施工质量控制。雨天、雪天严禁施工，五级以上大风不得施工。

（5）成品保护。

1)在柔性防水层上做隔离层时，为避免防水层破坏，施工人员不得穿有钉的鞋，手推胶轮车运输材料时，支腿应用麻袋包扎，卸料时应轻拿轻放。

2）蓄水屋面的所有孔洞应预留，不得后凿。所设置的给水管、排水管和溢水管等，应在防水层施工前安装完毕。

3）施工中，防止污染墙面、檐口和门窗等已完工项目。

4）施工中，做到工完场清，防止堵塞和污染。

三、种植屋面

（1）施工作业条件检查。参见本讲第一条“架空屋面”相关内容。

（2）进场材料检验及复检。质量员在施工前应注意材料在运输及存储过程中是否发生影响施工质量的变化，对于易变质材料还要注意是否在有效期内。

种植介质。一般采用野外可耕作的土壤为基土，再掺以松散物混合而成。掺合松散物有：稻壳、麦糠、切碎的草类和稻麦豆禾的杆、牲畜粪便、蛭石、珍珠岩等。掺加量约占土的 1 / 3。覆土厚度：花草、蔬菜草本浅根植物，土厚 20cm；小灌木土厚 35～50cm；大灌木土厚 50～60cm；乔木土厚 1m。种植介质（含掺加物）的质量和配比应符合设计要求。

（3）过程质量控制与检查要点。

1）基层清理。基层（屋面防水层）上的杂物和浮土清扫干净。

2）防水层材料要求。

①种植屋面的防水层要选择耐腐蚀、耐穿刺性能好的防水材料，不得使用纸胎石油沥青油毡作防水层。当用其他卷材或涂料等柔性材料作防水层时，上部要用刚性材料作保护层。

②泄水管的留设位置及方法要正确，既要防止堵塞，又要防止种植介质的流失，并能及时排出因雨水或其他原因而造成的过多水分。

3）种植屋面的坡度。种植屋面的坡度可大于蓄水屋面，但不宜大于 3%，以免形成半干半湿屋面，对植物生长不利。

4）种植屋面防水层。

①种植屋面泛水的防水层要高出溢水管口 100mm。

②种植屋面日常的管理工作很重要，所以要设置人行通道。

③种植屋面防水层施工完成后，在覆土前要进行蓄水试验，蓄水静置时间不应小于 24h，当确认不渗漏后才能进行覆盖。

④采用刚性材料作防水层时，要按照刚性材料防水施工中的养护方法进行养护，然后方可进行蓄水试验。

5）挡墙砌筑。种植屋面应设挡墙，不能利用女儿墙做挡墙，挡墙其最低高度高出种植土 60mm，挡墙表面宜抹水泥砂浆。挡墙应根据设计要求距离留设排水孔，排水孔应铺砂石或聚酯无纱布过滤层，并不得堵塞。

6）排水层铺设。

①采用塑料或橡胶排水板做排水层时，铺设前须将刚性防水层表面清扫干净，以免杂物堵塞排水通道；排水板有卷材和块材两种，铺设时支点向下，接头形式按照设计要求或产品说明书规定，铺设完毕的上表面应接缝严密、平整，接缝处不应有错台现象。

②预制混凝土架空板排水：走道板和排水板的布置按设计要求，排水板之间的留缝不应小于 10mm；安装时支腿底部应坐浆，保持板的平稳和板面平整，板的支腿方向应与排水方向平行，应随安装随清理支腿两侧多余的砂浆。

7）过滤层铺设。

①土工布须按其主要受力方向从一端向另一端铺放。

②铺放时松紧度应适度，防止绷拉过紧或有折皱，且紧贴下基层。要及时加以压固，以免被风掀起。

③土工布铺设时，两端须有富余量。富余量应能满足上卷至挡墙超过种植介质上表面，且应与挡墙粘结固定。

8）种植介质铺设。根据设计要求的种植介质种类、配合比例和分层铺设厚度进行铺设，覆盖层的厚度、重量要严格控制在设计要求的范围之内。

（4）季节性施工质量检查。

参见本讲第二条“蓄水屋面”相关内容。

（5）成品保护。

参见本讲第二条“蓄水屋面”相关内容。

第 8 讲　屋面工程细部构造

一、施工作业条件检查

（1）根据总的屋面防水施工方案，绘制卷材屋面节点大样图。

（2）进行必要的材料试验和细部操作方法试验。

（3）屋面找平层施工已完成，经检查验收合格。

（4）建筑物雨水管处装饰工程已完成，具备做雨水管的条件。

二、进场材料检验及复检

参见第 1 讲至第 5 讲相应材料检验内容。

三、天沟、檐沟的防水构造

（1）沟内附加层在天沟、檐沟与屋面交接处宜空铺，空铺的宽度不应小于 200mm。

（2）卷材防水层应由沟底翻上至沟外檐顶部，卷材收头应用水泥钉固定，并用密封材料封严。

（3）涂膜收头应用防水涂料多遍涂刷或用密封材料封严。

（4）在天沟、檐沟与细石混凝土防水层的交接处；应留凹槽并用密封材料嵌填严密。

四、檐口的防水构造

（1）铺贴檐口 800mm 范围内的卷材应采取满粘法。

（2）卷材收头应压入凹槽，采用金属压条钉压，并用密封材料封口。

（3）涂膜收头应用防水涂料多遍涂刷或用密封材料封严。

（4）檐口下端应抹出鹰嘴和滴水槽。

五、女儿墙泛水的防水构造

（1）砖墙上的卷材收头可直接铺压在女儿墙压顶下，压顶应做防水处理；也可压入砖墙凹槽内固定密封，凹槽距屋面找平层不应小于 250mm，凹槽上部的墙体应做防水处理。

（2）涂膜防水层应直接涂刷至女儿墙的压顶下，收头处理应用防水涂料多遍涂刷封严，压顶应做防水处理。

（3）混凝土墙上的卷材收头应采用金属压条钉压，并用密封材料封严。

六、水落口的防水构造

（1）水落口杯上口的标高应设置在沟底的最低处。

（2）防水层贴入水落口杯内不应小于 50mm。

（3）水落口周围直径 500mm 范围内的坡度不应小于 5%，并采用防水涂料或密封材料涂封，其厚度不应小于 2mm。

（4）水落口杯与基层接触处应留宽 20mm、深 20mm 凹槽，并嵌填密封材料。

七、变形缝的防水构造

（1）变形缝的泛水高度不应小于 250mm。

（2）防水层应铺贴到变形缝两侧砌体的上部。

（3）变形缝内应填充聚苯乙烯泡沫塑料，上部填放衬垫材料，并用卷材封盖。

（4）变形缝顶部应加扣混凝土或金属盖板，混凝土盖板的接缝应用密封材料嵌填。

八、伸出屋面管道的防水构造

（1）管道根部直径 500mm 范围内，找平层应抹出高度不小于 30mm 的圆台。

（2）管道周围与找平层或细石混凝土防水层之间，应预留 20mm×20mm 的凹槽，并用密封材料嵌填严密。

（3）管道根部四周应增设附加层，宽度和高度均不应小于 300mm。

（4）管道上的防水层收头处应用金属箍紧固，并用密封材料封严。

九、卷材附加层的加铺

在檐口、斜沟、泛水、屋面和突出屋面结构的连接处以及水落口四周，均应加铺一层卷材附加层。

十、内部排水的水落口安设

内部排水的水落口应用铸铁制品，水落口杯应牢固地固定在承重结构上，全部零件应预先除净铁锈，并涂刷防锈漆。

与水落口连接的各层卷材，均应粘贴在水落口杯上，并用漏斗罩。底盘压紧宽度至少为 100mm，底盘与卷材间应涂沥青胶结材料，底盘周围应用沥青胶结材料填平。

十一、水落口与竖管的连接处处理

（1）水落口与竖管承口的连接处，用沥青麻丝堵塞，以防漏水。

（2）混凝土檐口宜留凹槽，卷材端部应固定在凹槽内，并用玛蹄脂或油膏封严。

十二、屋面与突出屋面结构连接处的处理

屋面与突出屋面结构的连接处，贴在立面上的卷材高度应不小于 250mm。如用薄钢板泛水覆盖时，应用钉子将泛水卷材层的上端钉在预埋的墙上木砖上，泛水上部与墙间的缝隙应用沥青砂浆填平，并将钉帽盖住。薄钢板泛水长向接缝处应焊牢。如用其他泛水时，卷材上端应用沥青砂浆或水泥砂浆封严。

第4部分

装饰装修工程施工过程质量检查

第1单元　建筑地面工程施工过程质量控制

第1讲　基层铺设

一、基土

（1）对软弱土层应按设计要求进行处理。

（2）填土前，其下一层表面应干净、无积水。

（3）土方回填前应清除基底的垃圾、树根等杂物，抽除坑穴积水、淤泥，验收基底标高。如在耕植土或松土上填方，应在基底压实后再进行。

（4）对填方土料应按设计要求验收后方可填入。

（5）填方施工过程中应检查排水措施，每层填筑厚度、含水量控制、压实程度。填筑厚度及压实遍数应根据土质、压实系数及所用机具确定。如无试验依据，应符合有关规定。

二、灰土垫层

（1）建筑地面下的沟槽、暗管等工程完工后，经检验合格并做隐蔽记录，方可进行建筑地面工程的施工。

（2）建筑地面工程基层（各构造层）和面层的铺设，均应待其下一层检验合格后可施工上一层。建筑地面工程各层铺设前与相关专业的分部（子分部）工程、分项工程以及设备管道安装工程之间，应进行交接检验。

（3）建筑地面工程施工时，各层环境温度的控制应符合设计规定。

（4）基层铺设前，其下一层表面应干净、无积水。

（5）灰土拌和料应适当控制含水量，铺设厚度不应小于100mm。

（6）每层灰土的夯打遍数，应根据设计要求的干密度在现场试验确定。

（7）灰土垫层应铺设在不受地下水浸泡的基土上。施工后应有防止水浸泡的措施。

（8）灰土垫层应分层夯实，经湿润养护、晾干后方可进行下一道工序施工。

三、砂和砂石垫层

（1）对软弱土层应按设计要求进行处理。

（2）填土前，其下一层表面应干净、无积水。

（3）土方回填前应清除基底的垃圾、树根等杂物，抽除坑穴积水、淤泥，验收基底标高。如在耕植土或松土上填方，应在基底压实后再进行。

（4）对填方土料应按设计要求验收后方可填入。

（5）当垫层、找平层内埋设暗管时，管道应按设计要求予以稳固。

（6）砂垫层厚度不应小于 60mm；砂石垫层厚度不应小于 100mm。

（7）砂垫层铺平后，应洒水湿润，并宜采用机具振实。

（8）砂石应选用天然级配材料。铺设时不应有粗细颗粒分离现象，压（夯）至不松动为止。

（9）砂垫层施工，在现场用环刀取样，测定其干密度，砂垫层干密度以不小于该砂料在中密度状态时的干密度数值为合格。中砂在中密度状态的干密度，一般为 1.55～1.60g/cm^3。

四、碎石和碎砖垫层

（1）对软弱土层应按设计要求进行处理。

（2）填土前，其下一层表面应干净、无积水。

（3）土方回填前应清除基底的垃圾、树根等杂物，抽除坑穴积水、淤泥，验收基底标高。如在耕植土或松土上填方，应在基底压实后再进行。

（4）对填方土料应按设计要求验收后方可填入。

（5）碎石垫层和碎砖垫层厚度均不应小于 100mm。

（6）碎（卵）石垫层必须摊铺均匀，表面空隙用粒径为 5～25mm 的细石子填缝。

（7）用碾压机碾压时，应适当洒水使其表面保持湿润，一般碾压不少于 3 遍，并且到不松动为止，达到表面坚实、平整。

（8）如工程量不大，亦可用人工夯实，但必须达到碾压的要求。

（9）碎砖垫层每层虚铺厚度应控制不大于 200mm，适当洒水后进行夯实，夯实均匀，表面平整密实；夯实后的厚度一般为虚铺厚度的 3/4。不得在已铺好的垫层上用锤击方法进行碎砖加工。

五、三合土垫层

（1）三合土垫层厚度不应小于 100mm。

（2）三合土垫层其铺设方法可采用先拌和后铺设或先铺设碎料后灌砂浆的方法，但均应铺平夯实。

（3）三合土垫层应分层夯打并密实，表面平整，在最后一遍夯打时，宜浇浓石灰浆，待表面灰浆晾干后，才可进行下道工序施工。

六、炉渣垫层

（1）炉渣垫层厚度不应小于 80mm。

（2）炉渣或水泥炉渣垫层的炉渣，使用前应浇水闷透；水泥石灰炉渣垫层的炉渣，使用前应用石灰浆或用熟化石灰浇水拌和闷透；闷透时间均不得少于 5d。

（3）铺设前，其下一层应湿润，铺设时应分层压实拍平。垫层厚度如大于 120mm 时，应分层铺设，每层虚铺厚度应大于 160mm。可采用振动器或滚筒、木拍等方法压实。压实后的厚度不应大于虚铺厚度的 3/4，以表面泛浆且无松散颗粒为止。

（4）炉渣垫层施工完毕后应避免受水浸湿，铺设后应养护，待其凝结后方可进行下一道工序施工。

七、水泥混凝土垫层

（1）水泥混凝土垫层铺设在基土上，当气温长期处于 0℃以下，设计无要求时，垫层应设置伸缩缝。

（2）水泥混凝土垫层的厚度不应小于 60mm。

（3）垫层铺设前，其下一层表面应湿润。

（4）室内地面的水泥混凝土垫层，应设置纵向缩缝和横向缩缝；纵向缩缝间距不得大于 6m，横向缩缝不得大于 12m。

（5）垫层的纵向缩缝应做平头缝或加肋板平头缝。当垫层厚度大于 150mm 时可做企口缝。横向缩缝应做假缝。

平头缝和企口缝的缝间不得放置隔离材料，浇筑时应互相紧贴。企口缝的尺寸应符合设计要求，假缝宽度为 5～20mm，深度为垫层厚度的 1/3，缝内填水泥砂浆。

（6）检验水泥混凝土和水泥砂浆强度试块的组数，按每一层（或检验批）建筑地面工程不应小于 1 组。当每一层（或检验批）建筑地面工程面积大于 1000m^2时，每增加 100m^2应增做 1 组试块；小于 1000m^2按 1000m^2计算。当改变配合比时，亦应相应地制作试块组数。

第 2 讲 整体面层

一、水泥混凝土面层

（1）对铺设水泥混凝土面层下基层应按要求做好。基层表面应坚固密实、平整、洁净，不允许有凸凹不平和起砂等现象，表面还应粗糙。水泥混凝土拌和料铺设前，应保持基层表面有一定的湿润，但不得有积水，以利面层与基层结合牢固，防止空鼓。

（2）面层下基层的水泥混凝土抗压强度达到 1.2MPa 以上时，方可进行面层混凝土拌和料的铺设。

（3）水泥混凝土的搅拌、运输、浇筑、振捣、养护等一系列的施工要求、质量检查和操作工艺等均应符合现行国家标准《混凝土结构工程施工质量验收规范》（GB 50204—2015）和当地建筑主管部门制定、颁发的建筑安装工程施工技术操作规程的规定。

（4）混凝土拌制时，应采用机械搅拌。按混凝土配合比投料。各种材料计量要正确，严格控制加水量和混凝土坍落度，搅拌必须均匀，时间一般不得少于 1min。

（5）混凝土铺设前应按标准水平线用木板隔成按需要的区段，以控制面层厚度。

（6）铺设时，在基层表面上涂一层水灰比为 0.4～0.5 的水泥浆，并随刷随铺设混凝土拌和料，刮平找平。

（7）混凝土浇筑时的坍落度不宜大于 30mm。摊铺刮平亦采用平板振动器振捣密实或用滚筒压实。以不冒气泡为度，保证面层水泥混凝土密实度和达到混凝土强度等级。

（8）水泥混凝土面层应连续浇筑，不应留置施工缝。如停歇时间超过允许规定时，在继续浇筑前应对已凝结的混凝土接缝处进行清理和处理，剔除松散石子、砂浆部分，润湿并铺设与混凝土同级配合比的水泥砂浆后再进行混凝土浇筑。应重视接缝处的捣实、压平工作，不应显出接缝。

（9）水泥混凝土振实后，必须做好面层的抹平和压光工作。

（10）浇筑钢筋混凝土楼板或水泥混凝土垫层兼面层时，可采用随捣随抹的施工方法，这样做一次性完成面层不仅能节约水泥用量，而且可提高施工质量，加快进度，防止面层可能出现的空鼓、起壳等施工缺陷。

（11）水泥混凝土面层浇筑完成后，应在 24h 内加以覆盖并浇水养护，在常温下连续养护不少于 7d，使其在湿润的条件下硬化。

（12）当建筑地面要求具有耐磨性、抗冲击、不起尘、耐久性和高强度时，应按设计要求选用普通型耐磨地面和高强型耐磨地面。

二、水泥砂浆面层

（1）对铺设水泥砂浆面层下基层应要求做好，基层表面应密实、平整，不允许有凸凹不平和起砂现象，水泥砂浆铺设前一天即应洒水保持表面有一定的湿润，以利面层与基层结合牢固。垫层表面上的松散焦渣、水泥混凝土、水泥砂浆均应清理干净，如有油污尚应用火碱液清洗干净。

（2）水泥砂浆宜采用机械搅拌，按配合比投料，计量要正确，严格控制加水量，搅拌时间不应小于 2min，拌和要均匀，颜色一致。水泥砂浆的稠度，当铺设在炉渣垫层上时，宜为 25～35mm；当铺设在水泥混凝土垫层上时，应采用干硬性水泥砂浆，以手捏成团稍出浆为准。水泥石屑拌和除按上述要求外，水灰比宜控制在 0.4，不得任意加水。

(3) 水泥砂浆铺设前。在基层表面涂刷一层水泥浆作粘结层。其水灰比为 0.4～0.5，涂刷要均匀。

(4) 摊铺水泥砂浆后，即进行振实，并做好面层的抹平和压光工作。

(5) 当水泥砂浆面层抹压时，其干湿度不适宜时，应采取措施。

(6) 有地漏的房间，应在地漏四周做出不小于 5%的泛水坡度，以利流水畅通。

(7) 水泥砂浆面层如遇管线等出现局部面层厚度减薄处在 10mm 以下时，必须采取防止开裂措施，一般沿管线走向放置钢筋网片，或符合设计要求后方可铺设面层。

(8) 当面层需分格时。即做成假缝，应在水泥初凝后进行弹线分格。分格缝要求平直，深浅一致。大面积水泥砂浆面层，其分格缝的一部分位置应与水泥混凝土垫层的缩缝相应对齐。

(9) 当水泥砂浆面层采用矿渣硅酸盐水泥拌制时，施工中应采取如下措施：

1) 严格控制水灰比，水泥砂浆的稠度不应大于 85mm。尽可能采用干硬性或半干硬性水泥砂浆。

2) 精心进行压光工作，一般不应少于三遍。

3) 由于矿渣硅酸盐水泥拌制的水泥砂浆，其早期强度较低，故应适当延长养护时间，特别是要强调早期养护，以防止出现干缩性的表面裂纹。

(10) 水泥砂浆面层铺设好并压光后 24h，即应开始养护工作。一般采用满铺湿润材料覆盖浇水养护，在常温下养护 5～7d。夏季时 24h 后养护 5d；春秋季节 48h 后需养护 7d，使其在湿润条件下硬化。养护要适时，浇水过早面层易起皮；浇水过晚又不用湿润材料覆盖，面层易造成裂缝或起砂。

(11) 当水泥砂浆面层采用干硬性水泥砂浆铺设时，其干硬性水泥砂浆体积比宜为 1：2.8～1：3.0（水泥：砂），水灰比为 0.36～0.4；面层洒水泥净浆，水灰比为 0.67。

(12) 水泥石屑面层施工时，应重视面层的压光和养护工作，其压光不应少于两遍。

(13) 水泥砂浆面层完成后，应注意成品保护工作。防止面层碰撞和表面沾污，影响美观和使用。对地漏、出水口等部位安放的临时堵口要保护好，以免灌入杂物，造成堵塞。

三、水磨石面层

(1) 水磨石面层的施工程序，应从顶层到底层依次进行。在同一楼层中，先做平顶、墙面粉刷，后做水磨石面层和踏脚板，避免磨石浆渗漏，影响下一层平顶和墙面装饰，同时避免搭设脚手架损坏面层，否则必须有可靠的防止楼面渗水和保护面层的有效措施。

(2) 水磨石面层的配合比和各种彩色，应先经试配做出样板，经认可后即作为施工及验收的依据，并按此进行备料。

(3) 铺设前，应检查基层的标高和平整度，必要时对其表面进行补强，并清刷干净，做好基层处理工作。

(4) 基层处理后，按统一标高线为准确定面层标高。施工时，提前 24h 将基层面洒水润湿后，满刷一遍水泥浆粘结层，其水泥浆稠度应根据基层面湿润程度而定，一般水灰比以 0.4～0.5 为宜，涂刷厚度控制在 1mm 以内。应做到边刷水泥浆、边铺设水泥砂浆结合层，不能让水泥浆干燥而影响粘结。

(5) 铺设水泥砂浆结合层用木抹子搓压平整密实，应做好毛面，以利于与面层粘结牢固，克服空鼓现象。铺好后进行 24h 养护，应视气温情况确定养护时间和洒水程度。水磨石面层宜在水泥砂浆结合层的抗压强度达到 1.2N/mm^2 后方可进行。

(6) 水磨石面层铺设前，应在水泥砂浆结合层上按设计要求的分格和图案进行弹线分格，但分格间距以 1m 为宜。面层分格的一部分分格位置必须与基层（包括垫层和结合层）的缩缝相对齐，以适应上下能同步收缩。

(7) 安分格嵌条时，应用靠尺板按分格弹线比齐。分格嵌条应上平一致，接头严密，并作为铺设水磨石面层的标志，也是控制建筑地面平整度的标尺。在水泥浆初凝时，尚应进行二次校正，以确保分格嵌条平直、牢固和接头严密。铜条应事先调直。

分格嵌条稳好后，洒水养护 3～4d，再铺设面层的水泥与石粒拌和料。铺设前，尚应严加保护分格嵌条，以防碰弯、碰坏。

(8) 在同一面层上采用几种颜色图案时，应先做深色，后做浅色；先做大面，后做镶边；待前一种水泥石粒拌和料凝结后，再铺后一种水泥石粒拌和料；也不能几种颜色同时铺设，以防窜色。

(9) 水泥与石粒的拌和料调配工作必须计量正确，拌和均匀。采用多种颜色、规格的石粒时，必须事先拌和均匀后备用。

(10) 面层铺设前，在基层表面刷一遍与面层颜色相同的水灰比为 0.4～0.5 的水泥浆粘结层，随刷随铺设水磨石拌和料。水磨石拌和料的铺设厚度要高出分格嵌条 1～2mm，要铺平整，用滚筒滚压密实，待表面出浆后，再用抹子抹平。

(11) 铺完面层严禁行走，1d 后进行洒水养护，常温下养护 5～7d，低温及冬期施工应养护 10d 以上。

(12) 开磨前应先试磨，以表面石粒不松动为准，经检查合格后方可开磨，但大粒径石粒面层应不少于 15d。

(13) 普通水磨石面层磨光遍数不应少于三遍，高级水磨石面层应增加磨光遍数和提高油石的号数，具体可根据使用要求或按设计要求而确定。

(14) 水磨石面层应使用磨石机分次磨光，先试磨，后随磨随洒水，并及时清理磨石浆。

(15)水磨石面层上蜡工作，应在不影响面层质量的其他工序全部完成后进行。

（16）水磨石面层完工后，应做好成品保护，防止碰撞面层。

（17）磨石机在使用时，应有安全措施，防止漏电、触电等事故发生。开机时，脚线应架空绑牢，配电盘应有漏电闸设备。

第3讲　板块面层

一、砖面层

（1）铺设板块面层时，应在结合层上铺设。其水泥类基层的抗压强度不得小于1.2MPa；表面应平整、粗糙、洁净。

（2）在铺贴前，应对砖的规格尺寸（用套板进行分类）、外观质量（剔除缺楞、掉角、裂缝、歪斜、不平等）、色泽等进行预选，浸水湿润晾干待用。

（3）砖面层排设应符合设计要求，当设计无要求时，应避免出现砖面小于四分之一边长的边角料。

（4）铺砂浆前，基层应浇水湿润，刷一道水泥素浆，务必要随刷随铺。铺贴砖时，砂浆饱满、缝隙一致，当需要调整缝隙时，应在水泥浆结合层终凝前完成。

（5）铺贴宜整间一次完成，如果房间大一次不能铺完，可按轴线分块，须将接槎切齐，余灰清理干净。

（6）勾缝和压缝应采用同品种、同强度等级、同颜色的水泥，并做养护和保护，湿润养护时间应不少于7d。

当砖面层的水泥砂浆结合层的抗压强度达到设计要求后，方可正常使用。

（7）在水泥砂浆结合层上铺贴陶瓷锦砖面层时，砖底面应洁净，每联陶瓷锦砖之间、与结合层之间以及在墙角、镶边和靠墙处，应紧密贴合。在靠墙处不得采用砂浆填补。

二、大理石、花岗石面层

（1）大理石、花岗石面层采用天然大理石、花岗石（或碎拼大理石、碎拼花岗石）板材应在结合层上铺设。

（2）铺设大理石面层和花岗石面层时，其水泥类基层的抗压强度标准值不得小于1.2MPa。

（3）板块在铺设前，应根据石材的颜色、花纹、图案、纹理等按设计要求，试拼编号。

（4）板块的排设应符合设计要求，当设计无要求时，应避免出现板块小于四分之一边长的边角料。

（5）铺设大理石、花岗石面层前，板材应浸水湿润、晾干，在板块试铺时，放在铺贴位置上的板块对好纵横缝后用橡皮锤（或木锤）轻轻敲击板块中间，使砂浆振密实，锤到铺贴高度。板块试铺合板后，搬起板块，检查砂浆结合层是否平整、密实。增补砂浆，浇一层水灰比为 0.5 左右的素水泥浆后，再铺放原板，应四角同时落下，用小皮锤轻敲，用水平尺找平。

（6）在已铺贴的板块上不准站人，铺贴应倒退进行。用与板块同色的水泥浆填缝，然后用软布擦干净粘在板块上的砂浆，在面层铺设后，表面应覆盖、湿润，其养护时间应不少于 7d。

当板块面层的水泥砂浆结合层的抗压强度达到设计要求后，方可正常使用。

（7）结合层和板块面层填缝的柔性密封材料应符合现行的国家有关产品标准和设计要求。

（8）板块类踢脚线施工时，严禁采用石灰砂浆打底。出墙厚度应一致，当设计无规定时，出墙厚度不宜大于板厚且小于 20mm。

三、实木地板面层

（1）地垄墙或砖墩的砌筑：地垄墙、墩应采用强度等级为 42.5 的普通水泥，其顶面应涂刷焦油沥青两道或铺设油毡等做好防潮层。每条地垄墙、内横墙和暖气沟，均需预留 120mm×120mm 的通风洞 2 个，且要在一条直线上。暖气沟墙的通风洞口，可采用缸瓦管与外界相通。外墙每隔 3000～4000mm 应预留不小于 180mm×180mm 的通风孔洞，洞口下皮距室外地坪标高不小于 200mm，洞口安设箅子。如若不宜采用此类通风处理时，则必须做好高架空铺木地板所有架铺构件的防潮防腐处理。

（2）木骨架与地垄墙（墩）的连接。木格栅与地垄墙或砖墩等砌筑体的连接，通常是采用预埋木楔或铁件的方法进行固定。预埋铁件的做法有多种，较常用的做法是在主格栅的两侧部位砌体内埋入地脚螺栓，以Ω形铁（或称骑马铁件）直接固定木格栅或用 10～14 号镀锌铁丝（铅丝）绑扎。

（3）垫木、沿缘木、剪力撑与木格栅的组装要求。先将垫木等材料按设计要求做防腐处理。核对四周墙面水平标高线，在沿缘木表面划出木格栅放置中线，并在木格栅端头也划出中线，然后把木格栅对准中线摆好，再依次摆正中间的木格栅。木格栅靠墙面应留出不小于 30mm 的缝隙，以利通风防潮。木格栅的表面应平直，用 2m 直尺检查时，尺与木格栅间的空隙不得超过 3mm。木格栅上皮不平时，应选用合适厚度的垫板（不准用木楔）找平；也可采用适度刨平；也可对木格栅底部稍加砍削找平，但砍削深度不要超过 10mm。砍削处须补作防腐处理。

木格栅安装后，必须用 100mm 长的圆钉从木格栅两侧中部斜向呈 45° 角与垫木钉牢。为防止木格栅与剪力撑在钉结时走动，应在木格栅上临时加钉木拉条，使木格栅相互拉接，然后在木格栅上按剪力撑间距弹线，依线逐个将剪力撑两端用 2 枚长 70mm 的圆钉与木格栅钉牢。

（4）在楼地面上固定木格栅：对于低架空铺木地板的木格栅固定，木格栅的截面尺寸、间距和稳固方法等均应符合设计要求。

应首先检查楼地面平整度，必要时应做水泥砂浆找平层或抹防水砂浆，在平整的楼面基层上可涂刷两遍防水涂料或乳化沥青。对于底层房间的细石混凝土垫层，有的要求涂刷冷底子油并做一毡二油防潮层，具体做法由设计决定。

木格栅与楼地面固定，传统的做法均采用预埋件，当前使用最多的是在水泥地面或楼板上打入木楔的方法，即用冲击钻在基层上钻洞，洞孔深 40mm 左右，打入木楔（木楔要按要求作防腐处理）。应在楼地面上预先弹出木格栅位置线，木楔依线定位钻孔打入，间距 800mm 左右，然后用长钉将木格栅固定在埋入的木楔上。当木格栅的截面尺寸较大时，宜在木格栅上先钻出与钉杆直径相同的孔，孔深为格栅木方高度的 1/8，然后再与木楔钉接。如设计要求在木格栅间填铺干炉渣时，炉渣应加以夯实。

（5）木地板面层作双层施工时，加铺一层基面板即称毛地板，可以增强木地板的隔声、防潮作用和提高面层板的铺贴质量。毛地板无需企口，并可采用钝棱料，其宽度不宜大于 120mm，厚度一般为 28mm 左右，在铺钉前应清除毛地板下空间内的刨花等杂物。

毛地板应与格栅呈 45° 或 30° 斜向铺排，与周边墙面之间留出 10～20mm 缝隙。毛地板的髓心向上，板条与板条之间的缝隙不应大于 3mm。每块毛地板应在每根木格栅上各钉 2 颗钉子斜向固定，钉子的长度应为板厚的 2.5 倍。

（6）铺设木板（企口板）面层时，应先弹线归方，使木板与格栅成垂直方向，木板必须钉牢固，无松动；板端接头应间隔错开；板与板之间应紧密，个别处的缝隙宽度不得大于 1mm。（如用硬木时缝宽不得大于 0.5mm）木板面层与墙之间应留 8～12mm 的缝隙，并用踢脚线或踢脚条封盖。每块木块钉牢在其下的每根格栅上。钉子的长度为面层板厚度的 2～2.5 倍，钉帽应砸扁从木板侧面斜向钉入，钉帽不应外露。

（7）木板面层铺设完毕后，木板表面不平处应顺木纹方向进行刨光。

（8）采用实木制作的踢脚线，背面应抽槽并做防腐处理。

（9）与厕浴间、厨房等潮湿场所相邻木面层连接处应做防水（防潮）处理。

四、复合木地板面层

（1）基层（楼层结构层）的表面平整度应控制在每平方米为 2mm，达不到时必须二次找平，否则中密度（强化）复合地板厚度在 8mm 及其以下时，铺设后地面将出现架空，使用后不利于地板的整体伸缩，容易导致地板因胶水松脱而出现裂缝。当基层表面平整度超出 2mm 而不平整时，中密度（强化）复合地板厚度应选用 8mm 以上，增加了厚度和基材的强度后，大大地消除了架空的感觉，避免地板因胶水松脱而出现裂缝。

（2）铺设前，房间门套底部应留足伸缩缝，门口接合处地下无水管、电管以及离地面离 12cm 的墙内无电管等。如不符合上述要求，应做好相关处理。

（3）铺设时，应按下列程序进行：

1）基层表面保持洁净、干燥后，应满铺地垫，其接口处宜采用不小于 20cm 宽的重叠面并用防水胶带纸封好。

2）铺设第一块板材的凹企口应朝墙面，板材与墙壁间插入木（塑）楔，使其间有 8mm 左右的伸缩缝。为保证工程质量，木（塑）楔应在整体地板拼装 12h 后拆除，同样最后一块板材也要保持 8mm 的伸缩缝。

3）为确保地板面层整齐美观，宜用细绳由两边墙面拉直，构成直角，并在墙边用合适的木（塑）楔对每块板条加以调整。

4）将胶水均匀连续地涂在两边的凹企口内，以确保每块地板之间紧密贴结。

5）拼装第二行时，应首先使用第一行锯剩下的那一块板材，为保证整体地板的稳固此块锯剩的板材其长度不得小于 20cm。

6）用锤子和硬木块轻敲已拼装好的板材，使之粘紧密实。挤压时拼缝处溢出的多余应立即擦掉，保持地板面层洁净。

7）铺设中密度（强化）复合地板面层的面积达 $70m^2$ 或房间长度太大时，宜在每间隔 8m 宽处放置铝合金条，以防止整体地板受热变形。

8）整体地板拼装后，用木踢脚线封盖地板面层。

9）中密度（强化）复合地板面层完工后，应保持房间通风。夏季 24h、冬季 48h 后正式使用。

10）注意防止雨水或邻接有用水房间的水进入地板面层内，以免浸泡地板。

第 2 单元　建筑装饰工程施工过程质量控制

第 1 讲　抹灰工程

一、一般抹灰

（1）毛化处理在抹灰工程中，经常会遇到“毛化处理”，也就是将抹灰基层表面清除或冲洗干净后，将混凝土界面剂掺入 1：1 水泥细砂浆内，然后将其混合物采用喷或甩的方法喷甩到墙面上，其喷点或甩点要均匀，毛刺长度不宜大于 8mm。终凝后浇水养护，直至水泥砂浆毛刺有较高的强度为止。

混凝土界面剂的型号主要有 YJ-302、YJ-303 和 JA-01 等。

（2）混凝土及砖墙基层抹灰控制。

1）抹灰前，先将基层表面的灰尘、污垢、油渍等清除干净。然后进行毛化处理。

2）根据墙上弹出的基准线，分别在门口角、垛、墙面等处吊垂直线、找方正抹灰饼。灰饼尺寸为 50mm 见方，间距不宜大于 1.5m，抹灰厚度以满足墙面抹灰厚度 15～20mm 为宜。上下灰饼用吊线板垂直，水平方向用拉线找平。

3）抹底层灰浆，灰浆为 1：1：6 混合砂浆，每遍厚度 5～7mm，应分层分遍与灰饼齐平。如抹灰层局部厚度大于 35mm 时或者不同材料墙体相交接部位的抹灰，应按设计要求采用加强网进行加强处理，加强网与网侧墙体的搭接宽度不应小于100mm。

4）当底灰找平后，应把暖气、电气设备的箱、槽、孔、洞口周边修抹平齐、光滑，抹灰时应比墙面底灰高出一个罩面的厚度。

5）抹面层灰时，先湿润墙面，采用1：1：4水泥混合砂浆抹面层。抹灰时，先薄薄地刮一层灰，使其与底灰粘结牢固，紧跟着抹第二道灰，并刮平后用木抹子搓平，铁抹子压光压实。待表面无明水后，用刷子蘸水按垂直于地面的同一方向，轻刷一遍，保证面层抹面颜色均匀一致，避免和减少收缩裂缝。

6）按照墙裙或踢脚板的高度挂线，将线下的灰浆层踢除整齐，刷一道聚合物水泥砂浆，立即抹1：3水泥砂浆，厚约5～7mm，随之抹中层灰浆5mm，表面刮平搓毛。待中层灰有六成干时，用1：2.5水泥砂浆抹罩面灰，木抹子压光，上口用靠尺切割平齐。

7）对于室内门窗口的阳角和门窗套、柱子阳角，均应抹水泥砂浆护角。其高度不得小于2m，操作时应先刷一遍聚合物水泥浆，用1：3水泥砂浆打底，再用水泥砂浆与灰饼找平。

（3）加气混凝土墙面抹灰控制。

1）为保证加气混凝土墙面抹灰质量，应加强基层处理，对灰浆不饱满、松动的砖缝等处用聚合物砂浆填塞密实。并将凸凹不平、缺楞掉角及设备管线处的槽、洞、孔用聚合物砂浆修整密实、平整。

2）应分数遍对墙面浇水湿润，浇水量以水渗入加气混凝土墙深8～10mm为宜，且浇水宜在抹灰前一天进行。浇水充分湿润墙面后的第二天，刷一道聚合物水泥砂浆后开始抹灰。

3）用托线板检测墙面不同部位垂直度和平整度，并根据墙面面积确定所贴灰饼的数量，灰饼和冲筋应和砖墙基层相同。

4）抹加气混凝土墙面底灰时，应在墙面刷好聚合物水泥浆后及时抹灰。第一遍抹水泥混合砂浆，配合比为水泥：石灰膏：砂为1：0.5：6，厚度为6～8mm，扫毛或划出纹线。接着再用水泥：石灰膏：砂为1：0.5：5的砂浆抹第二遍，厚度为5～8mm。

5）为防止加气混凝土墙体抹灰出现裂缝，应喷洒防裂剂。操作时喷嘴倾斜向上仰，与墙面距离适中，不得将灰层冲坏。防裂剂喷洒2～3h内不要搓动，以防止防裂剂表层破坏。面层砂浆采用1：1：4水泥砂浆。罩面灰抹好后，待有初始硬度后，开始喷洒第二遍防裂剂。

6）抹面层灰和门窗洞口护角等同砖墙抹灰。

二、装饰抹灰

（1）水刷石面层。

1）水刷石所用的彩色石粒应清洗洁净，统一配料，干拌均匀。

2）做水刷石装饰抹灰，砖墙基体底层和中层均采用1：3水泥砂浆，厚度为5～

7mm；混凝土基体底层用 1：0.5：3 水泥混合砂浆，中层用 1：3 水泥砂浆，厚度为 5～7mm。在墙面上按设计要求的大小弹出分格线，分格条按弹出的分格线进行粘贴。

3）待中层砂浆七成干时，进行水刷石面层抹灰。如中层灰较干时，应浇水湿润，接着在中层灰面上刮一遍 1mm 厚的素灰浆，随即抹面层石粒浆。石粒浆的配合比为 1：2.25，水灰比应为 0.4 左右，稠度以 50～70mm 为宜，厚度应为石子粒径的 2.5 倍，一般情况下为 10～20mm。石粒浆铺设后，应随铺随用铁抹子压平压实，待稍收水后，再用铁抹子将露出的石子尖棱轻轻拍平。并用刷子蘸水再刷再压，重复 1～2 次，使石粒排列均匀紧密。

4）当面层水泥石粒用手轻按无指印时，用软刷子刷石粒不掉时就可喷刷。喷刷的方法是：

用刷子蘸水从上而下刷除面层灰浆，或用喷雾器随喷随用毛刷刷掉表面砂浆。喷水压力要均匀，喷头距墙面 100～200mm。直至石粒外露约 2mm，达到清晰可见时止。

（2）干粘石面层。

1）做干粘石装饰抹灰，砖墙基体底层和中层均采用 1∶3 水泥砂浆，厚度为 5～7mm；混凝土基体底层用 1∶0.5∶3 水泥混合砂浆，中层用 1∶3 水泥砂浆，厚度为 5～7mm。

2）粘分格条时，分格的短边应以不大于 1.5m 为宜，分格条的宽度应视房屋高低及大小来确定。如果作为分格缝的，一般不小于 20mm，如果只起格条作用的可适当窄些。分格条可采用粘布条、木条和玻璃条。

3）在中层砂浆表面应先用水湿润，并刷水灰比为 0.4～0.5 水泥浆一遍，随即抹水泥砂浆粘结层，厚度一般为 6～8mm，稠度不应大于 80mm。粘结层砂浆为聚合物水泥砂浆，其配合比为水泥∶石膏∶砂∶107 胶为 100∶50∶200∶5～15。

4）粘结层抹好后，待干湿程度适合后，即用手甩石粒，先甩边缘处，后甩中间部位。甩石粒时，一手托着用窗纱钉成的装石粒的托盘，一手用木拍铲石反手向墙上甩。甩石时，用力要适宜，注意使石粒分布均匀，再用抹子或橡胶滚轻轻拍滚，使石子嵌入砂浆的深度不小于 1/2 粒径。拍压后的石粒应平整坚实，大面向外。

5）为防止阳角处产生黑边，甩石时，阳角处应同时操作。

（3）斩假石面层。

1）在基体处理后，抹底层、中层砂浆。砖墙基体底层、中层用 1∶2 水泥砂浆。底层与中层表面应划毛。涂抹面层砂浆前，浇水湿润后刮水灰比为 0.37～0.40 水泥浆一道，然后按要求弹线、分格。

2）铺抹面层石粒浆时，配合比为水泥∶石粒=1∶（1.25～1.50）。面层应分两遍抹成，先薄薄地抹一层石粒浆，待收水后，再抹第二层石粒浆并与分格条平。用刮尺赶平，收水后用木抹子打磨压实，最后用扫帚顺剁纹方向扫一遍。罩面 24h 后，养护 4～5d。

3）在正式斩剁前应先进行试剁，以石子不脱落为准。斩剁前，应先弹顺线，间距约 100mm，以保证斩纹顺直、均匀。剁石前应洒水湿润墙面，以免石层爆裂。但斩剁完成后，不得湿水，以免影响外观质量。

剁石时持斧应端正用力要一致，刀口应平直，前锋和后锋要同时斩到。

4）斩剁时应先斩剁转角和四周边缘，后斩剁中间墙面，转角和四周边缘的剁纹与其边棱呈垂直方向，中间墙面斩成垂直纹。在墙角、柱边等边棱处，可留出15～20mm不剁。

（4）假面砖面层假面砖所用的彩色砂浆，应先统一配料，干拌均匀过筛后，方可加水搅拌；假面砖的面层砂浆涂抹后，先按面砖尺寸分格划线，再划沟、划纹。沟纹间距、深浅应一致，接缝应平直。

第2讲　门窗工程

一、木门窗安装

（1）门窗框安装、校正。

1）门窗框安装前要预先检查门窗洞口的尺寸、垂直度及木砖数量，如有问题，应事先修理好。

2）门窗框应用钉子固定在墙内的预埋木砖上，较大的门窗框或硬木门窗框要用铁件与墙体结合，每边的固定点应不少于两处，其间距应不大于1.2m。门窗框与墙体结合时，每一木砖要钉100mm长钉子2个，保证钉子钉进木砖50mm，且上下应错开。

3）在预留门窗洞口的同时，应留出门窗框走头（门窗框上、下坎两端伸出口外部分）的缺口，在门窗框调整就位后，封砌缺口。

4）多层建筑的门窗在墙中的位置，应在一条直线上。安装时，横竖均拉通线。

5）门窗框与外墙间的空隙，应填塞保温材料。

（2）木门窗扇安装。

1）安装前，检查门窗扇的型号、规格、质量是否符合要求。

2）安装前，先量好门窗框的高低、宽窄尺寸，然后在相应的扇边上划出高低宽窄的线。双扇门窗要打叠（自由门除外），先在中间缝处划出中线，再划出边线，并保证梃宽一致，上下冒头要划线刨直。

3）划线后，用粗刨刨去线外部分，再用细刨刨至光滑平直，使其符合设计尺寸要求。

4）将扇放入框中试装合格后，按扇高的1/8～1/10，在框上根据合页大小划线，并剔出合页槽，槽深应与合页厚度相适应，槽底要平。

5）门窗扇安装的留缝宽度应符合质量验收的规定。

（3）木门窗小五金安装。

1）有木节处或已填补的木节处，均不得安装小五金。

2）安装合页、插销、L形铁件、T形铁件等小五金时，先打入长度的1/3深，然后拧紧、拧平。严禁打入全部深度。采用硬木时，应先钻 2/3 深度的孔，孔径为木螺钉直径的 0.9 倍，然后再拧入。

3）合页距门窗的上、下端宜取立梃高度的 1/10，并避开上、下冒头。门窗拉手应位于门窗高度中点以下，窗拉手距地面以 1.5～1.6m 为宜，门拉手距地面以 0.90～1.05m 为宜，门拉手应里外一致。

4）门锁不宜安装在中冒头与立挺的结合处，以防伤榫。门锁位置一般宜高出地面 0.90～0.95m。

5）门窗扇嵌 L 形铁件、T 形铁件时应做凹槽，安完后应低于表面 1mm 左右。门窗扇为外开时，L 形铁件、T 形铁件安在内面，内开时安在外面。

6）上、下插销要安在梃宽的中间，如采用暗插销，则应在外梃上剔槽。

（4）涂刷油漆。及时交油漆工等进行下道工序。

二、金属门窗安装

（1）弹线。按设计要求在门、窗洞口弹出门、窗位置线，同一立面的窗在水平及垂直方向应做到整齐一致，室内地面的标高、地弹簧的表面应与室内地面标高一致。

（2）门窗框就位。

1）按弹线位置将门窗框立于洞口，调整正、侧面垂直度、水平度和对角线。

2）用对拔木楔临时固定：木楔应垫在边、横框能够受力部位。

3）面积较大的铝合金门窗框：按设计要求进行预拼装。

4）门窗框安装顺序为：安装通长的拼樘料→安装分段拼樘料→安装基本单元门窗框。门窗框横向及竖向组合应采取套插，如采用搭接应形成曲面组合，搭接量一般不少于 8mm。

5）框间拼接缝隙用密封胶条封闭：组合门窗框拼樘料加固型材应经防锈处理，连接部位应采用镀锌螺钉。

（3）门窗框固定。

1）洞口系预埋铁件，可将连接件直接焊牢于埋件上。

2）洞口墙体上预留槽口，可将铝框上的连接件埋入槽口内，用 C25 级细石混凝土或 1：2 水泥砂浆浇填密实。

3）洞口为砖砌（实心砖）结构，应用冲击钻钻入直径不小于 10mm 深的孔，用膨胀螺栓紧固连接件，不得采用射钉连接。

4）洞口为混凝土墙体但未预埋铁件或预留槽口，其门窗框上的连接件可用射钉枪射入射钉紧固。

5）洞口为空心砖、加气混凝土砖等轻质墙，应在连接件部位砌筑符合模数的混凝土砌块，或根据具体情况采用其他可靠的连接方法。

6）自由门的弹簧安装，应在地面预留洞口，在门扇与地弹簧安装尺寸调整准确后，浇注 C25 细石混凝土固定。

7）铝合金边框和中竖框，应埋入地面以下 20～50mm；组合窗框间立柱上、下端应各嵌入框顶和框底的墙体（或梁）内 25mm 以上；转角处的立柱其嵌固长度应在 35mm 以上。

8）门、窗框连接件采用射钉、膨胀螺栓等紧固时，其紧固件离墙（梁、柱）进缘不得小于 50mm，且应错开墙体缝隙，以防紧固失效。

（4）填缝。

1）窗框与墙体间的缝隙，应按设计要求使用软质保温材料进行填嵌。

2）框边外表面留出 5～8mm 深的槽口，用密封膏填料密封平整。

（5）清理。

1）铝合金门窗交工前，将型材表面的塑料胶纸撕掉。

2）宜采用香蕉水（天那水）将胶纸在型材表面留有的痕迹擦干净。

3）擦洗玻璃，对浮灰或其他杂物，应全部清理干净。

4）用双头螺杆将门拉手上在门扇边框两侧。

三、塑料门窗安装

（1）门、窗框与墙体固定。即将在塑料门、窗框上已安装好的 Z 形连接铁件与洞口的四周固定。固定时应先固定上框，而后固定边框。固定的方法应符合下列要求。

1）混凝土墙洞口应采用射钉或塑料膨胀螺钉固定。

2）砖墙洞口应采用塑料膨胀螺钉或水泥钉固定，但不得固定在砖缝上。

3）加气混凝土墙洞口应采用木螺钉将固定片固定在胶粘圆木上。

4）设有预埋铁件的洞口应采用焊接方法固定，也可先在预埋件上按紧固件打基孔，然后用紧固件固定。

5）塑料门、窗框与墙体无论采用何种方法固定，均必须结合牢固，每个 Z 形连接件的伸出端不得少于两个螺钉固定。同时还应使塑料门、窗框与洞口墙之间的缝隙均等。

（2）安装五金配件。安装五金是塑料门、窗安装的一个关键环节，所以要求操作时应注意以下几点。

1）安装五金配件时，应先在框、扇杆件上钻出略小于螺钉直径的孔眼，然后用配套的自攻螺钉拧入，严禁将螺钉用锤直接打入。

2）安装门、窗铰链时，固定铰链的螺钉应至少穿过塑料型材的两层中空腔壁，或与衬筋连接。

3）在安装平开塑料门、窗时，剔凿铰链槽不可过深，不允许将框边剔透。

4）平开塑料门窗安装五金时，应难开启扇留一定的吊高，正常情况是门扇吊高为 2mm，窗扇吊高为 1～2mm。

5）安装门锁时，应先将整体门框铰链中，再按门锁说明书的要求装配门锁。

6）塑料门、窗的所有五金配件均应安装牢固，位置端正，使用灵活。

第 3 讲　吊顶工程

一、明龙骨吊顶

（1）测量放线。用水准仪在房间内每个墙（柱）角上抄出水平点（若墙体较长，中间也应适当抄几个点），弹出水准线（水准线距地面一般为 500mm），从水准线量至吊顶设计高度加上 12mm（一层石膏板的厚度），用粉线沿墙（柱）弹出水准线，即为吊顶次龙骨的下皮线。同时，按吊顶平面图，在混凝土顶板弹出主龙骨的位置。

（2）吊杆安装。采用膨胀螺栓固定吊挂杆件。不上人的吊顶，吊杆长度小于 1000mm，可以采用 φ6 的吊杆，如果大于 1000mm，应采用 φ8 的吊杆，还应设置反向支撑。上人的吊顶，吊杆长度小于 1000mm，可以采用 φ8 的吊杆，如果大于 1000mm，应采用 φ10 的吊杆，还应设置反向支撑。

（3）边龙骨安装。边龙骨的安装应按设计要求弹线，沿墙（柱）上的水平龙骨线把 L 形镀锌轻钢条用自攻螺钉固定在预埋木砖上；如为混凝土墙（柱），可用射钉固定，射钉间距应不大于吊顶次龙骨的间距。

（4）主龙骨安装。

1）主龙骨应吊挂在吊杆上。主龙骨间距 900～1000mm，主龙骨分为轻钢龙骨和 T 形龙骨。轻钢龙骨可选用 UC50 中龙骨和 UC38 小龙骨。

2）跨度大于 15m 以上的吊顶，应在主龙骨上，每隔 15m 加一道大龙骨，并垂直主龙骨焊接牢固。

3）如有大的造型顶棚，造型部分应用角钢或扁钢焊接成框架，并应与楼板连接牢固。

（5）次龙骨安装。次龙骨应紧贴主龙骨安装。次龙骨间距 300～600mm。次龙骨分为 T 形烤漆龙骨、T 形铝合金龙骨和各种条形扣板厂家配带的专用龙骨。

（6）罩面板安装。

1）嵌装式装饰石膏板安装。

①嵌装式装饰石膏板安装与龙骨应系列配套。

②嵌装式装饰石膏板安装前应分块弹线，花式图案应符合设计要求，若设计无要求时，嵌装式装饰石膏板宜由吊顶中间向两边对称排列安装，墙面与吊顶接缝应交圈一致。

③嵌装式装饰石膏板安装宜选用企口暗缝咬接法。安装时应注意企口的相互咬接及图案的拼接。

④龙骨调平及拼缝处应认真施工，固定石膏板时，应视吊顶高度及板厚，在板与板之间留适当间隙，拼缝缝隙用石膏腻子补平，并贴一层穿孔接缝纸。

2）金属微穿孔吸声板安装。

①必须认真调平调直龙骨，这是保证大面积吊顶效果的关键。

②安装冲孔吸声板宜采用板用木螺钉或自攻螺钉固定在龙骨上，对于有些铝合

金板吊顶，也可将冲孔板卡到龙骨上，具体的固定方法，要视板的断面决定。

③安装金属微穿孔板应从一个方向开始，依次安装。

④在方板或板条安装完毕后铺放吸声材料。条板可将吸声材料放在板条内；方板可将吸声材料放在板上面。

二、暗龙骨吊顶

（1）测量放线。用水准仪在房间内每个墙（柱）角上抄出水平点（若墙体较长，中间也应适当抄几个点），弹出水准线（水准线距地面一般为 500mm），从水准线量至吊顶设计高度加上 12mm（一层石膏板的厚度），用粉线沿墙（柱）弹出水准线，即为吊顶次龙骨的下皮线。同时，按吊顶平面图，在混凝土顶板弹出主龙骨的位置。主龙骨应从吊顶中心向两边分，最大间距为 1000mm，并标出吊杆的固定点，吊杆的固定间距 900～1000mm，如遇到梁和管道固定点大于设计和规程要求，应增加吊杆的固定点。

（2）吊杆安装。

1）在预制板缝中安装吊杆。在预制板缝中浇灌细石混凝土或砂浆灌缝时，沿板缝通长设置 $\phi8\sim\phi12$ 钢筋，将吊杆一端打弯，勾于板缝中通长钢筋上，另一端从板缝中抽出，抽出长度为板底到龙骨的高度再加上绑扎尺寸。

2）在现浇板上安放吊杆。在现浇混凝土楼板时，按吊顶间距，将钢筋吊杆一端放在现浇层中，在木模板上钻孔，孔径稍大于钢筋吊杆直径，吊杆另一端从此孔中穿出。

3）在已硬化楼板上安装吊杆。用射钉枪将射钉打入板底，可选用尾部带孔与不带孔的两种射钉规格。在带孔射钉上穿铜丝（或镀锌铁丝）绑扎龙骨；或在射钉上直接焊接吊杆。

4）在梁上设吊杆。在框架的下弦，木梁或木条上设吊杆，若系钢筋吊杆，可直接绑上即可，若系木吊杆，可用铁钉将吊杆钉上，每个木吊杆不少于两个钉子。

（3）边龙骨安装。边龙骨的安装应按设计要求弹线，沿墙（柱）上的水平龙骨线把 L 形镀锌轻钢条用自攻螺钉固定在预埋木砖上，如为混凝土墙（柱）上可用射钉固定，射钉间距应不大于吊顶次龙骨的间距。

（4）主龙骨安装。

1）主龙骨应吊挂在吊杆上，主龙骨间距 900～1000mm。主龙骨分为不上人 UC38 小龙骨和上人 UC60 大龙骨两种。

2）跨度大于 15m 以上的吊顶，应在主龙骨上，每隔 15m 加一道大龙骨，并垂直主龙骨焊接牢固。

3）如有大的造型顶棚，造型部分应用角钢或扁钢焊接成框架，并应与楼板连接牢固。

4）吊顶如设检修走道，应另设附加吊挂系统，用 10mm 的吊杆与长度为 1200mm 的 L15×5 角钢横担用螺栓连接，横担间距为 1800～2000mm，在横担上铺设走道，可以用 6 号槽钢两根间距 600mm，之间用 Φ10 钢筋焊接，钢筋的间距为 100mm，将槽钢与横担角钢焊接牢固，在走道的一侧设有栏杆，高度为 900mm，可以 L50×4 的角钢作立柱，焊接在走道槽钢上，之间用 L30×4 的扁钢连接。

（5）次龙骨安装。次龙骨应紧贴主龙骨安装。次龙骨间距 300～600mm。用 T 形镀锌铁片连接件把次龙骨固定在主龙骨上时，次龙骨的两端应搭在 L 形边龙骨的水平翼缘上。

（6）罩面板安装。

1）石膏板类罩面板安装。石膏板安装时，应从吊顶顶棚的一边角开始，逐块排列推进。纸面石膏板的纸包边长应沿着次龙骨平行铺设。为了使顶棚受力均匀，在同一条次龙骨上的拼缝不能贯通，即铺设板时应错缝。其主要原因是板拼缝处，受力面断开。如果拼缝贯通，则在此次龙骨处形成一条线荷载，易造成质量通病，即开裂或一板一楞的现象。

2）纤维水泥加压板安装。龙骨间距、螺钉与板边的距离，及螺钉间距等应满足设计要求和有关产品的要求。纤维水泥加压板与龙骨固定时，所用手电钻钻头的直径应比选用螺钉直径小 0.5～1.0mm；固定后，钉帽应做防锈处理，并用油性腻子嵌平。

3）胶合板、纤维板、钙塑板安装。胶合板应光面向外，相邻板色彩与木纹要协调，胶合板可用钉子固定，钉距为 80～150mm，钉长为 25～35mm，钉帽应打扁，并进入板面 0.5～1.0mm，钉眼用油性腻子抹平。胶合板面如涂刷清漆时，相邻板面的木纹和颜色应近似。

4）金属板安装。金属铝板的安装应从边上开始，有搭口缝的铝板，应顺搭口缝方向逐块进行，铝板应用力插入齿口内，使其啮合。

第 4 讲　轻质隔墙工程

一、板材隔墙

（1）结构墙面、地面、顶面清理找平。清理隔墙板与顶面、地面、墙面的结合部，将浮灰、沙、土、酥皮等物清除干净，凡凸出墙面的砂浆、混凝土块等必须剔除并扫净，结合部尺量找平。

（2）放线。在地面、墙面及顶面根据设计位置，弹好隔墙水平双面边线及门窗洞口线，弹出立面垂直线，弹出顶面连接线，并按板宽分档。

（3）配板、修补。板的长度应按楼层结构净高尺寸减 20mm。计算并量测门窗洞口上部及窗口下部的隔板尺寸，按此尺寸配有预埋件的门窗框板（口板）。

（4）电焊将 U 形卡子固定在结构梁和板上，且每块板不少于两焊点。

（5）配制胶粘剂。胶粘剂要随配随用。配制的胶粘剂应在 30min 内用完。

（6）安装隔墙板应符合规范和设计要求。

（7）安门窗框。一般采用先留门窗洞口，后安门窗框的方法。钢门窗框必须与门窗框板中的预埋件焊接。木门窗框用 L 形连接件连接，一边用木螺钉与木砖一端与门窗框板中预埋件焊接。

（8）板缝处理。隔墙板安装 3d 后，检查所有缝隙是否黏结良好，有无裂缝。如出现裂缝，应查明原因后进行修补。

（9）板面装修。一般居室墙面，直接用腻子刮平，打磨后再刮第二道腻子，再打磨，最后做饰面层。

二、骨架隔墙

（1）隔墙放线。根据设计施工图，在地面上放出隔墙位置线、门窗洞口边框线，并放好顶龙骨位置边线。

（2）地枕基座施工。将地面凿毛、清扫并洒水湿润后做现浇混凝土墙基。厚度一般为 100mm。

（3）安装沿顶龙骨和沿地龙骨。按已放好的隔墙位置线，安装顶龙骨和地龙骨，用射钉固定于主体上，射钉间距为 600mm。

（4）安装门洞口框龙骨。放线后按设计要求，先将隔墙的门洞口框龙骨安装完毕。

（5）竖龙骨分档。根据隔墙、门洞口位置，在安装顶、地龙骨后，按罩面板规格板宽确定分档尺寸，如板宽为 1200mm 时，分档尺寸为 402mm。

（6）安装竖龙骨。按分档位置安装竖龙骨，调整垂直及定位准确后，用抽芯铆钉固定。

（7）安装横向贯通龙骨、横档及卡档龙骨。根据设计要求，隔墙高度大于 3m 时应加横向卡档龙骨，采用抽芯铆钉或螺栓固定。

（8）门窗等特殊节点处骨架安装。对于隔墙的转角等特殊单位应按照图样使用附加龙骨、斜撑或双根竖向龙骨等进行安装。

（9）安装一侧面板（以石膏安装板为例）。

1）检查龙骨安装质量，门洞口框是否符合设计及构造要求，龙骨间距是否符合石膏板宽度的模数。

2）装一侧的纸面石膏板，从门洞口处开始，无门洞口的墙体由墙的一端开始，石膏板一般用自攻螺钉固定，板边钉距不大于 200mm，板中间距不大于 300mm，螺钉距石膏板边缘的距离不得小于 10mm，也不得大于 16mm。自攻螺钉紧固时，纸面石膏板必须与龙骨紧靠。

（10）安装墙体内电管、电盒和电箱设备，并进行隐蔽工程检查验收。

（11）安装墙体内防火、隔声、防潮填充材料。

（12）安装另一侧纸面石膏板。安装方法同第一侧纸面石膏板，其接缝应与第一侧面板缝错开。

（13）安装双层纸面石膏板。第二层板的固定方法与第一层相同，但第二层板的接缝应与第一层错开，不能与第一层的接缝落在同一龙骨上。

（14）接缝处理。

1）刮嵌缝腻子。刮嵌缝腻子前先将接缝内浮土清除干净，用小刮刀把腻子嵌入板缝，与板面填实刮平。

2）粘贴拉结带。待嵌缝腻子凝固后再粘贴拉接材料。

3）刮中层腻子。拉接带粘贴后，立即在上面再刮一层比拉接带宽 80mm 左右、厚度约 1mm 的中层腻子，使拉接带埋入这层腻子中。

4）找平腻子。用大刮刀将腻子填满楔形槽与板面齐平。

（15）墙面装饰。进行墙面装饰前，板面钉帽应进行防锈处理。

第5讲　饰面板（砖）工程

一、石材饰面板安装

（1）石材湿作业施工。

1）试排试拼块材。将石材摆放在光线好的平整地面上，调整石材的颜色、纹理，并注意同一立面不得有一排以上的非整块石材，且应将非整块石材放在较隐蔽的部位。然后在石材背面按两个排列方向统一编号，并按编号码放整齐。

2）石材钻孔、剔槽卧铜丝。孔位应在距板两端的 1/4 处，一般孔径 5mm，深度 30～50mm，孔中心距石板背面 8mm 为宜。将铜丝卧入槽内，与钢筋网固定。

3）穿铜丝。将直径不小于 1mm 的铜丝剪成长 200mm 左右的段，铜丝一端从板后的槽孔穿进孔内，铜丝打回头后用胶粘剂固定牢固，另一端从板后的槽孔穿出，弯曲卧入槽内。

4）绑焊钢筋网。横、竖筋的规格、布置间距应符合设计要求，并与石材板块规格相适宜，一般宜采用不小于 Φ6 的钢筋，间距不大于 600mm。最下一道横筋宜设在地面以上 100mm 处，用于绑扎第一层板材的下端固定铜丝，第二道横筋绑在比石板上口低 20～30mm 处，以便绑扎第一层板材上口的固定铜丝。再向上即可按石材板块规格均匀布置。

5）安装石材板块。石材与基层墙柱面间的灌浆缝一般为 30～50mm。石材表面平整、立面垂直，接缝均匀顺直。

6）分层灌浆。用 1∶2.5 水泥砂浆灌浆缝，边灌边用钢筋棍插捣密实。水泥砂浆的稠度一般采用 90～150mm 为宜。第一次浇灌高度一般为 150mm，但不得超过石板高度的 1/3。第二次灌浆高度一般 200～300mm 为宜。

（2）干挂石材施工。

1）石材板选好后进行钻孔、开槽。孔、槽的形状尺寸应按设计要求确定，一般孔深为 22～23mm，孔径为 7～8mm。一般槽宽为 5～8mm，槽深为 25～35mm。

2）片挂式干挂石材安装。

①主龙骨安装。主龙骨一般采用竖向安装。主龙骨安装时应先临时固定，然后拉通线进行调整，待调平、调正、调垂直后再进行固定或焊接。

②次龙骨安装。次龙骨沿高度方向固定在每一道石材的水平接缝处，次龙骨与主龙骨的连接一般采用焊接，也可用螺栓连接。焊缝防腐处理同主龙骨。

③石材安装。石材与次龙骨的连接采用 T 形不锈钢专用连接件，连接件一般宽 60mm、厚 3～5mm。不锈钢专用连接件与石材侧边安装槽缝之间，灌注石材胶。连接件的间距宜不大于 600mm。安装时应边安装、边进行调整，保证接缝均匀顺直，表面平整。

3）背栓式干挂石材安装。

①角码安装。角码与埋件采用焊接固定时，焊缝要进行防腐处理。

②主龙骨安装。根据已放好的主龙骨位置控制线，将主龙骨按设计要求的方式与角码连接固定。

③次龙骨安装。将次龙骨用螺栓固定到角码上，并调整到水平方向贯通一致，定位面在同一平面上。

④先将专用膨胀螺栓固定在石材上，然后将装好挂件的石材挂到次龙骨挂件的支撑座或专用铝合金龙骨上。

⑤调整表面平整度。通过调整次龙骨上挂件支撑座的进出，使各块石材表面平整一致。

⑥调整石材的高低和垂直。使石材的上、下两边水平，左、右两边垂直，且与其他石材板块高低一致。

⑦定位、安装。各螺栓紧固好后，将石材重新挂好，检验表面平整度，横竖缝隙的均匀顺直，合格后，将石材定位。石材安装顺序一般从下至上，逐层进行。

4）钢销式干挂石材安装。

①安装膨胀螺栓。按照深化设计的位置钻孔安装不锈钢膨胀螺栓。

②骨架安装。根据深化设计要求进行骨架安装，按照石材高度，在竖向骨架相应位置弹出水平骨架安装位置线，按线安装水平骨架。

③安装不锈钢挂件。挂件中心的标高应与石材水平缝在同一标高上，并调整好位置。

④石材安装。第一层石材安装时，先将底部的不锈钢销用胶与石材粘牢，再将石材底边的钢销插进底部挂件的销孔内，调整好位置和表面平整度后，取下石材，将底部挂件固定螺栓拧紧。然后把石材重新放回挂件上，安装固定石材上部的不锈钢挂件，装好后将不锈钢销插入石材上部的不锈钢挂件的销孔内，不锈钢销插入 1/2，挂件上部露出 1/2，并在销子与石材孔壁的缝隙内灌胶。调整好石材的垂直度，将上部挂件的各螺栓拧紧固定牢固。第二层以上石材安装前在下层石材上部挂件露出的不锈钢销上涂胶，将石材底部的销孔对准钢销垂直插入。调整垂直度和平整度，安装上部不锈钢挂件。其他同第一层石材安装。

5）外墙干挂石材的封底与压顶。

①封底。外墙未做散水先挂石材时，最底层石材安装完后，应先进行检查调整，

确保连接件固定牢固，板面平整垂直，缝隙均匀顺直，然后进行封底。封底时应先将板缝用背衬条封闭，封闭高度应大于灌浆高度 50mm 左右，然后用 1：2.5 的白水泥砂浆灌于底层石材面板与结构外墙面的空腔内，灌浆高度应按设计要求确定，设计无要求时，为排除空腔内的积水，一般灌浆的上表面应比散水顶面标高高出 20mm 左右，并应有向外的坡度，同时还应设置排水管（孔）。散水施工时，混凝土与石材面板之间应按设计要求留出缝隙，最后用耐候密封胶封闭。当外墙散水先施工时，散水应做到结构墙面，底层石材安装时下沿与散水顶面之间留出缝隙，以排除空腔内的积水，在此情况下底层石材一般不需做封底灌浆，底缝一般也不需打胶。

②压顶。外墙顶部石材安装与其他层石材安装相同，但安装完后应进行压顶施工，压顶分为灌浆压顶、石材压顶和金属板压顶。外墙石材为敞缝安装时，无论采用哪种压顶方式，压顶檐口均应有批水条。

二、金属饰面板安装

（1）放线。根据设计图和建筑物轴线、水平标高控制线，吊直、套方、找规矩，弹垂直线、水平线、标高控制线，然后根据深化设计的排板、骨架大样图测设墙、柱面上的饰面板安装位置线、顶棚标高线、门洞口尺寸线、配电箱柜、龙骨安装位置线、固定连接件的膨胀螺栓安装位置等，同时调整各种误差，以保证与其他分项工程交圈。

（2）饰面板加工。

1）铝塑复合板加工。铝塑复合板的外观和几何尺寸检验应满足要求。

2）单层铝板加工。单层铝板应选用优质合金防锈铝板为板基，并在工厂经过钣金加工成形，表面化学处理、氟碳聚合树脂喷涂、烘烤固化等工艺制作而成。确认各尺寸无误后方可进行批量加工。

（3）埋件安装。

1）混凝土墙、柱上埋件安装。按已测量弹好的墙、柱面板安装面层线和排板图尺寸，在混凝土墙上的相应位置处，用冲击钻钻孔，安放膨胀螺栓，固定角钢连接件，节点做法如图 4—1 所示。

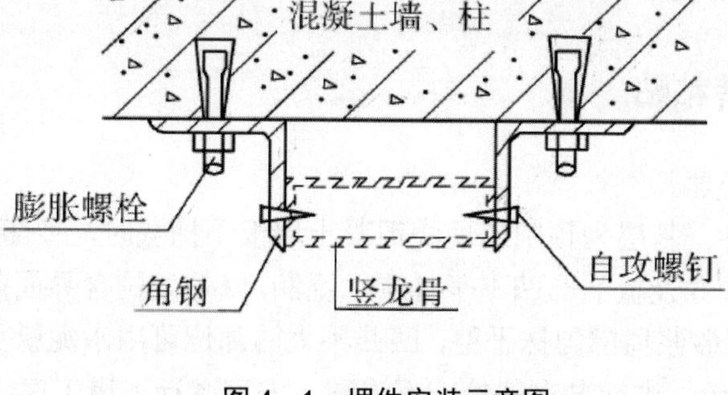

图 4—1　埋件安装示意图

2）一般结构墙上埋件安装。基体为陶粒砖墙或其他二次结构墙时，如墙面有预埋钢筋，则用φ10钢筋通长横向布置，与预埋钢筋焊接成一体，作为竖向龙骨的连接件。如墙面无预埋钢筋，将陶粒砖每隔600～1000mm剔开一个250mm×100mm的洞，用C20混凝土将200mm×50mm×5mm（或依据设计确定）的预埋钢板浇筑埋入，作为竖向龙骨的连接件。混凝土达到一定强度后，在预埋钢板上焊角钢连接件。

（4）骨架安装。

墙、柱面骨架安装。将竖向龙骨置于埋好的墙面连接件中，根据饰面板块厚度和弹好的成活面层控制线调整位置，并用2m托线板靠吊垂直后，用螺栓固定。在竖向龙骨安装检验完毕后，按板块高度尺寸安装水平龙骨，并与竖向龙骨焊成同一平面。

（5）骨架防腐。金属骨架均应有防腐涂层，所有焊接和防腐涂层被破坏部位应涂刷两道防锈漆，并办理隐蔽工程验收，经监理单位检验验收签认后，方可进行下道工序。

（6）保温、吸音层安装。室外金属板应安装保温层，室内根据设计要求对相应部位进行吸音层安装。先将背板固定在龙骨上，在背板上梅花形布置粘钉并粘贴牢固。将保温吸音层按照背板的大小平行安装到背板上，并与粘钉钉牢固。

（7）金属饰面板安装。安装时应先下后上，从一端向另一端，逐块进行。具体施工做法如下。

1）按排板图划出龙骨上插挂件的安装位置，用自攻螺钉将插挂件固定于龙骨上，并确保龙骨与板上插挂件的位置吻合，固定牢固。

2）龙骨插挂件安装完毕后，全面检验固定的牢固性及龙骨整体垂直度、平整度。并检验、修补防腐，对金属件及破损的防腐涂层补刷防锈漆。

3）金属饰面板安装过程中，板块缝之间塞填同等厚度的铝垫片以保证缝隙宽度均匀一致。

4）对于小面积的金属饰面板墙面可采用胶粘法施工，胶粘法施工时可采用木质骨架。

（8）板缝打胶。金属饰面板全部装完后，在板缝内填塞泡沫棒，胶缝两边粘好胶纸，然后用硅酮耐候密封胶封闭。

（9）板面清洁。在拆架子之前将保护膜撕掉，用脱胶剂清除胶痕并用中性清洗剂清洁板面。

三、饰面砖粘贴

（1）基层处理。

1）墙面修补。基层为预制或现浇混凝土墙板不抹灰时，要事先清理表面流浆、尘土，将其缺棱掉角及板面凸凹不平处刷水湿润，修补处刷含界面剂的水泥浆一道，随后抹1：3水泥砂浆局部勾抹平整，凹凸不大的部位可用水泥腻子找平并对其防水缝、槽进行处理后，进行淋水试验，不渗漏，方可进行下道工序。

2）基层处理。抹灰打底前应对基层进行处理。对于混凝土基层，目前多采用水泥细砂浆掺界面剂进行“毛化处理”。

（2）吊垂直、套方、找规矩。按墙上已弹的基准线，分别在门口角、垛、墙面等处吊垂直、套方、贴灰饼。

（3）抹底层砂浆。

1）洒水湿润。将墙面浮土清扫干净，分遍浇水湿润，特别是加气混凝土吸水速度先快后慢，吸水量大而延续时间长，故应增加浇水的次数，使抹灰层有良好的凝结硬化条件，不致在砂浆的硬化过程中水分被加气混凝土吸走。

2）抹底层砂浆。基层为混凝土、砖墙面，浇水充分湿润墙面后的第二天抹 1：3 水泥砂浆，每遍厚度 5～7mm，应分层分遍与灰齐平，并用大杠刮平找直，木抹子搓毛。基层为加气混凝土墙体，在刷好聚合物水泥浆以后应及时抹灰，不得在水泥浆风干后再将灰饼碰坏。

3）加强措施。如抹灰层局部厚度大于或等于 35mm 时，应按照设计要求采用加强网进行加强处理，以保证抹灰层与基体粘结牢固。不同材料墙体相交接部位的抹灰，应采用加强网进行防开裂处理，加强网与两侧墙体的搭接宽度不应小于 100mm。

4）当作业环境过于干燥而且工程质量要求较高时，加气混凝土墙面抹灰后可采用防裂剂。

（4）分格、弹线。待底层灰六七成干时，按图样要求、釉面砖规格及结合实际条件进行排砖、弹线。

（5）排砖。根据设计图样或排砖设计对墙面进行横竖向排砖，门边、窗边、镜边、阳角边宜排整砖，同时横排竖列均不得有小于 1/2 砖的非整砖。非整砖行应排在次要部位，如门窗上或阴角不明显处等。但要注意整个墙面的一致和对称。

（6）浸砖。面砖镶贴前，应挑选颜色、尺寸一致的砖，变形、缺楞掉角的砖挑出不用，浸泡砖时，将面砖清扫干净，放入净水中浸泡 2h 以上，取出待表面晾干或擦干净后方可使用。

（7）粘贴饰面砖。粘贴应自下而上进行，先在墙左右粘贴两行控制砖，之后拉控制线粘贴大面，在砖背面抹 8mm 厚的 1：0.1：2.5 水泥石灰膏砂浆结合层。要刮平，随抹随贴，要求砂浆饱满。亏灰时，取下重贴，并随时用靠尺检查平整度，同时保证缝隙宽度一致。

（8）饰面砖的勾缝与擦缝。贴完饰面砖经自检无空鼓、垂直平整符合要求后，用棉纱擦干净，等粘结牢固后用勾缝胶或白水泥擦缝。

（9）清洁。用布将缝的素浆擦匀，砖面擦净。另外一种做法是，用 1：1 水泥砂浆加水重 20%的界面剂胶或专用瓷砖胶在饰面砖背面抹 3～4mm 厚粘贴即可。但这种做法要求基层平整，而且砂子必须筛后使用。

（10）另外也可用胶粉来粘贴面砖，其厚度为 2～3mm。此种做法要求基层平整度允许偏差控制在 1～2mm。

第6讲 幕墙安装工程

一、玻璃幕墙制作安装

（1）玻璃安装。

1）玻璃的边缘要进行处理，玻璃裁划后，要用专用磨边机磨边，消除玻璃周边隐藏的细微裂子。不然这些裂子在各种作用和热应力影响下，会扩展成裂缝。

2）玻璃与槽口的配合尺寸要满足要求，具体见表4—1、表4—2、如图4—2、图4—3所示。

表4—1 单层玻璃与槽口的配合尺寸（单位：mm）

玻璃厚度	a	b	c
5～6	≥3.5	≥15	≥5
8～10	≥4.5	≥16	≥5
12以上	≥5.5	≥18	≥5

表4—2 中空玻璃与槽口的配合尺寸（单位：mm）

中空玻璃	a	b	c		
			下边	上边	侧边
$4+d_a+4$	≥5	≥16	≥7	≥5	≥5
$5+d_a+5$	≥5	≥16	≥7	≥5	≥5
$6+d_a+6$	≥5	≥17	≥7	≥5	≥5
$8+d_a+8$以上	≥6	≥18	≥7	≥5	≥5

注：d_a为空气层厚度，可取12mm。

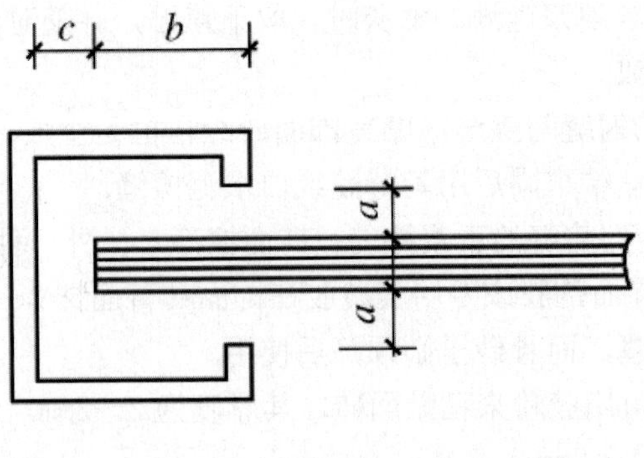

图4—2 玻璃与槽口的配合

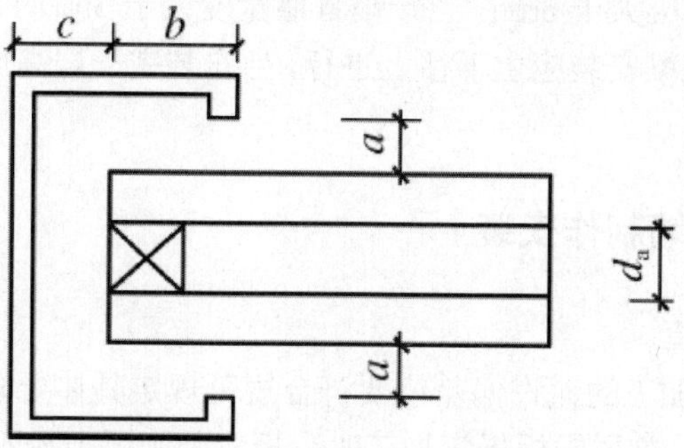

图 4—3　中空玻璃与槽口的配合

3）隐框和半隐框玻璃幕墙，每块玻璃下端应设置两个铝合金或不锈钢托条，其长度不应小于 100mm，厚度不应小于 2mm，托条外端应低于玻璃外表面 2mm。

4）明框玻璃幕墙的玻璃安装要符合：

①玻璃槽口与玻璃的配合尺寸要符合设计要求和技术标准的有关规定。

②玻璃与构件不得直接接触，玻璃四周与构件凹槽底部应保持一定的空隙，每块玻璃下部应至少放置两块宽度与槽口宽度相同、长度不小于 100mm 的弹性定位垫块；玻璃两边嵌入量及空隙应符合设计要求。

③玻璃四周橡胶条的材质、型号应符合设计要求，镶嵌应平整，橡胶条长度应比边框内槽长 1.5%～2.0%，橡胶条在转角处应斜面断开，并应用粘结剂粘结牢固后嵌入槽内。

（2）安装施工检查要求。

1）检查玻璃幕墙的构件及零附件的材料品种、规格、色泽和性能是否符合设计要求。

2）到场构件要检查外观质量，在安装前对构件均要进行校正，构件应平直、规方，不得有变形和刮痕。

3）检查玻璃幕墙的施工测量是否符合要求，幕墙分隔轴线的测量应与主体结构的测量配合，其误差要及时调整不得积累。

对高层建筑的测量要在风力不大于 4 级的情况下进行，每天定时对幕墙的垂直度、立柱位置进行校核。

4）检查幕墙的立柱、横梁安装质量。

①立柱安装标高偏差不应大于 3mm，轴线前后偏差不应大于 2mm，左右偏差不应大于 3mm。

②相邻两根立柱安装偏差不应大于 3mm，同层立柱的最大标高偏差不应大于 5mm；相邻两根立柱的距离偏差不应大于 2mm。

③横梁两端的连接件及弹性橡胶垫应安装在立柱的预定位置，要安装牢固，接缝严密。

④相邻两根横梁的水平标高偏差不应大于 1mm，同层标高偏差：当一幅幕墙宽

度小于 35m 时，不应大于 5mm；当一幅幕墙宽度大于 35m 时，不应大于 7mm。

⑤同一层的横梁安装应由下往上进行，当安装完一层高度时，要及时进行检查、调整、校正、固定。

二、金属幕墙制作安装

（1）板材检查。

1）金属板材加工的允许偏差值要符合规范规定具体要求。

2）单层铝板。单层铝板折弯加工时，折弯外圆弧半径不应小于板厚 1.5 倍；单层铝板加劲肋的固定要采用电栓钉，要确保铝板外表面不变形、褪色。固定牢固；检查单层铝板四周边是否采用铆接，螺栓或胶粘与机械连接是否牢固。

3）铝塑复合板。铝塑复合板在加工时，要严禁与水接触。在切割铝塑复合板内层铝板和聚乙烯塑料时，要保留不小于 0.3mm 厚的聚乙烯料，不得划伤外层铝板的内表面。还应检查打孔、切口等外露的聚乙烯料及角缝是否采用中性硅酮耐候胶。

4）蜂窝铝板。

①蜂窝铝板的加工应根据组装要求，留制切口的尺寸和形状，再切除铝芯时不得划伤蜂窝铝板外层铝板的内表面，各部位外层铝板上，要保留 0.3～0.5mm 的铝芯。

②直角构件的加工，折角应弯成圆弧状，角缝采用中性硅酮耐候胶密封。

③大圆弧的加工，圆弧部位要填充防火材料。在进行边缘加工时，要将外层铝板折合 180 度，并将铝芯包封。

5）金属幕墙的吊挂件、安装件。

①单元金属幕墙使用的吊挂件、支撑件，宜采用铝合金件或不锈钢件，要可以进行调整的。

②单元幕墙的吊挂件与预埋件的连接应采用穿透螺栓。

③铝合金立柱的连接部位的局部壁厚不得小于 5mm。

（2）施工安装检查。

1）金属幕墙的金属框架立柱与主体结构预埋件的连接，立柱与横梁的连接、金属面板的安装必须符合设计要求，要安装牢固。

2）金属幕墙立柱安装标高偏差不应大于 3mm，轴线前后偏差不应大于 2mm 左右偏差不应大于 3mm。

3）相邻两根立柱安装标高偏差不应大于 3mm，同层立柱的最大标高偏差不应大于 5mm，相邻两根立柱的距离偏差不应大于 2mm。

4）金属幕墙与横梁安装时应将横梁两端的连接件及垫片安装在立柱的预定位置，要安装牢固、接缝严密。

5）相邻两根横梁的水平标高偏差不应大于 1mm，同层标高偏差：当一幅幕墙宽度小于或等于 35m 时，不应大于 5mm；当一幅幕墙宽度大于 35m 时，不应大于 7mm。

6）金属板安装时，左右、上下的偏差不应大于 1.5mm，若是空缝安装，必须有防水措施，按设计要求留出排水口。

7）金属幕墙的防火、保温、防潮材料的设置要符合设计要求，并密实、均匀、厚度一致。

8）金属框架及连接件的防腐处理要符合设计要求。

9）金属幕墙的防雷装置必须与主体结构的防雷装置可靠连接。

10）金属幕墙的密封胶缝要横平竖直、深浅一致、宽窄均匀、光滑顺直。

11）金属幕墙上的滴水线、流水坡向要正确，幕墙无渗漏现象。

三、石材幕墙制作安装

（1）石板加工检查。

1）检查石板连接部位有无崩坏、暗裂等缺陷；其他部位崩边不大于5mm×20mm。若缺角不大于20mm时，可以修补后使用，单每层修补的石板块数不应大于2%，用于立面不明显部位。

2）石板的长度、宽度、厚度、直角、异型角、板圆弧形状、异型材及花纹、色泽、图案造型、石板的外形尺寸要符合设计要求。石板四周不得有明显的色差。

3）火烧石要按样板火烧后的均匀程度，火烧时不得有暗裂、崩裂情况。

4）钢销式安装的石板要控制钢销的孔位。孔位距离边端不得小于石板厚度的3倍，且不得大于180mm；钢销间距不宜大于600mm；边长不大于1.0m时每边应设两个钢销，边长大于1.0m时应采用复合连接。

5）石板钢销孔的深度一般为22～33mm，孔的直径为7mm或8mm，钢销直径为5mm或6mm，钢销长度为20～30mm。

6）石板的钢销孔处不得有损坏或崩裂现象，孔径应光滑、洁净。

7）通槽式石板的通槽宽度宜为6mm或7mm，不锈钢支撑板厚度不宜小于3mm，铝合金支撑板厚度不宜小于4mm；石板开槽后不得有损坏或崩裂现象，槽口应打磨成45度倒角，槽内要光滑、洁净。

8）短槽式石板的加工。每块石板上下边应各开两个短平槽，短平槽长度不应小于100mm，在有效长度内槽深度不宜小于15mm；开槽宽度宜为6mm或7mm；不锈钢支撑板厚度不宜小于3mm，铝合金支撑板厚度不宜小于4mm。弧形槽的有效长度不应小于80mm。

9)两短槽边距离石板两端部的距离不应小于石板厚度的3倍且不应小于85mm，也不应大于180mm。

10）石板的转角宜采用不锈钢支撑件或铝合金型材专用件组装，当采用不锈钢支撑件组装时，不锈钢支撑件的厚度不应小于3mm；当采用铝合金型材专用件组装时，铝合金型材壁厚不应小于4.5mm，连接部位的壁厚不应小于5mm。

11）有防火要求的幕墙要检查石板、防火板、防火材料的安装是否正确。按设计要求一般组装在铝合金框架上。

（2）施工安装检查。

1）石材幕墙的金属框架立柱与主体结构预埋件的连接，立柱与横梁的连接、石材面板的安装必须符合设计要求，要安装牢固。

2）石材幕墙立柱安装标高偏差不应大于 3mm，轴线前后偏差不应大于 2mm 左右偏差不应大于 3mm。

3）相邻两根立柱安装标高偏差不应大于 3mm，同层立柱的最大标高偏差不应大于 5mm，相邻两根立柱的距离偏差不应大于 2mm。

4）石材幕墙与横梁安装时应将横梁两端的连接件及垫片安装在立柱的预定位置，要安装牢固、接缝严密。

5）相邻两根横梁的水平标高偏差不应大于 1mm，同层标高偏差：当一幅幕墙宽度小于或等于 35m 时，不应大于 5mm；当一幅幕墙宽度大于 35m 时，不应大于 7mm。

6）石材板安装时，左右、上下的偏差不应大于 1.5mm，若是空缝安装，必须有防水措施，按设计要求留出排水口。

7）石材幕墙的防火、保温、防潮材料的设置要符合设计要求，并密实、均匀、厚度一致。

8）石材框架及连接件的防腐处理要符合设计要求。

9）石材幕墙的防雷装置必须与主体结构的防雷装置可靠连接。

10）石材幕墙的密封胶缝要横平竖直、深浅一致、宽窄均匀、光滑顺直。

11）石材幕墙上的滴水线、流水坡向要正确，幕墙无渗漏现象。

12）石材接缝应横平竖直、宽窄均匀；阴阳角石板压向应正确，板边合缝应顺直；凹凸线出墙厚度一致，上下口平直，石材面板上洞口、槽边应套割吻合，边缘整齐。

第5部分

施工质量验收资料管理

第1单元　隐蔽工程验收记录

隐蔽工程是指上道工序被下道工序所掩盖，其自身的质量无法再进行检查的工程。

隐检即对隐蔽工程进行检查，并通过表格的形式将工程隐检项目的隐检内容、质量情况、检查意见、复查意见等记录下来，作为以后建筑工程的维护、改造、扩建等重要的技术资料。隐检合格后，方可进行下道工序施工。

第1讲　隐检程序

隐蔽工程检查是保证工程质量与安全的重要过程控制检查，应分专业（土建专业、给水排水专业、电气专业、通风空调专业等）；分系统（机电工程）；分区段（划分的施工段）；分部位（主体结构、装饰装修等）；分工序（钢筋工程、防水工程等），分层进行。

隐蔽工程施工完毕后，由专业工长填写隐检记录，项目技术负责人组织监理单位旁站，施工单位专业工长、质量检查员共同参加。验收后由监理单位签署审核意见，并下审核结论。若检查存在问题，则在审核结论中给予明示。对存在的问题，必须按处理意见进行处理，处理后对该项进行复查，并将复查结论填入栏内。

凡未经过隐蔽工程验收或验收不合格的工程，不允许进行下一道工序的施工。

第2讲　主要隐检项目及内容

一、地基基础工程与主体结构工程

1.土方工程。

（1）检查内容：依据施工图纸、地质勘探报告、有关施工验收规范要求，检查

基底清理情况，基底标高，基底轮廓尺寸等情况。

（2）填写要点：土方工程隐检记录中要注明施工图纸编号，地质勘测报告编号，将检查内容描述清楚。

2.支护工程。

（1）检查内容：依据施工图纸、有关施工验收规范要求和基坑支护方案、技术交底，检查锚杆、土钉的品种规格、数量、插入长度、钻孔直径、深度和角度；检查地下连续墙成槽宽度、深度、倾斜度、钢筋笼规格、位置、槽底清理、沉渣厚度情况。

（2）填写要点：支护工程隐检记录中要注明施工图纸编号，地质勘测报告编号，锚杆、土钉的品种规格、数量、插入长度、钻孔直径等主要数据描述清楚。

3.桩基工程。

（1）检查内容：依据施工图纸、有关施工验收规范要求和桩基施工方案、技术交底，检查钢筋笼规格、尺寸、沉渣厚度、清孔等情况。

（2）填写要点：桩基工程隐检记录中要注明施工图纸编号，地质勘测报告编号，将检查的钢筋笼规格、尺寸、沉渣厚度、清孔等情况描述清楚。

4.地下防水工程。

（1）检查内容：依据施工图纸、有关施工验收规范要求和防水施工方案、技术交底，检查混凝土的变形缝、施工缝、后浇带、穿墙套管、预埋件等设置的形式和构造等情况；检查防水层的基层处理，防水材料的规格、厚度、铺设方式、阴阳角处理、搭接密封处理等情况。

（2）填写要点：地下防水工程隐检记录中要注明施工图纸编号，刚性防水混凝土的强度等级、抗渗等级，柔性防水材料的型号、规格、防水材料的复试报告编号、施工铺设方法、搭接长度、宽度尺寸等情况，还应将阴阳角处理、附加层情况等描述清楚，必要时可附简图加以说明。

5.结构钢筋绑扎。

（1）检查内容：依据施工图纸、有关施工验收规范要求和钢筋施工方案、技术交底，检查钢筋的品种、规格、数量、位置、锚固和接头位置、搭接长度、保护层厚度、钢筋及垫块绑扎和钢筋除锈等情况。

（2）填写要点：钢筋工程隐检记录中要注明施工图纸编号，主要钢筋原材复试报告编号，钢筋竖向水平各自的型号、排距、保护层尺寸，箍筋的型号、间距尺寸，钢筋绑扎接头长度尺寸，垫块规格尺寸等，若钢筋规格与图纸不相符，还应将钢筋代用变更的洽商编号填写清楚，检查内容应尽量描述清楚。

6.结构钢筋连接。

（1）检查内容：依据施工图纸、有关施工验收规范要求和钢筋施工方案、技术交底，检查钢筋连接形式、连接种类、接头位置、数量和连接质量，若是焊接，还要检查焊条、焊剂的产品质量，检查焊口形式、焊缝长度、厚度、表面清渣等情况。

（2）填写要点：钢筋连接隐检记录中要注明施工图纸编号，钢筋连接试验报告编号，钢筋连接的种类（焊接、机械连接），连接形式（锥螺纹连接、滚压直螺纹连接、钢套筒连接、剥肋直螺纹连接、电渣压力焊、闪光对焊等)，焊（连）接的具体规格尺寸、数量、接头位置应描述清楚，对不同连接形式分别填写隐检记录。

7.预应力工程。

（1）检查内容：依据施工图纸、有关施工验收规范要求和预应力施工方案、技术交底，检查预应力筋的品种、规格、数量、位置，预留孔道的规格、数量、位置、形状及灌浆孔、排气兼泌水管的情况等，预应力筋的下料长度、切断方法、竖向位置偏差、固定、护套的完整性，锚具、夹具和连接器的组装等情况，锚固区局部加强构造情况。

（2）填写要点：预应力工程隐检记录中要注明施工图纸编号，预应力的种类（有粘接或无粘接），预应力的方法（先张法、后张法），锚具的规格、型号，预应力筋的长度尺寸，预埋垫板的尺寸等，将检查内容描述清楚。

8.钢结构（网架）工程。

（1）检查内容：依据施工图纸、有关施工验收规范要求和施工方案、技术交底，检查地脚螺栓规格、位置、埋设方法、紧固情况等；防火涂料涂装基层的涂料遍数及涂层厚度；网架焊接球节点的连接方式、质量情况；网架支座锚栓的位置、支撑垫块的种类及锚栓的紧固情况等。

（2）填写要点：钢结构（网架）工程隐检记录中要注明施工图纸编号，主要材料的型号规格，主要原材料的复试报告编号，将检查内容描述清楚。

9.外墙内（外）保温构造节点做法。

（1）检查内容：依据施工图纸、有关施工验收规范要求和施工方案、技术交底，检查构造节点的连接方法等情况。

（2）填写要点：隐检记录中要注明施工图纸编号，保温材料的种类规格、厚度，可附与外墙板连接的节点简图等。将检查内容描述清楚。

二、建筑装饰装修工程

1.地面工程。

（1）检查内容：依据施工图纸、有关施工验收规范要求和施工方案、技术交底，检查各基层（垫层、找平层、隔离层、填充层）的材料品种、规格、铺设厚度、铺设方式、坡度、标高、表面情况、节点密封处理等情况。

（2）填写要点：地面工程隐检记录中要注明施工图纸编号，地面铺设的类型（石材地面、木材地面、水泥地面、板材地面），材料的品种、规格等，将检查内容描述清楚。

2. 厕浴防水。

（1）检查内容：依据施工图纸、有关施工验收规范要求和施工方案、技术交底，检查基层表面含水率、地漏、套管、卫生器具根部、阴阳角等部位的处理情况，防水层墙面的涂刷情况。

（2）填写要点：厕浴防水隐检记录中要注明施工图纸编号，防水材料的复试报告编号，防水材料的品种、涂刷厚度，玻纤布的搭接宽度，地漏、套管、卫生器具根部附加层的情况，防水层从地面延伸到墙面的高度尺寸等，将检查内容描述清楚。

3.抹灰工程。

（1）检查内容：依据施工图纸、有关施工验收规范要求和施工方案、技术交底，检查具有加强措施的材料规格、固定方法、搭接情况等。

（2）填写要点：抹灰工程隐检记录中要注明施工图纸编号，水泥复试报告编号，应将不同材料基体交接处表面的抹灰采取防止开裂的加强措施描述清楚。

4.门窗工程。

（1）检查内容：依据施工图纸、有关施工验收规范要求和施工方案、技术交底，检查预埋件和锚固件、螺栓等数量、位置、间距、埋设方式、与框的连接方式、防腐处理、缝隙的嵌填、密封材料的粘结等情况。

（2）填写要点：门窗工程隐检记录中要注明施工图纸编号，门窗的类型（木门窗、铝合金门窗、塑料门窗、玻璃门、金属门、防火门），预埋件和锚固件的位置，木门窗预埋木砖的防腐处理、与墙体间缝隙的填嵌材料、保温材料等；金属门窗的预埋件位置、埋设方式、密封处理等情况；塑料门窗内衬型钢的壁厚尺寸，门窗框、副框和扇的安装固定片活膨胀螺栓的数量等情况要描述清楚；特种门窗的防火防腐处理，与框的连接方式等。

5.吊顶工程。

（1）检查内容：依据二次设计施工图纸、有关施工验收规范要求和施工方案、技术交底，检查吊顶龙骨材质、规格、间距、连接固定方式、表面防火防腐处理、吊顶材料外观质量情况、接缝和角缝情况等。

（2）填写要点：吊项工程隐检记录中要注明施工图纸编号，洽商记录编号，吊顶类型（明龙骨吊顶、暗龙骨吊顶），采用骨架类型（轻钢龙骨、铝合金龙骨、木龙骨等），吊顶材料的种类（石膏板、金属板、矿棉板、塑料板、玻璃板），材料的规格，吊杆、龙骨的材质、规格、安装间距及连接方式，金属吊杆、龙骨表面的防腐处理，木龙骨的防腐、防火处理等情况描述清楚，吊顶内的各种管道设备的检查及水管试压等情况也应描述清楚。

6.轻质隔墙工程。

（1）检查内容：依据施工图纸、有关施工验收规范要求和施工方案、技术交底，检查预埋件、连接件、拉结筋的位置、数量、连接方法、与周边墙体及顶棚的连接、龙骨连接、间距、防火防腐处理、填充材料设置等情况。

（2）填写要点：轻质隔墙工程隐检记录中要注明施工图纸编号，轻质隔墙的类型（板材隔墙、骨架隔墙、活动隔墙、玻璃隔墙），板材的种类（复合轻质隔墙板、石膏空心板、预制或现制钢丝网水泥板等），规格、型号，预埋件、连接件的位置及连接方法应描述清楚。

7.饰面板（砖）工程。

（1）检查内容：依据二次设计施工图纸、有关施工验收规范要求和施工方案、技术交底，检查预埋件（后置埋件）、连接件规格、数量、位置、连接方法、防腐处理、防火处理等情况，有防水构造要求的应检查防水层、找平层的构造做法。

（2）填写要点：饰面板（砖）工程隐检记录中要注明施工图纸编号，饰面工程材料的种类（石材、木装饰墙、软包墙、金属板墙），板材的规格、龙骨间距等，将检查内容描述清楚。

8. 细部工程。

（1）检查内容：依据施工图纸、有关施工验收规范要求和施工方案、技术交底，检查预埋件或后置埋件的数量、规格、位置等情况；用方木制成的格栅骨架的防腐处理，螺钉防锈处理等情况。

（2）填写要点：细部工程隐检记录中要注明施工图纸编号，材料的种类，有无特殊要求；护栏扶手、橱柜、窗帘盒、窗台板等安装的预埋件的数量、规格、位置及连接方法，将检查内容描述清楚。

9. 幕墙工程。

（1）检查内容：依据二次设计施工图纸、有关施工验收规范要求和施工方案、技术交底，检查构件与主体结构的连接节点的安装；幕墙四周、幕墙表面与主体结构之间间隙节点的安装；幕墙伸缩缝、沉降缝、防震缝及墙面转角节点的安装；幕墙防雷接地节点的安装等情况。

（2）填写要点：幕墙工程隐检记录中要注明施工图纸编号，幕墙类型（玻璃幕墙、金属幕墙、石材幕墙），主要材料的规格、型号，预埋件具体位置，主体结构与立柱、立柱与横梁连接节点安装及防腐处理；防雷节点的位置，防火、防水、保温情况等，将检查内容描述清楚。

三、建筑屋面工程

1.屋面细部。

（1）检查内容：依据施工图纸、有关施工验收规范要求和施工方案、技术交底，检查屋面基层、找平层、保温层的情况，材料的品种、规格、厚度、铺贴方式、附加层、天沟、泛水和变形缝处细部做法、密封部位的处理等情况。

（2）填写要点：屋面细部隐检记录中要注明施工图纸编号，屋面基层情况，找平层坡度，保温材料的厚度、规格、尺寸，将检查内容描述清楚。

2.屋面防水。

（1）检查内容：依据施工图纸、有关施工验收规范要求和施工方案、技术交底，检查基层含水率，防水层的材料品种、规格、厚度、铺贴方式等情况。

（2）填写要点：屋面防水隐检记录中要注明施工图纸编号，防水材料复试编号，防水材料的品种、规格、型号，防水卷材搭接长度、上下层错开搭接尺寸等，附加层、细部及密封部位处理等描述清楚。

四、建筑给水、排水及采暖工程

1.隐蔽工程检查项目的划分。

隐蔽工程检查项目的划分一般按系统、安装部位和时间、工序进行。

（1）检查的项目按系统分为子分部和分项工程，详细划分情况可参考《建筑给水排水及采暖工程施工质量验收规范》（GB 50242—2015）中附录 A 的要求。

（2）每个子分部、分项工程的检查、记录应按施工部位（分区、层、段或干、支管）和安装时间、工序的先后顺序进行。

（3）一般情况下，不同类型建筑的施工检查项目可按以下情况进行划分：

1）各子分部工程的系统干管应作为一个项目检查一次。

2）多层民用住宅工程可按不同的子分部工程，每一单元的立、支管安装作为一个项目检查一次。

3）高层民用住宅工程可按不同的子分部工程，分系统进行检查，每个系统可将 6～7 个层的立、支管安装作为一个项目检查一次。

4）多层公用建筑工程可按不同的子分部工程，每个系统的管道安装作为一个项目检查一次。

5）高层公用建筑工程可按不同的子分部工程，分系统进行检查，每个系统可将 10～12 个层的立、支管安装作为一个项目检查一次。

2.主要隐检项目及内容。

（1）直埋于地下或结构中，暗敷设于沟槽、管井、不进人吊顶内的给水、排水、雨水、采暖、消防管道和相关设备，以及有防水要求的套管：检查管材、管件、阀门、设备的材质与型号、安装位置、标高、坡度；防水套管的定位及尺寸；管道连接做法及质量；附件使用，支架固定，以及是否已按照设计要求及施工规范规定完成强度严密性、冲洗等试验。

（2）有绝热、防腐要求的给水、排水、采暖、消防、喷淋管道和相关设备：检查绝热方式、绝热材料的材质与规格、绝热管道与支吊架之间的防结露措施、防腐处理材料及做法等。

（3）埋地的采暖、热水管道，在保温层、保护层完成后，所在部位进行回填前，应进行隐检：检查安装位置、标高、坡度；支架做法；保温层、保护层设置；水压试验结果及冲洗情况等。

（4）埋地管道穿卫生间门口或墙体应设置套管，在垫层施工前也应对该套管进行隐检。

五、建筑电气工程

1.主要隐检项目及内容。

（1）埋于结构内的各种电线导管：检查导管的品种、规格、位置、弯扁度、弯曲半径、连接、跨接地线、防腐、管盒固定、管口处理、敷设情况、保护层、需焊接部位的焊接质量等。

（2）利用结构钢筋做的避雷引下线：检查轴线位置、钢筋数量、规格、搭接长度、焊接质量、与接地极、避雷网、均压环等连接点的焊接情况等。

（3）等电位及均压环暗埋：检查使用材料的品种、规格、安装位置、连接方法、连接质量、保护层厚度等。

（4）接地极装置埋设：检查接地极的位置、间距、数量、材质、埋深、接地极的连接方法、连接质量、防腐情况等。

（5）金属门窗、幕墙与避雷引下线的连接：检查连接材料的品种、规格、连接位置和数量、连接方法和质量等。

（6）不进人吊顶内的电线导管：检查导管的品种、规格、位置、弯扁度、弯曲半径、连接、跨接地线、防腐、需焊接部位的焊接质量、管盒固定、管口处理、固定方法、固定间距等。

（7）不进人吊顶内的线槽：检查材料品种、规格、位置、连接、接地、防腐、固定方法、固定间距及与其他管线的位置关系等。

（8）直埋电缆：检查电缆的品种、规格、埋设方法、埋深、弯曲半径、标桩埋设情况等。

（9）不进人的电缆沟敷设电缆：检查电缆的品种、规格、弯曲半径、固定方法、固定间距、标识情况等。

2.隐蔽工程的检查方法。

（1）敷设在素土内的线管和电缆应分块、分区检查。

（2）敷设在混凝土内的线管应随土建进度分墙体、顶板检查。

（3）敷设在混凝土内的防雷接地、引线及均压环应分层或分区随土建进度检查。

（4）二次设备接地、防静电、等电位、地槽、门窗接地应分层或分区检查。

（5）吊顶内的配管、线槽、桥架、母线安装应分层或分区检查。

（6）封闭竖井内的配管、线槽、桥架、母线安装应按井号或电气回路检查。

六、通风与空调工程

（1）敷设于竖井内、不进人吊顶内的风道（包括各类附件、部件、设备等）：检查风道的标高、材质，接头、接口严密性，附件、部件安装位置，支、吊、托架安装、固定，活动部件是否灵活可靠、方向是否正确，风道分支、变径处理是否合理，是否符合要求，是否已按照设计要求及施工规范规定完成风管的漏光、漏风检测，空调水管道的强度严密性、冲洗等试验。

（2）有绝热、防腐要求的风管、空调水管及设备：检查绝热形式与做法、绝热材料的材质和规格、防腐处理材料及做法。绝热管道与支吊架之间应垫绝热衬垫或经防腐处理的木衬垫，其厚度应与绝热层厚度相同，表面平整，衬垫接合面的空隙应填实。

七、电梯工程

检查电梯承重梁、起重吊环埋设；电梯钢丝绳头灌注；电梯井道内导轨、层门的支架、螺栓埋设等。

八、智能建筑工程

（1）埋在结构内的各种电线导管：检查导管的品种、规格、位置、弯扁度、弯曲半径、连接、跨接地线、防腐、需焊接部位的焊接质量、管盒固定、管口处理、敷设情况、保护层等。

（2）不能进人吊顶内的电线导管：检查导管的品种、规格、位置、弯扁度、弯曲半径、连接、跨接地线、防腐、需焊接部位的焊接质量、管盒固定、管口处理、固定方法、固定间距等。

（3）不能进人吊顶内的线槽：检查其品种、规格、位置、连接、接地、防腐、固定方法、固定间距等。

（4）直埋电缆：检查电缆的品种、规格、埋设方法、埋深、弯曲半径、标桩埋设情况等。

（5）不进人的电缆沟敷设电缆：检查电缆的品种、规格、弯曲半径、固定方法、固定间距、标识情况等。

须说明：由于隐蔽工程涉及建设工程的各个专业，须进行隐检的项目也非常多，对未做规定的隐检项目，仍应按照相应规范规定进行隐蔽工程的检查、验收。进行了隐蔽检查的项目，可不填写预检记录表格。

第 3 讲　“隐检”与“检验批验收”的关系

“隐检”与“检验批验收”都是对受检对象的一种“验收”。在国家验收规范中，“验收”与“检查”在概念上明显不同。“验收”不能由施工单位自己单方面进行，必须由施工单位之外的监理或建设单位参加，是一种具有公正性的确认或认可，而“检查”则可以仅由施工单位自己单方面进行。

但是，建筑工程的验收要求比较复杂。“隐检”与“检验批验收”虽然都属于验收的范畴，但两者针对的对象、所起的作用有所不同。

检验批验收是所有验收的最基本层次，即所有其他层次（分项、分部、单位工程等）的验收都是建立在检验批验收基础上的，工程的所有部位、工序都应归入某个检验批验收，不应遗漏。而隐蔽工程验收则仅仅针对将被隐蔽的工程部位作出验收。施工中隐蔽工程虽然很多，但一个建筑工程还有大量非隐蔽部位。因此，两者并不相同，“隐检”与“检验批验收”应分别进行。

在施工中，“隐检”验收与“检验批”验收的关系，可以有“之前”、“之后”和“等同”三种不同情况：

第一种情况，在“检验批验收”之前进行的“隐蔽工程验收”：这种情况主要针对某些工作量相对较小的部位或施工做法、处理措施等。如抹灰的不同基层交接部位加强措施、桩孔的沉渣厚度、基槽槽底的清理、胡子筋处理、被隐蔽的重要节点做法、被隐蔽的螺栓紧固、被隐蔽的预埋件防腐阻燃处理等。

这些工作量相对较小的部位或施工做法、处理措施，不宜作为一个“检验批”来验收，施工中将其列为“隐蔽工程验收”。

第二种情况，在“检验批验收”之后进行的“隐蔽工程验收”：这种情况主要针对某些工作量相对较大的工程部位，如分部、子分部工程等。这些工作量相对较大的工程部位往往作为一个整体，需要同时进行隐蔽，这时可能有若干个检验批已经验收合格。按照国家验收规范规定，这些工程部位在整体隐蔽之前，需作“隐蔽工程验收”。如整个地基基础的隐蔽验收、主体结构验收（进入装饰装修施工将隐蔽主体结构）等，显然是在检验批验收之后进行。

第三种情况，与“检验批验收”内容相同的“隐蔽工程验收”：当“隐蔽工程验收”针对的部位已经被列为“检验批”进行验收时，“隐蔽工程验收”就与“检验批验收”具有同样的验收内容，此时“隐蔽工程验收”可与“检验批验收”合并进行。亦即按照“检验批验收”的要求进行即可，使用“检验批验收单”来代替“隐蔽工程验收单”，不必再重复进行“隐蔽工程验收”。这种情况，见于钢筋安装的验收，屋面保温层验收，各种防水层、找平层验收等。

分清上述三种情况，弄清“隐蔽工程验收”与“检验批验收”的关系，不仅有利于施工资料管理，对于工程验收也会有所裨益。

第 4 讲　工程名称

与施工图纸中图签一致。

第 5 讲　隐检项目

应按实际检查项目填写，具体写明（子）分部工程名称和施工工序主要检查内容。隐检项目栏填写举例：桩基工程钢筋笼安装、支护工程锚杆安装、门窗工程（预埋件、锚固件或螺栓安装）、吊顶工程（龙骨、吊件、填充材料安装）。

第 6 讲　隐检部位

按实际检查部位填写，如“××层”填写地下/地上××层；“××轴”填写横起至横止轴/纵起至纵止轴，轴线数字码、英文码标注应带圆圈；“××标高” 填写墙柱梁板等的起止标高或顶标高。

第 7 讲　检查时间

按实际检查时间填写。

第 8 讲　隐检依据

施工图纸、设计变更、工程洽商及相关的施工质量验收规范、标准、规程；本工程的施工组织设计、施工方案、技术交底等。特殊的隐检项目（如新材料、新工艺、新设备等）要标注具体的执行标准文号或企业标准文号。

第 9 讲　隐检记录编号

按专业工程分类编码填写，按组卷要求进行组卷。

第 10 讲　主要材料名称及规格/型号

按实际发生材料、设备填写，各主要材料的规格/型号要表述清楚。

第 11 讲　隐检内容

应将隐检的项目、具体内容描述清楚。主要原材料的复试报告单编号，主要连接件的复试报告编号，主要施工方法。若文字不能表述清楚，可用示意简图进行说明。

第 12 讲　审核意见

审核意见要明确，隐检的内容是否符合要求要描述清楚。然后给出审核结论，根据检查情况在相应的结论框中画“√”。在隐检中一次验收未通过的要注明质量问题，并提出复查要求。

第 13 讲　复查结论

此栏主要是针对一次验收出现的问题进行复查，因此要对质量问题改正的情况描述清楚。在复查中仍出现不合格项，按不合格品处置。

第 14 讲　其他

（1）本表由施工单位填报，其中审核意见、复查结论由监理单位填写。

（2）隐检表格实行“计算机打印，手写签名”，各方签字后生效。

（3）建设单位、施工单位、城建档案馆各保留一份。

第 2 单元　施工质量验收资料管理

第 1 讲　施工质量验收记录签认权限及时限要求

施工质量验收记录签认权限及时限要求见表 5—1。

表 5—1　施工质量验收记录签认权限及时限要求

序号	工程资料名称	完成或提交时限	主要签认责任	责任单位或部门
1	结构实体混凝土强度验收记录	地基、主体分部工程验收前提交	项目技术负责人	项目质量部
2	结构实体钢筋保护层厚度验收记录	地基、主体分部工程验收前提交	项目技术负责人	项目质量部
3	钢筋保护层厚度试验记录	分部工程验收前完成	试检验单位	有资质试验部门提供，试验员收集
4	检验批质量验收记录表	随施工同步完成，按周、月提交 1 次	质量、专业工长	项目质量部
5	分项工程质量验收记录表	分项工程验收前 3d 提交（混凝土除外）	项目技术负责人	项目质量部
6	分部（子分部）工程验收记录表	分部工程验收前 3d 提交（混凝土除外）	项目经理	项目质量部

第 2 讲　施工质量验收记录相关规定及要求

一、结构实体检验记录

（1）同条件养护试件的留置方式和取样数量，应符合下列要求：

1）同条件养护试件所对应的结构构件或结构部位，应由监理（建设）、施工等各方共同选定。

2）对混凝土结构工程中的各混凝土强度等级，均应留置同条件养护试件。

3）同一强度等级的同条件养护试件，其留置的数量应根据混凝土工程量和重要性确定，不宜少于 10 组，且不应少于 3 组。

4）同条件养护试件拆模后，应放置在靠近相应结构构件或结构部位的适当位置，并应采取相同的养护方法。

（2）同条件养护试件应在达到等效养护龄期时进行强度试验。

等效养护龄期应根据同条件养护试件强度与在标准养护条件下 28d 龄期试件强度相等的原则确定。

（3）同条件自然养护试件的等效养护龄期及相应的试件强度代表值，宜根据当地的气温和养护条件，按下列规定确定。

1）等效养护龄期可取按日平均温度逐日累计达到 600℃ ·d 时所对应的龄期，0℃及以下的龄期不计入；等效养护龄期不应小于 14d，也不宜大于 60d。

2）同条件养护试件的强度代表值应根据强度试验结果按现行国家标准《混凝土强度检验评定标准》（GB/T 50107—2010）的规定确定后，乘折算系数取用；折算系数宜取为 1.10，也可根据当地的试验统计结果作适当调整。

（4）冬期施工、人工加热养护的结构构件，其同条件养护试件的等效养护龄期可按结构构件的实际养护条件，由监理（建设）、施工等各方根据第 2 条的规定共同确定。

（5）结构实体检验报告应由有相应资质等级的试验（检测）单位提供。

二、结构实体钢筋保护层厚度验收记录、钢筋保护层厚度试验报告

（1）钢筋混凝土保护层厚度测定由当地建设行政主管部门委托具有相应资质的试验单位进行测定，并出具检测报告。

（2）钢筋保护层厚度检验的结构部位和构件数量，应符合下列要求。

1）钢筋保护层厚度检验的结构部位，应由监理（建设）、施工等各方根据结构构件的重要性共同选定。

2）对梁类、板类构件，应各抽取构件数量的 2%且不少于 5 个构件进行检验；当有悬挑构件时，抽取的构件中悬挑梁类、板类构件所占比例均不宜小于 50%。

（3）对选定的梁类构件，应对全部纵向受力钢筋的保护层厚度进行检验；对选

定的板类构件，应抽取不少于6根纵向受力钢筋的保护层厚度进行检验。对每根钢筋，应在有代表性的部位测量1点。

（4）钢筋保护层厚度的检验，可采用非破损或局部破损的方法，也可采用非破损方法并用局部破损方法进行校准。当采用非破损方法检验时，所使用的检测仪器应经过计量检验，检测操作应符合相应规程的规定。

钢筋保护层厚度检验的检测误差不应大于1mm。

（5）钢筋保护层厚度检验时，纵向受力钢筋保护层厚度的允许偏差，对梁类构件为+10mm，-7mm；对板类构件为+8mm，-5mm。

（6）对梁类、板类构件纵向受力钢筋的保护层厚度应分别进行验收。

结构实体钢筋保护层厚度验收合格应符合下列规定。

1）当全部钢筋保护层厚度检验的合格点率为90%及以上时，钢筋保护层厚度的检验结果应判为合格。

2）当全部钢筋保护层厚度检验的合格点率小于90%但不小于80%，可再抽取相同数量的构件进行检验；当按两次抽样总和计算的合格点率为90%及以上时，钢筋保护层厚度的检验结果仍应判为合格。

3）每次抽样检验结果中不合格点的最大偏差均不应大于第（5）条规定允许偏差的1.5倍。

三、检验批工程质量验收记录

1.检验批质量验收的程序和组织。

检验批施工完成，施工单位自检合格后，应由项目专业质量检查员填报检验批质量验收记录表。按照国家质量验收规范的规定，检验批质量验收应由监理工程师（建设单位项目专业技术负责人）组织项目专业质量检查员等进行验收并签认。

2.检验批质量验收记录表的填写要求。

（1）检验批质量验收记录表的编号。

检验批质量验收记录表的编号按全部施工质量验收规范系列的分部工程、子分部工程、分项工程的代码和资料顺序号统一为9位数的数码编号，写在表的右上角，前6位数字均印在表上，后留3个“□”，检查验收时填写检验批的顺序号。其编号规则具体说明如下：

1）第1、2位数字是分部工程的代码。

2）第3、4位数字是子分部工程的代码。

3）第5、6位数字是分项工程的代码。

4）第7、8、9位数字是各分项工程检验批验收的顺序号。

（2）表头的填写。

1）单位（子单位）工程名称按合同文件上的单位工程名称填写，子单位工程标出该部分的位置。

2）分部（子分部）工程名称按规范划定的分部（子分部）名称填写。

3）验收部位是指一个分项工程中验收的那个检验批的抽样范围，要按实际情况标注清楚。

4）检验批验收记录表中，施工执行标准名称及编号应填写施工所执行的工艺标准的名称及编号，例如，可以填写所采用的企业标准、地方标准、行业标准或国家标准；如果未采用上述标准，也可填写实际采用的施工技术方案等依据，填写时要将标准名称及编号填写齐全，此栏不应填写验收标准。

5）表格中工程参数等应按实填写，施工单位、分包单位名称宜写全称，并与合同上的公章名称一致，并应注意各表格填写的名称应相互一致；项目经理应填写合同中指定的项目负责人，分包单位的项目经理也应是合同中指定的项目负责人，表头签字处不需要本人签字，由填表人填写即可，只是标明具体的负责人。

（3）“施工质量验收规范的规定”栏制表时按4种情况印制。

1）直接写入：将规范主控项目、一般项目的要求写入。

2）简化描述：将质量要求作简化描述，作为检查提示。

3）写入条文号：当文字较多时，只将条文号写入。

4）写入允许偏差：对定量要求，将允许偏差直接写入。

（4）填写“施工单位检查评定记录”栏，应遵守下列要求。

1）对定量检查项目，当检查点少时，可直接在表中填写检查数据；当检查点数较多填写不下时，可以在表中填写综合结论，如“共检查20处，平均4mm，最大7mm”、“共检查36处，全部合格”等字样，此时应将原始检查记录附在表后。

2）对定性类检查项目，可填写“符合要求”或用符号表示，画“√”或画“×”。

3）对既有定性又有定量的项目，当各个子项目质量均符合规范规定时，可填写“符合要求”或画“√”，不符合要求时画“×”。

4）无此项内容时画“/”来标注。

5）在一般项目中，规范对合格点百分率有要求的项目，也可填写达到要求的检查点的百分率。

6）对混凝土、砂浆强度等级，可先填报告份数和编号，待试件养护至28d试压后，再对检验批进行判定和验收，应将试验报告附在验收表后。

7）主控项目不得出现“×”，当出现画“×”时，应进行返工修理，使之达到合格；一般项目不得出现超过20%的检查点画“×”，否则应进行返工修理。

8）有数据的项目，将实际测量的数值填入格内，超过企业标准但未超过国家验收规范的数字用“○”将其圈住；对超过国家验收规范的数字用“△”圈住。

9）当采用计算机管理时，可以均采用画“√”或画“×”来标注。

“施工单位检查评定记录”栏应由质量检查员填写。填写内容：可为“合格”或“符合要求”，也可为“检查工程主控项目、一般项目均符合《××××质量验收规范》（GB ×××××-××××）的要求，评定合格”等。质量检查员代表企业逐项检查评定合格后，应如实填表并签字，然后交监理工程师或建设单位项目专业技术负责人验收。

（5）检验批检查验收时，一般项目中检查点的合格率，应符合各专业工程施工质量验收规范的规定。其主要原则是：

1）主控项目，应该全部达到规范要求。

2）一般项目，无论是定性还是定量要求，应有 80%以上检查点达到规范要求，其余 20%的检查点应按各专业工程施工质量验收规范的规定执行。

各专业工程施工质量验收规范中判定一般项目合格的规定大致如下：

属于定量要求的，实际偏差最大不能超过允许偏差的 1.5 倍。但有些项目例外，如混凝土结构的钢筋保护层厚度，检查点合格率应为 90%以上；对钢结构，实际偏差最大不能超过允许偏差的 1.2 倍。

属于定性要求的，应有 80%以上的检查点达到规范规定。其余检查点按各专业工程施工质量验收规范的规定执行，通常规定不能有影响性能的严重缺陷。

（6）“监理单位验收记录”栏。

通常在验收前，监理人员应采用平行、旁站或巡回等方法进行监理，对施工质量抽查，对重要项目作见证检测，对新开工程、首件产品或样板间等进行全面检查。以全面了解所监理工程的质量水平、质量控制措施是否有效及实际执行情况，做到心中有数。

在检验批验收时，监理工程师应与施工单位质量检查员共同检查验收。监理人员应对主控项目、一般项目按照施工质量验收规范的规定逐项抽查验收。应注意：监理工程师应该独立得出是否符合要求的结论，并对得出的验收结论承担责任。对不符合施工质量验收规范规定的项目暂不填写，待处理后再验收，但应做出标记。

（7）“监理单位验收结论”栏。

应由专业监理工程师或建设单位项目专业技术负责人填写。

填写前，应对“主控项目”、“一般项目”按照施工质量验收规范的规定逐项抽查验收，独立得出验收结论。认为验收合格，应签注“同意施工单位评定结果，验收合格”。

如果检验批中含有混凝土、砂浆试件强度验收等内容，应待试验报告出来后再作判定。

四、分项工程质量验收记录

1. 分项工程质量验收程序和组织。

（1）分项工程完成（即分项工程所包含的检验批均已完工），施工单位自检合格后，应填报_______分项工程质量验收记录表和分项/分部工程施工报验表。

（2）分项工程质量验收由监理工程师（建设单位项目专业技术负责人）组织项目专业技术负责人等进行验收并签认。

2. 分项工程质量验收记录表填写要求。

（1）填写要点。

1）除填写表中基本参数外，首先应填写各检验批的名称、部位、区段等，注意要填写齐全。

2）表中部“施工单位检查评定结果”栏，由施工单位质量检查员填写，可以画“√”或填写“符合要求，验收合格”。

3）表中部右边“监理单位验收结论”栏，专业监理工程师应逐项审查，同意项填写“合格”或“符合要求”，如有不同意项应做标记但暂不填写，待处理后再验收；对不同意项，监理工程师应指出问题，明确处理意见和完成时间。

4）表下部“检查结论”栏，由施工单位项目技术负责人填写，可填“合格”，然后交监理单位验收。

5）表下部“验收结论”栏，由监理工程师填写，在确认各项验收合格后，填入“验收合格”。

（2）注意事项。

1）核对检验批的部位、区段是否全部覆盖分项工程的范围，有无遗漏的部位。

2）一些在检验批中无法检验的项目，在分项工程中直接验收，如有混凝土、砂浆强度要求的检验批，到龄期后试压结果能否达到设计要求。

3）检查各检验批的验收资料是否完整并作统一整理，依次登记保管，为下一步验收打下基础。

五、分部（子分部）工程质量验收记录

1. 分部（子分部）工程质量验收程序和组织。

（1）分部（子分部）工程完成，施工单位自检合格后，应填报分部（子分部）工程质量验收记录表。

（2）分部（子分部）工程应由总监理工程师或建设单位项目负责人组织有关设计单位及施工单位项目负责人和技术质量负责人等共同验收并签认。

（3）地基基础、主体结构分部工程完工，施工项目部应先行组织自检，合格后填写______分部（子分部）工程质量验收记录表，报请施工企业的技术、质量部门验收并签认后，由建设、监理、勘察、设计和施工单位共同进行分部工程验收，并报建设工程质量监督机构。

2. 分部（子分部）工程质量验收记录表填写要求。

（1）填写要点。

1）表名前应填写分部（子分部）工程的名称，然后将“分部”、“子分部”两者画掉其一。

2）工程名称、施工单位名称要填写全称，并与检验批、分项工程验收表的工程名称一致。

3）结构类型填写设计文件提供的结构类型，层数应分别注明地下和地上的层数。

4）技术、质量部门负责人是指项目的技术、质量负责人，但地基基础、主体结构及重要安装分部（子分部）工程应填写施工单位的技术、质量部门负责人。

5）有分包单位时填写分包单位名称，分包单位要写全称，与合同或图章一致。分包单位负责人及分包技术负责人，填写本项目的项目负责人及项目技术负责人；

按规定地基基础、主体结构不准分包，因此不应有分包单位。

6）“分部工程”栏先由施工单位按顺序将分项工程名称填入，将各分项工程检验批的实际数量填入，注意应与各分项工程验收表上的检验批数量相同，并要将各分项工程验收表附后。

7）“施工单位检查评定”栏填写施工单位对各分项工程自行检查评定的结果，可按照各分项工程验收表填写，合格的分项工程画“√”或填写“符合要求”，填写之前，应核查各分项工程是否全部都通过了验收，有无遗漏。

注意有龄期要求的试件应检查 28d 试压是否达到要求，有全高垂直度或总标高要求的检验项目应实际进行测量检查；当自检符合要求时画“√”，否则画“×”。有“×”的项目不能交给监理或建设单位验收，应返修合格后再提交验收，监理单位由总监理工程师组织审查，符合要求的在“验收意见”栏签注“验收合格”。

8）“质量控制资料验收”栏应按单位（子单位）工程质量控制资料核查记录来核查，但是各专业只需要检查该表内对应于本专业的那部分相关内容，不需要全部检查表内所列内容，也未要求在分部工程验收时填写该表。

核查时，应对资料逐项核对检查，应核查下列几项。

①查资料是否齐全，有无遗漏。

②查资料的内容有无不合格项。

③查资料横向是否相互协调一致，有无矛盾。

④查资料的分类整理是否符合要求，案卷目录、份数页数及装订等有无缺漏。

⑤查各项资料签字是否齐全。

当确认能够基本反映工程质量情况，达到保证结构安全和使用功能的要求，该项即可通过验收。全部项目都通过验收，即可在“施工单位检查评定”栏内画“√”或标注“检查合格”，然后送监理单位或建设单位验收，监理单位总监理工程师组织审查，如认为符合要求，则在“验收意见”栏内签注“验收合格”意见。

对一个具体工程，是按分部还是按子分部进行资料验收，需要根据具体工程的情况自行确定。

9）“安全和功能检验（检测）报告”栏应根据工程实际情况填写。

安全和功能检验，是指按规定或约定需要在竣工时进行抽样检测的项目。这些项目凡能在分部（子分部）工程验收时进行检测的，应在分部（子分部）工程验收时进行检测。具体检测项目可按单位（子单位）工程安全和功能检验资料核查及主要功能抽查记录中相关内容在开工之前加以确定。设计有要求或合同有约定的，按要求或约定执行。

在核查时，要检查开工之前确定的检测项目是否全部进行了检测。要逐一对每份检测报告进行核查，主要核查每个检测项目的检测方法、程序是否符合有关标准规定；检测结论是否达到规范的要求；检测报告的审批程序及签字是否完整等。

如果每个检测项目都通过审查，施工单位即可在检查评定栏内划“√”或标注“检查合格”。由项目经理送监理单位或建设单位验收，监理单位总监理工程师或建设单位项目技术负责人组织审查，认为符合要求后，在“验收意见”栏内签注“验收合格”意见。

10）“观感质量验收”栏的填写应符合工程的实际情况。

新版验收规范对观感质量的评判有较大修改，现在只作定性评判，不再作量化打分。观感质量等级分为“好”、“一般”、“差”共 3 档。“好”、“一般”均为合格；“差”为不合格，需要修理或返工。

观感质量检查的主要方法是观察。但除了检查外观外，还应对能启动、运转或打开的部位进行启动或打开检查。并注意应尽量做到全面检查，对屋面、地下室及各类有代表性的房间、部位都应查到。

观感质量检查首先由施工单位项目经理组织施工单位人员进行现场检查，检查合格后填表，由项目经理签字后交监理单位验收。

监理单位总监理工程师或建设单位项目专业负责人组织对观感质量进行验收，并确定观感质量等级。认为达到“好”或“一般”，均视为合格。在“分部（子分部）工程观感质量验收意见”栏内填写“验收合格”。评为“差”的项目，应由施工单位修理或返工。如确实无法修理，可经协商实行让步验收，并在验收表中注明。由于“让步验收”意味着工程留下永久性缺陷，故应尽量避免出现这种情况。

关于“验收意见”栏由总监理工程师与各方协商，确认符合规定，取得一致意见后，按表中各栏分项填写。可在“验收意见”各栏填入“验收合格”。

当出现意见不一致时，应由总监理工程师与各方协商，对存在的问题，提出处理意见或解决办法，待问题解决后再填表。

分部（子分部）工程质量验收记录表中，制表时已经列出了需要签字的参加工程建设的有关单位。应由各方参加验收的代表亲自签名，以示负责。通常分部（子分部）工程质量验收记录表不需盖章。勘察单位需签认地基基础、主体结构分部工程，由勘察单位的项目负责人亲自签认。

设计单位需签认地基基础、主体结构及重要安装分部（子分部）工程，由设计单位的项目负责人亲自签认。

施工方总承包单位由项目经理亲自签认，有分包单位的，分包单位应签认其分包的分部（子分部）工程，由分包项目经理亲自签认。

监理单位作为验收方，由总监理工程师签认验收。未委托监理的工程，可由建设单位项目技术负责人签认验收。

（2）注意事项。

1）核查各分部（子分部）工程所含分项工程是否齐全，有无遗漏。

2）核查质量控制资料是否完整，分类整理是否符合要求。

3）核查安全、功能的检测是否按规范、设计、合同要求全部完成，未作的应补作，核查检测结论是否合格。

4）对分部（子分部）工程应进行观感质量检查验收，主要检查分项工程验收后到分部（子分部）工程验收之间，工程实体质量有无变化，如有，应修补达到合格，才能通过验收。

第3单元　工程竣工资料管理

第1讲　工程竣工验收资料签认权限及时限要求

执行现行建设工程监理规程以及工程资料管理的相关报验管理规定，落实各方相关责任人的签认权限和时限要求。以房屋建筑工程建筑与结构专业为例。

工程管理与验收资料签认权限及时限要求见表5—2。

表5—2　工程管理与验收资料签认权限及时限要求

序号	工程资料名称	完成或提交时限	主要签认责任	责任单位或部门
1	单位(子单位)工程质量竣工验收记录	业主组织单位竣工验收前完成	施工单位负责人	项目质量部、技术部
2	单位(子单位)工程质量控制资料核查记录	施工企业内部竣工预检前完成	各专业技术负责人项目经理	项目技术部、资料员
3	单位(子单位)工程安全和功能检查资料核查及主要功能抽查记录	施工企业内部竣工预检前完成	各专业技术负责人项目经理	项目技术部、资料员
4	单位(子单位)工程观感质量检查记录	工程档案预验收前完成	项目经理	项目质量部
5	施工总结	业主组织单位竣工验收前完成	无	项目总工统筹协调
6	工程竣工报告	业主组织单位竣工验收前完成	项目经理	项目经理组织

第2讲　工程竣工验收资料相关规定及要求

一、单位（子单位）工程质量竣工验收记录

单位（子单位）工程质量竣工验收记录是一个建筑工程项目的最后一份验收资料，应由施工单位填写。

（1）单位工程完工，施工单位组织自检合格后，应报请监理单位进行工程预验收，通过后向建设单位提交工程竣工报告并填报单位（子单位）工程质量竣工验收记录。建设单位应组织设计单位、监理单位、施工单位等进行工程质量竣工验收并记录，验收记录上各单位必须签字并加盖公章。

（2）进行单位（子单位）工程质量竣工验收时，施工单位应同时填报单位（子

单位）工程质量控制资料检查记录、单位（子单位）工程安全和功能检查资料核查及主要功能抽查记录、单位（子单位）工程观感质量检查记录，作为单位（子单位）工程质量竣工验收记录的附表。

（3）“分部工程”栏根据各分部（子分部）工程质量验收记录填写。应对所含各分部工程，由竣工验收组成员共同逐项核查。对表中内容如有异议，应对工程实体进行检查或测试。

核查并确认合格后，由监理单位在“验收记录”栏注明共验收了几个分部，符合标准及设计要求的有几个分部，并在右侧的“验收结论”栏内，填入具体的验收结论。

（4）“质量控制资料核查”栏根据单位（子单位）工程质量控制资料核查记录的核查结论填写。建设单位组织由各方代表组成的验收组成员，或委托总监理工程师，按照单位（子单位）工程质量控制资料核查记录的内容，对资料进行逐项核查。确认符合要求后，在单位（子单位）工程质量竣工验收记录右侧的“验收结论”栏内，填写具体验收结论。

（5）“安全和主要使用功能核查及抽查结果”栏根据单位（子单位）工程安全和功能检验资料核查及主要功能抽查记录的核查结论填写。

对于分部工程验收时已经进行了安全和功能检测的项目，单位工程验收时不再重复检测。但要核查以下内容。

1）单位工程验收时按规定、约定或设计要求，需要进行的安全功能抽测项目是否都进行了检测；具体检测项目有无遗漏。

2）抽测的程序、方法是否符合规定。

3）抽测结论是否达到设计及规范规定。

经核查认为符合要求的，在单位（子单位）工程质量竣工验收记录中的“验收结论”栏填入符合要求的结论。如果发现某些抽测项目不全，或抽测结果达不到设计要求，可进行返工处理，使之达到要求。

（6）“观感质量验收”栏根据单位（子单位）工程观感质量检查记录的检查结论填写。

参加验收的各方代表，在建设单位主持下，对观感质量抽查，共同做出评价。如确认没有影响结构安全和使用功能的项目，符合或基本符合规范要求，应评价为“好”或“一般”。如果某项观感质量被评价为“差”，应进行修理。如果确难修理时，只要不影响结构安全和使用功能的，可采用协商解决的方法进行验收，并在验收表上注明。

（7）“综合验收结论”栏应由参加验收各方共同商定，并由建设单位填写，主要对工程质量是否符合设计和规范要求及总体质量水平做出评价。

二、单位（子单位）工程质量控制资料核查记录

（1）单位（子单位）工程质量控制资料是单位工程综合验收的一项重要内容，

核查目的是强调建筑结构设备性能、使用功能方面主要技术性能的检验。其每一项资料包含的内容，就是单位工程包含的有关分项工程中检验批主控项目、一般项目要求内容的汇总。对一个单位工程全面进行质量控制资料核查，可以防止局部错漏，从而进一步加强工程质量的控制。

（2）《建筑工程施工质量验收统一标准》（GB 50300—2013）中规定了按专业分共计 48 项内容。其中，建筑与结构 11 项；给排水与采暖 7 项；建筑电气 7 项；通风与空调 8 项；电梯 7 项；建筑智能化 8 项。

（3）本表由施工单位按照所列质量控制资料的种类、名称进行检查，并填写份数，然后提交给监理单位验收。

（4）本表其他各栏内容均由监理单位进行核查和填写。监理单位应按分部（子分部）工程逐项核查，独立得出核查结论。监理单位核查合格后，在“核查意见”栏填写对资料核查后的具体意见如齐全、符合要求，具体核查人员在“核查人”栏签字。

（5）总监理工程师或建设单位项目负责人确认符合要求后，在表下部“结论”栏内，填写对资料核查后的综合性结论。

（6）施工单位项目经理应在表下部“结论”栏内签字确认。

三、单位（子单位）工程安全和功能检查资料及主要功能抽查记录

（1）建筑工程投入使用，最为重要的是要确保安全和满足功能性要求。涉及安全和使用功能的分部工程应有检验资料，施工验收对能否满足安全和使用功能的项目进行强化验收，对主要项目进行抽查记录，填写单位（子单位）工程安全和功能检验资料核查及主要功能抽查记录。

（2）抽查项目是在核查资料文件的基础上，由参加验收的各方人员确定，然后按有关专业工程施工质量验收标准进行检查。

（3）安全和功能的各项主要检测项目，表中已经列明。如果设计或合同有其他要求，经监理认可后可以补充。

安全和功能的检测，如果条件具备，应在分部工程验收时进行。分部工程验收时凡已经做过的安全和功能检测项目，单位工程竣工验收时不再重复检测。只核查检测报告是否符合有关规定。如：核查检测项目是否有遗漏；抽测的程序、方法是否符合规定；检测结论是否达到设计及规范规定；如果某个项目抽测结果达不到设计要求，应允许进行返工处理，使之达到要求再填表。

（4）本表由施工单位按所列内容检查并填写份数后，提交给监理单位。

（5）本表其他栏目由总监理工程师或建设单位项目负责人组织核查、抽查并由监理单位填写。

（6）监理单位经核查和抽查，如果认为符合要求，由总监理工程师在表中的“结论”栏填入综合性验收结论，并由施工单位项目经理签字确认。

四、单位（子单位）工程观感质量检查记录

（1）工程观感质量检查，是在工程全部竣工后进行的一项重要验收工作，这是全面评价一个单位工程的外观及使用功能质量，促进施工过程的管理、成品保护，以提高社会效益和环境效益的途径。观感质量检查绝不是单纯的外观检查，而是实地对工程的一个全面检查。

（2）《建筑工程施工质量验收统一标准》（GB 50300-2013）规定，单位工程的观感质量验收，分为“好”、“一般”、“差”三个等级。观感质量检查的方法、程序、评判标准等，均与分部工程相同，不同的是检查项目较多，属于综合性验收。主要内容包括：核实质量控制资料，检查检验批、分项、分部工程验收的正确性，对在分项工程中不能检查的项目进行检查，核查各分部工程验收后到单位工程竣工时之间，工程的观感质量有无变化、损坏等。

（3）本表由总监理工程师组织参加验收的各方代表，按照表中所列内容，共同实际检查，协商得出质量评价、综合评价和验收结论意见。

（4）参加验收的各方代表，经共同实际检查，如果确认没有影响结构安全和使用功能等问题，可共同商定评价意见。评价为“好”和“一般”的项目，由总监理工程师在“观感质量综合评价”栏填写“好”或“一般”，并在“检查结论”栏内填写“工程观感质量综合评价为好（或一般），验收合格”。

（5）如有评价为“差”的项目，属于不合格项，应予以返工修理。这样的观感检查项目修理后需重新检查验收。

（6）“抽查质量状况”栏，可填写具体检查数据。当数据少时，可直接将检查数据填在表格内；当数据多时，可简要描述抽查的质量状况，但应将检查原始记录附在本表后面。

五、施工总结

（1）编制责任和时限要求。施工总结是在施工过程中和工程完工后，根据工程特点、性质，进行的阶段性、综合性或专题性总结材料。应由项目经理统筹协调项目有关部门和管理人员共同完成。

（2）施工总结包括以下方面的内容。

1）工程概况：工程名称、建筑用途、基础结构类型、建筑面积、主要建筑材料、主要分部、分项工程、设计特点等。

2）管理方面总结要点：对施工过程中所采用的质量管理措施、消除质量通病措施、降低成本措施、安全技术措施、环境管理措施、文明施工措施、合同管理措施、QC 质量管理活动等。

3）技术方面总结要点：主要针对工程施工中采用的新技术、新产品、新工艺、新材料进行总结；施工组织设计（施工方案）编制的合理性以及实施情况等。

4）经验与教训方面总结：施工过程中出现的质量、安全事故的分析；事故的处

理情况；如何杜绝类似事件发生等。

（3）施工总结应由项目经理和项目技术负责人签名。

六、工程竣工报告

（1）工程概况。写明工程名称、工程地址、工程结构类型、建筑面积、占地面积、地下及地上层数、基础类型、建筑物檐高、主要工程量、开工和完工日期。建设、勘察、设计、监理、总包及分包施工单位名称。

（2）施工主要依据。说明施工主要依据，标明合同名称及备案编号、设计图工程号及主要设计变更编号，施工执行的主要标准。

（3）工程施工情况。

1）人员组织情况：总包单位项目部项目经理、技术负责人、专业负责人、施工现场管理负责人等姓名、执业证书及编号。特殊工种人员持证上岗情况。

2）项目专业分包情况：专业分包情况，分包单位名称、资质证书号码和技术负责人姓名、执业证书及编号。

3）工程施工过程：施工工期定额规定的施工天数，实际施工天数，工程总用工工日。按照《建筑工程施工质量验收统一标准》（GB 50300-2013）中分部工程的划分，简介各分部主要施工方法，重点描述地基基础、主体结构施工过程，包括建筑地基种类（天然或人工）、深度（槽底标高）、承载力数值、允许变形要求。地基处理情况，地基土质和地下水对基础有无侵蚀性。混凝土的制作及浇筑方法，砌体结构的砌筑方法，模板制作方法，钢筋接头方法等。说明主要建筑材料使用情况，用于主体结构建筑材料、门窗、防水、保温材料、混凝土外加剂、特种设备等产品是否符合相关规定，生产厂家是否具有生产许可证品牌和生产厂家名称。建筑材料、构配件设备是否按规定进行了报验，是否按规定进行了复试、有见证取样与送检，有见证取样与送样见证人姓名和见证试验机构名称，是否有合格证明文件，是否符合国家及北京市地方标准。

4）工程施工技术措施及质量验收情况：简介各工序采用了哪些技术、质量控制措施及新技术、新工艺和特殊工序。评定工程质量采用的标准，执行《工程建设标准强制性条文》和国家工程施工质量验收规范及安全与功能性检测、原材料试验、施工试验、主要建筑设备、系统调试的情况，说明地基基础与主体结构及分部验收质量达标、企业竣工自检、施工资料管理等情况。

5）工程完成情况：是否依法完成了合同约定的各项内容，有无甩项，有无质量遗留问题，需要说明的其他事项。

（4）工程质量总体评价：工程是否达到设计要求，是否符合《工程建设标准强制性条文》和国家工程施工质量验收规范，是否达到了施工合同的质量目标，是否具备竣工验收条件。

单位工程竣工报告同时应有总监理工程师签字。

参 考 文 献

［1］ 中华人民共和国住房和城乡建设部. 建筑与市政工程施工现场专业人员职业标准（JGJ/T 250-2011）［S］.北京：中国建筑工业出版社，2011.

［2］ 北京土木建筑学会.质量员必读.［M］.北京：中国电力出版社，2013.

［3］ 本书编委会.建筑施工手册［M］.5 版.北京：中国建筑工业出版社，2012.

［4］ 江苏省建设教育协会. 质量员专业管理实务 (土建施工)［M］.北京：中国建筑工业出版社，2014.

［5］ 中华人民共和国住房和城乡建设部.混凝土结构工程施工规范（GB 50666-2011）［S］.北京：中国建筑工业出版社，2011.

［6］ 本书编委会. 新版建筑工程施工质量验收规范汇编［M］.3 版.北京：中国建筑工业出版社，2014.